Informatik-Fachberichte 182

Herausgegeben von W. Brauer
im Auftrag der Gesellschaft für Informatik (GI)

W. Barth (Hrsg.)

Visualisierungstechniken und Algorithmen

Fachgespräch
Wien, 26./27. September 1988

Proceedings

Springer-Verlag
Berlin Heidelberg New York
London Paris Tokyo

Herausgeber

Wilhelm Barth
Institut für Praktische Informatik
Resselgasse 3, A–1040 Wien

CR Subject Classifications (1987): I.3

ISBN 3-540-50323-4 Springer-Verlag Berlin Heidelberg New York
ISBN 0-387-50323-4 Springer-Verlag New York Berlin Heidelberg

CIP-Titelaufnahme der Deutschen Bibliothek.
Visualisierungstechniken und Algorithmen: Fachgespräch, Wien,
26./27. September 1988 ; proceedings / W. Barth (Hrsg.). – Berlin;
Heidelberg; New York; London; Paris; Tokyo: Springer, 1988
   (Informatik-Fachberichte; 182)
   ISBN 3-540-50323-4 (Berlin . . .) brosch.
   ISBN 0-387-50323-4 (New York . . .) brosch.
NE: Barth, Wilhelm [Hrsg.]; GT

© by Springer-Verlag Berlin Heidelberg 1988
Printed in Germany

Druck- und Bindearbeiten: Weihert-Druck GmbH, Darmstadt
2145/3140 – 543210 – Gedruckt auf säurefreiem Papier

VORWORT

Visualisierungstechniken sind ein zentrales Thema der Computer-Graphik und finden Verwendung in zahlreichen Anwendungsgebieten. Neben den Fachbeiträgen bilden daher die Anwendungen einen wesentlichen Bestandteil des Fachgesprächs "Visualisierungstechniken und Algorithmen", gemeinsam veranstaltet von der Gesellschaft für Informatik und der österreichischen Computer Gesellschaft am 26. und 27. September 1988 an der Technischen Universität Wien.

Die drei eingeladenen Vorträge geben Übersichten über Visualisierungstechniken in der "Photogrammetrie und Fernerkundung", in der "Molecular Graphics", sowie bei komplexen, großen Datenmengen.

In drei Minisymposien werden drei ganz verschiedene Themen behandelt. Das erste gibt eine Darstellung über verschiedene Anwendungen: "Visualisierung natürlicher Phänomene". Im zweiten werden Algorithmen untersucht: "Geometrische Verfahren der Graphischen DV - Spezielle Visualisierungstechniken". Das dritte stellt das komplette Visualisierungs-System RISS vor, mit dem realistische Bilder durch Ray-Tracing erzeugt werden können.

Der Programmausschuß hat 13 eingereichte Vorträge angenommen, die in diesem Tagungsband ebenfalls enthalten sind. Die Themen dieser Arbeiten reichen von der Hardware für die Computer-Graphik, über spezielle Probleme und Verfahren der Raster-Graphik (Anti-Aliasing, Ray-Tracing) und Algorithmen bis zu weiteren Anwendungen (Medizin, Kartographie). Aber auch Fragen der Bildanalyse, Bildauswertung und Animation werden behandelt.

Wilhelm Barth

INHALTSVERZEICHNIS

VISUALISIERUNGSTECHNIKEN IN DER PHOTOGRAMMETRIE UND FERNERKUNDUNG

K. Kraus, J. Jansa, R. Kalliany
Institut für Photogrammetrie und Fernerkundung
TU Wien

Gußhausstraße 27 - 29
A-1040 Wien

1. Vorbemerkungen zur Photogrammetrie

Die Photogrammetrie hat die Aufgabe, die Lage und die Form von Objekten aus Photographien zu rekonstruieren. Im Rahmen dieses Beitrages beschränken wir uns auf die Rekonstruktion der Geländeoberfläche aus photographischen Bildern, die mit Flugzeugen aufgenommen werden. Die photogrammetrischen Auswertegeräte, in die jeweils zwei sich überlappende Luftbilder eingelegt werden, sind dreidimensionale Digitizer. Das Ergebnis einer Digitalisierung sind XYZ-Koordinaten beliebig verteilter Punkte mit besonderer Kennzeichnung der markanten Höhenpunkte und die XYZ-Koordinaten der Punkte entlang der Geländekanten, der Mulden- und Kuppenlinien sowie der Randlinien (z.B. Uferlinien der Gewässer).

Aus diesem Datenbestand wird mittels aufwendiger Berechnung und Strukturierung ein neuer Datenbestand erzeugt, der in der Abb.1 skizziert ist. Die neuen Punkte werden - in der am Institut für Photogrammetrie und Fernerkundung der TU Wien gemeinsam mit dem Institut für Photogrammetrie der Universität Stuttgart entwickelten Datenstruktur des Programmes SCOP - entlang der X- und Y-Koordinatenlinien angeordnet, sodaß im wesentlichen nur die Z-Koordinaten (= Höhen) zu speichern sind. Die Rasterweite wird so eng gewählt, daß entlang der Rasterlinien linear interpoliert werden kann.

Ein reines Rastermodell zur Beschreibung der Geländeoberfläche würde - insbesondere wegen der großen Krümmung senkrecht zu den Geländekanten - zu einer sehr hohen Punktdichte führen. In das Raster sind deshalb Geländekanten, markante Höhenpunkte etc. einzubinden, wobei die betroffenen Rasterelemente in Dreiecke zerlegt werden. (In der Abb.1 ist diese Dreiecksvermaschung für einen markanten Höhenpunkt (= 4 Dreiecke) und für einen Geländekantenpunkt (= 6 Dreiecke) angegeben.)

Damit ist die Geländeoberfläche wie folgt beschrieben: Innerhalb eines
Rasterelementes mit markanten Höhenpunkten, Geländekanten etc. sind die
Deckflächen schräg liegende Dreiecke und innerhalb der anderen Raster-
elemente sind es parabolische Hyperboloide.

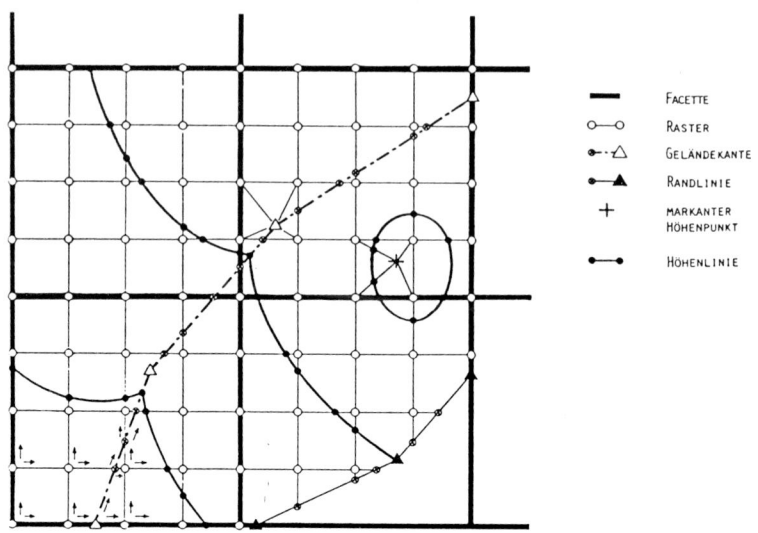

Abb.1: Datenstruktur eines kombinierten Raster-
und Dreiecksmodelles

Um in einem solchen, ein ganzes Land überdeckenden Datenbestand z.B.
die Punkte entlang von Höhenlinien (= Linien gleicher Geländehöhen,
siehe Abb.1) zu finden, ist eine gute Strukturierung des Datenbestandes
erforderlich. Dazu benötigt man einerseits <u>Zeiger zum raschen Auffinden
des Nachbarn</u> (siehe Abb.1 unten links) und andererseits eine gute <u>re-
gionale Strukturierung.</u> Wir fassen - wie in Abb.1 angedeutet - mehrere
Rasterelemente zu sogenannten Facetten zusammen, die auf Magnetplatte
gespeichert sind und im Direktzugriff individuell in den Arbeits-
speicher transferiert werden können. Die Adressierung der Facetten ist
hierarchisch aufgebaut.

Die Leistungsfähigkeit und Effizienz dieser Datenstruktur sei an einem
Beispiel demonstriert. Für einen Datenbestand von etwa 2 Millionen
Rasterpunkten benötigen wir etwa 4 MByte. Auf einem Personalcomputer
(IBM-kompatibler AT: Intel 80286, Intel 80287, 640 KByte Memory, 20
MByte Disk) ist die Antwortzeit für die Ausgabe der Z-Koordinate (= Ge-
ländehöhe) nach Eingabe der XY-Koordinaten eines beliebigen Gelände-
punktes innerhalb des von den 2 Millionen Rasterpunkten erfaßten Ge-
bietes nur etwa zwei Sekunden.

Diese Vorbemerkungen sollen mit einer Definition des digitalen Gelände-
modelles (DGM) abgeschlossen werden. Es ist eine Vereinfachung der realen Welt, die durch Idealisierung und Diskretisierung entsteht und die
für eine systematische elektronische Datenverarbeitung zugänglich ist.
Zum digitalen Geländemodell gehören nicht nur die gespeicherten
Geländepunkte sondern auch die Elemente zur Strukturierung der Daten
und die Algorithmen für den Übergang von den diskreten Punkten auf
(kontinuierliche) Kurven und Flächen.

2. Die Visualisierung des digitalen Geländemodelles.

Das DGM kann in verschiedener Weise visualisiert werden, wobei die Art
der Ausgabe (Vektor- oder Rastergraphik) und der Inhalt des visuali-
sierten Bildes variiert werden.

2.1 Zentraler Datenbestand als Vektorgraphik

Die räumlichen Polygonzüge der Rasterlinien und der Geländekanten
können z.B. als zentralperspektivisches Bild mit Berücksichtigung der
verdeckten Linien auf einem Vektor-Plotter ausgegeben werden. Abb.2 ist
eine solche Zentralprojektion eines DGM von Weinbergterrassen, das in
Zusammenarbeit mit der Niederösterreichischen Agrarbezirksbehörde
hergestellt wurde.

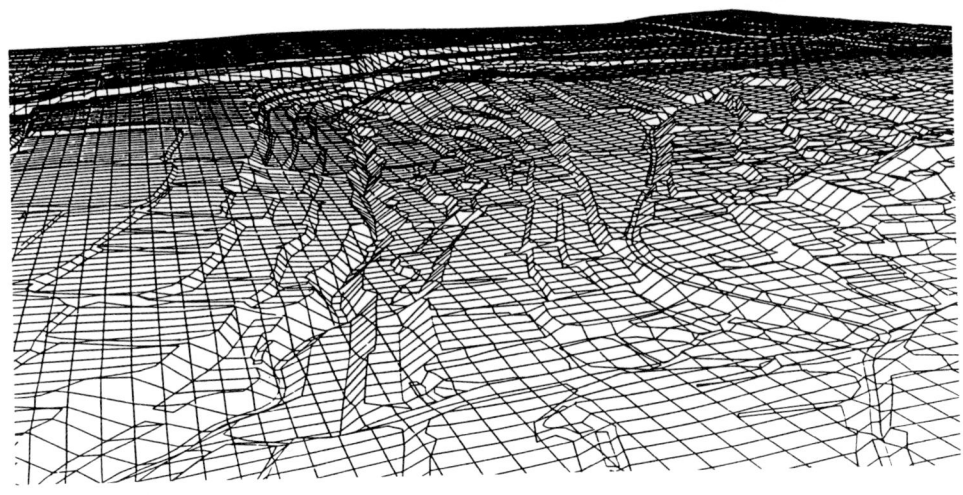

Abb. 2: Zentraler Datenbestand eines DGM als Vektorgraphik

2.2 Zentraler Datenbestand als Rastergraphik

Ein digitales Geländemodell, das nur Rasterpunkte enthält, kann unmittelbar auf einem Farbbildschirm ausgegeben werden. Zu diesem Zweck werden die Geländehöhen in Intervalle unterteilt und jedem Intervall ein (willkürlicher) Farbwert zugeordnet. Abb.3 zeigt die farbliche Darstellung eines (Übersichts-)Geländemodelles von Österreich, das eine Rasterweite von 250 m besitzt (insgesamt 2.1 Millionen Rasterpunkte).

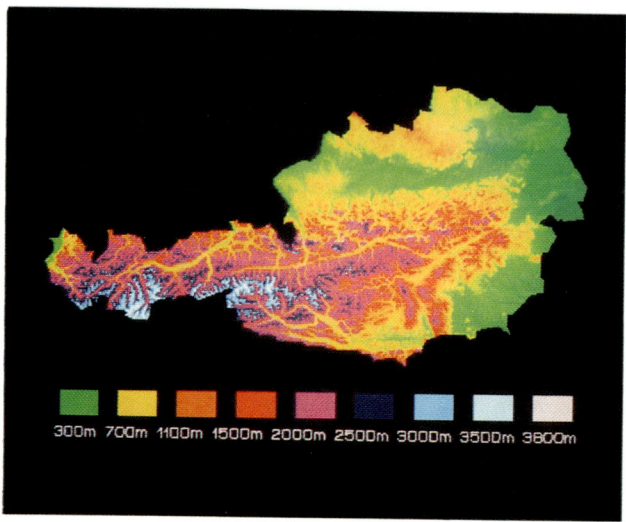

Abb. 3: Zentraler Datenbstand eines DGM
als farbige Rastergraphik

Im allgemeinen können die Rasterpunkte des ursprünglichen DGM nicht direkt für den Bildaufbau benutzt werden, sondern es ist eine Verdichtung des (Vektor-)DGM erforderlich. Eine solche Verdichtung ist in der Abb.4 skizziert. Dabei ist von Wichtigkeit, daß bei der rechnerischen Verdichtung - mittels Interpolation - die Geländekanten und markanten Höhenpunkte des ursprünglichen DGM beachtet werden. Das verdichtete (Raster-)DGM enthält aber diese Informationen nicht mehr.

2.3 Höhenlinien als Rastergraphik.

Für ingenieurtechnische Anwendungen werden die DGM im allgemeinen als Höhenlinien visualisiert. Zu diesem Zweck werden im Raster - unter Beachtung der Geländekanten etc. - die auf einem bestimmten Höhenniveau liegenden Schnittpunkte mit den Rasterlinien ermittelt, die alle der entsprechenden Höhenlinie angehören (siehe Abb.1). Für die graphische

Ausgabe auf einem Vektorplotter - was der häufigere Fall ist - werden die Punkte entlang der einzelnen Höhenlinien mit kubischen Polynomen nach der von Akima (1970) angegebenen Interpolationsmethode verbunden. Die Abb.5 ist dagegen auf einem Farbbildschirm eines PC ausgegeben. Dazu war es notwendig, die Vektorgraphik der Höhenlinien in eine Rastergraphik umzuwandeln. Für diese Aufgabe benützt SCOP das Programmpaket HALO, das die Graphikkarten EGA, CGA etc. anspricht.

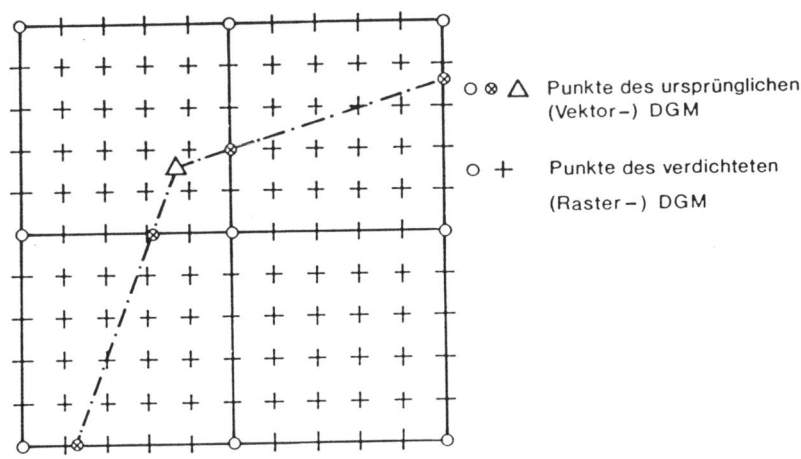

Abb. 4: Verdichtung des (Vektor-)DGM
zu einem (Raster-)DGM

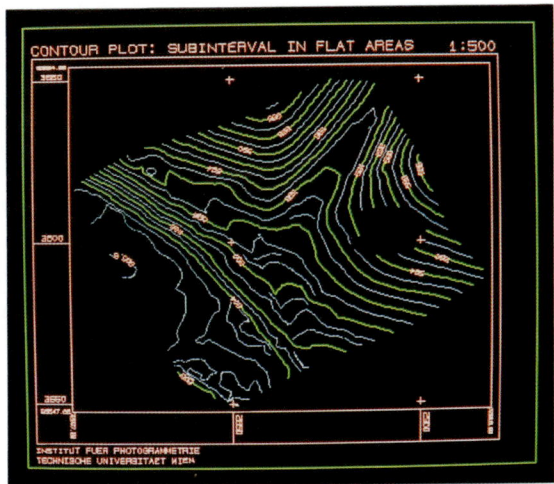

Abb. 5: 1 m-Höhenlinien mit 0.5 m-Zwischenlinien
in flachen Bereichen

2.4 Neigungskarte als Rastergraphik

Die Scharung der Höhenlinien vermittelt auch einen Eindruck über die Neigung des Geländes. (Mit Zunahme der Geländeneigung verdichten sich die Höhenlinien.) Für viele Anwendungen (z.B. zum Planen von Maßnahmen gegen die Bodenerosion) ist eine Visualisierung in Form einer Neigungskarte von großem Vorteil (Abb.6).

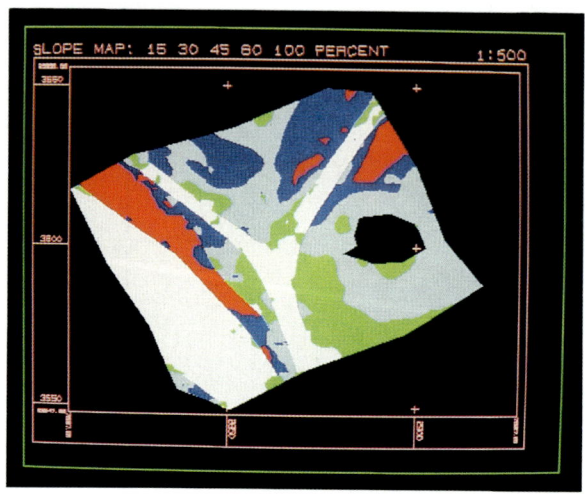

Abb. 6: Neigungskarte für den in Abb. 5 dargestellten
Geländeausschnitt

Eine Neigungskarte entsteht dadurch, daß in jedem Rasterpunkt und in jedem Schnittpunkt der Geländekanten mit den Rasterlinien, aus den Geländehöhen der benachbarten Punkte die Geländeneigung berechnet wird. Eine Geländekante bewirkt übrigens eine Unstetigkeit in der Geländeneigung, sodaß es für jeden Punkt auf der Geländekante zwei Neigungswerte gibt. Vor der Visualisierung in Form der Neigungskarte werden noch die Neigungswerte in Gruppen zusammengefaßt (z.B. 0-4%, 5%-9%, 10%-11% usw.) und diesen verschiedene Farben zugeordnet. Die Ausgabe als Rastergraphik geschah in der Abb. 6 in gleicher Weise auf dem Graphikschirm eines PC wie die Höhenlinien der Abb. 5.

3. Vorbemerkungen zur Fernerkundung

Die Fernerkundung ist in den 60er Jahren entstanden als man begann, die
Erde aus dem Weltraum zu beobachten. Für diese indirekte Gewinnung von
Informationen über Art und Eigenschaften der Objekte der Erdoberfläche
wurde im Zentrum der Weltraumfahrt, den Vereinigten Staaten von
Amerika, der Begriff "Remote Sensing" geprägt, der später mit "Ferner-
kundung" übersetzt wurde.

In der Photogrammetrie stehen die geometrischen Attribute der Geländeoberfläche im Vordergrund; in der Fernerkundung sind es die physika-
lischen Attribute. Man tastet dazu die Erde mit einem Scanner
zeilenweise senkrecht zur Flugrichtung ab (Abb. 7). Die empfangene
Strahlung setzen Detektoren in elektrische (Analog-)Signale um, die
nach einer Analog/Digitalwandlung entweder auf Magnetband registriert
oder - insbesondere bei Satelliten - nachrichtentechnisch zu einer
Bodenstation übertragen und erst dort aufgezeichnet werden.

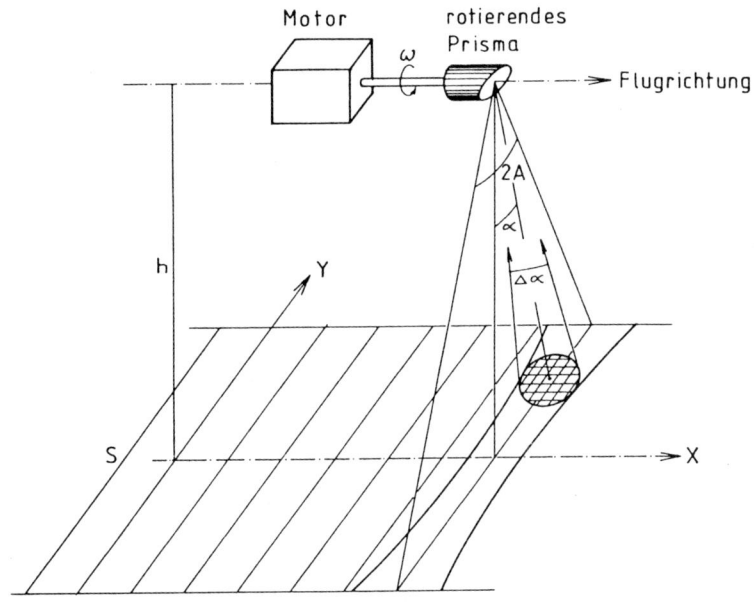

Abb. 7: Zeilenweise Abtastung des Geländes

Die vom Abtaster (Scanner) empfangene Strahlung wird dabei - z.B. mit
Hilfe eines Beugungsgitters - in ihre spektrale Komponenten zerlegt.
Die digitalen Bilder der Fernerkundung - als Multispektralbilder be-
zeichnet - haben also drei Dimensionen: Die üblichen zwei (Orts-)
Dimensionen in x- und y-Richtung und als dritte Dimension den Spektral-

bereich der empfangenen Strahlung. Die Multispektralität ist in der Fernerkundung ein wesentliches Kriterium zum Erkennen der Objekte. Die Intensität der von den verschiedenen Objekten abgehenden Strahlung ist nämlich stark von der Wellenlänge abhängig, wie aus der Abb. 8 ersichtlich ist. Mit einem Abtaster erfaßt man nicht nur den Bereich des sichtbaren Lichtes (Wellenlänge λ= 0.4-0.7 µm), sondern noch zusätzlich die nahe und mittlere Infrarotstrahlung (λ= 0.7-3.0 µm), sowie das thermale Infrarot (λ= 7.0-15.0 µm).

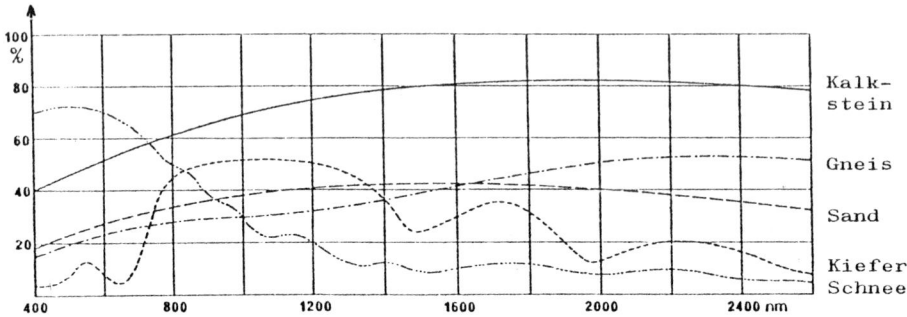

Abb. 8: Intensität der von verschiedenen Objekten abgehenden Strahlung in Abhängigkeit der Wellenlänge.

3.1 Visualisierung eines einkanaligen Bildes

Greift man einen Spektralbereich heraus, so sprechen wir von einem einkanaligen Bild. Es kann mit einem Photoschreiber durch zeilenweise Belichtung eines Filmes (im Prinzip die "inverse" Operation zur Abtastung) in ein photographisches Schwarzweißbild umgesetzt werden. In diesem entsprechen die einzelnen Helligkeiten (oft auch als "Grauwert" bezeichnet) dem (meist mit 8 Bit kodierten) Bildelementwert jedes Pixels. Der Betrachter sieht somit die räumliche Verteilung und Gruppierung von Bildpunkten mit unterschiedlichem Strahlungsverhalten.

Wesentlich attraktiver ist die farbige Ausgabe eines einkanaligen Bildes, wenn man den Grauwerten verschiedene (willkürliche) Farben zuordnet und so auf einem Farbbildschirm (wie im Abschnitt 2.2 angedeutet) oder auf Farbfilm ausgibt. Diese Art der Darstellung erlaubt eine noch bessere Unterscheidung der verschiedenen Bildelementwerte. Abb. 9 ist ein solches farbcodiertes Thermalbild (Spektralbereich 10.40 - 12.50 µm)), das aus einer Flughöhe von 700 km mit dem amerikanischen Satelliten LANDSAT-5 aufgenommen wurde. Die Bildelementgröße auf der Erdoberfläche beträgt 120 x 120 m^2 (Kraus, Schneider, 1988).

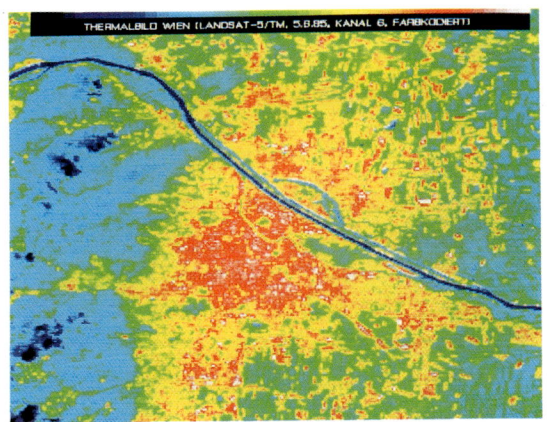

Abb. 9: Farbcodiertes Thermalbild von Wien,
aufgenommen am 5.6. 1985.

Auf die einkanaligen Bilder können vor der Ausgabe unterschiedliche
bildverbessernde Operatoren angewendet werden. Einige sollen verbal beschrieben werden (z.B. Haberäcker, 1985):

- Kontrast und Hellikeitsveränderung, indem die ursprünglichen Bil-
elementwerte g_{ij} mit folgender Kontrastübertragungsfunktion verändert
werden:

$$\overline{g}_{ij} := c \cdot g_{ij} + d$$
c ... verantwortlich für den Kontrast
d ... verantwortlich für die Helligkeit

- Histogrammeinebnung, indem man die Häufigkeit der einzelnen Bildelementwerte im ursprünglichen Bild ermittelt und über die Summen-
funktion eine Kontrastübertragunsfunktion konstruiert, die für eine
Gleichverteilung der neuen Bildelementwerte sorgt.
- Verstärkung der Kanten mit Hilfe des Laplace-Operators.

Letztere Operation ist eine Filterung im Ortsbereich, die durch Faltung
des ursprünglichen Bildes mit einer Filtermatrix durchgeführt wird.
Solche Filterungen können aber auch im Frequenzbereich durchgeführt
werden. Zu diesem Zweck wird das usprüngliche Bild mittels einer
zweidimensionalen diskreten Fourier-Transformation in den Frequenzbereich übertragen. Das Ergebnis ist ein Amplitudenspektrum, das
gezielt verändert werden kann. Mit der inversen Fourier-Transformation

wird aus dem veränderten Amplitudenspektrum schließlich das gefilterte Bild gewonnen. Das Rauschen kann z.B. bei dieser Filterung durch Unterdrückung der Amplituden hoher Frequenzen eliminiert werden. Andererseits ist es möglich, bei einem weniger verrauschten Bild, die hohen Frequenzen anzuheben und dadurch die Kanten zu verstärken.

3.2 Visualisierung eines mehrkanaligen Bildes.

Ein mehrkanaliges Bild, also ein Multispektralbild, wird in der Regel als Farbbild präsentiert. Man wählt aus den vorhandenen Kanälen drei beliebige aus und färbt jeden Kanal in einer anderen Grundfarbe ein. Nimmt man z.B. die drei Spektralbereich 0.4 - 0.5 μm, 0.5 - 0.6 μm und 0.6 - 0.7 μm und ordnet ihnen auf dem Farbbildschirm die drei Grundfarben Blau, Grün und Rot zu, so erhält man im Prinzip ein Bild mit "natürlichen" Farben.

Weiter verbreitet sind die sogenannten Falschfarbendarstellungen. Dabei nimmt man auf die natürlichen Farben keine Rücksicht; man sucht vielmehr spektakuläre Effekte mit drastischen Farbunterschieden. Ein typisches Beispiel dafür ist Abb.10, die ein LANDSAT-Bild mit Schneebedeckung zeigt. Die Bildelementgröße auf der Erdoberfläche beträgt in diesen Spektralbereichen 30×30 m^2. Die Spektralbereiche 3 (0.63 - 0.69 μm = sichtbares Rot), sowie 4 und 5 (0.76 - 0.90 bzw. 1.55 - 1.75 μm = nahes und mittleres Infrarot) sind in Blau, Grün und Rot dargestellt. Die Wirkung des Bildes spricht für sich.

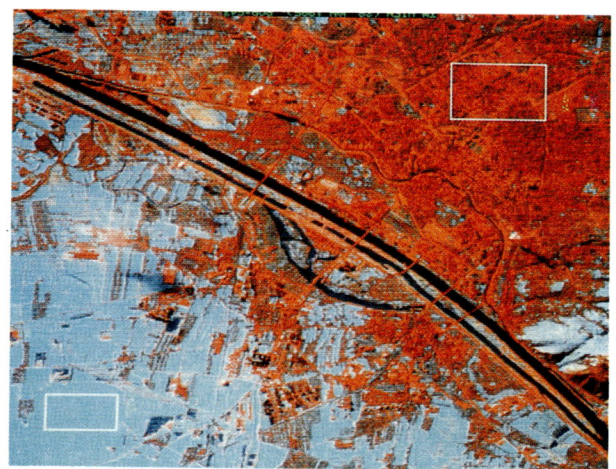

Abb. 10: LANDSAT-Bild von Wien am 28.1.1985

Multispektralbilder kann man auch im Raum der Spektralbereiche darstellen. Zu diesem Zweck wird ein Koordinatensystem gewählt dessen
Dimension sich aus der Anzahl der Spektralbereiche ergibt. Jeder
Bildpunkt wird nun, entsprechend seinen Helligkeitswerten, in dieses
Koordinatensystem eingetragen. Abb. 11 zeigt einen Teil der Bildpunkte
der LANDAT-Scene der Abb. 10, wobei die Bildelementwerte des rot
dargestellten Spektralbereiches 5 nach rechts und die Bildelementwerte
des blau eingefärbten Spektralbereiches 3 nach oben aufgetragen sind.
In einer solchen Darstellung bilden sich Punktwolken (Cluster) heraus,
die die Bildpunkte einer Objektklasse vereinen. In Abb. 11 sind zwei
derartige Punktwolken eingetragen: Sie repräsentieren die in Abb.10
markierten Bereiche mit Schnee bzw. im dichtverbautem Stadtgebiet.

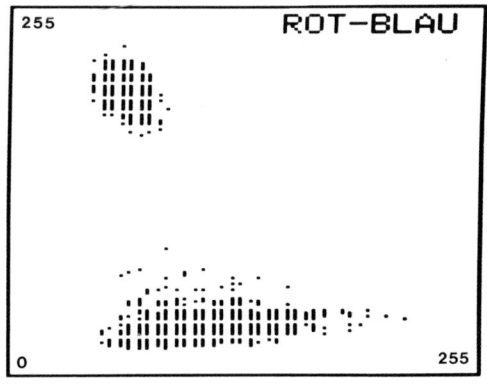

Abb. 11: Bildpunkte im zweidimensionalen Merkmalsraum
(Spektralbereiche: rechts 1.55 - 1.75 µm, oben 0.63 - 0.69 µm).

Drei Spektralbereiche, also ein dreidimensionaler Merkmalsraum, trennt
in der Regel die Bildpunkte der einzelnen Objektklassen noch besser als
ein zweidimensionaler Merkmalsraum. Das gleiche gilt für einen 4-dimen-
sionalen Markmalsraum im Vergleich zu einem 3-dimensionalen usw.

Damit liegt das Prinzip einer automatischen Objekttrennung, also einer
Klassifizierung, auf der Hand: Mit Hilfe der Bildelemente von ausgewählten Testgebieten werden die Parameter der Punktwolken für jede
Objektklasse ermittelt. Als Parameter zur Beschreibung der Wahrschein-
lichkeitsdichte dienen Mittelwerte und n-dimensionale Normalverteilung
(maximum likelihood). Der zu klassifizierende Bildpunkt wird dann jener
Objektklasse zugeordnet, in der für ihn die größte Wahrscheinlichkeits-
dichte auftritt. Die Bildpunkte jeder Klasse erhalten schließlich eine
eigene Farbe, womit eine flächenhafte Darstellung erreicht wird die
einer thematischen Karte entspricht.

Die Visualisierung eines Multispektralbildes im Merkmalsraum der Spektralbereiche gibt auch Aufschluß, inwieweit die einzelnen Spektralbereiche miteinander korreliert sind. So sind z.B. bei zwei total abhängigen Spektralbereichen, also bei identischen Bildern, alle Bildpunkte entlang der Ursprungsgeraden unter 45° angeordnet. Im Hinblick auf eine Datenreduktion berechnet man in einem Koordinatensystem, das entlang der Hauptachsen der Punktwolken liegt, neue Bildelementwerte (Hauptkomponententransformation). Abb. 12 zeigt die ersten 4 Hauptkomponenten, die aus 6, teilweise stark miteinander korrelierten, LANDSAT-Kanälen abgeleitet wurden.

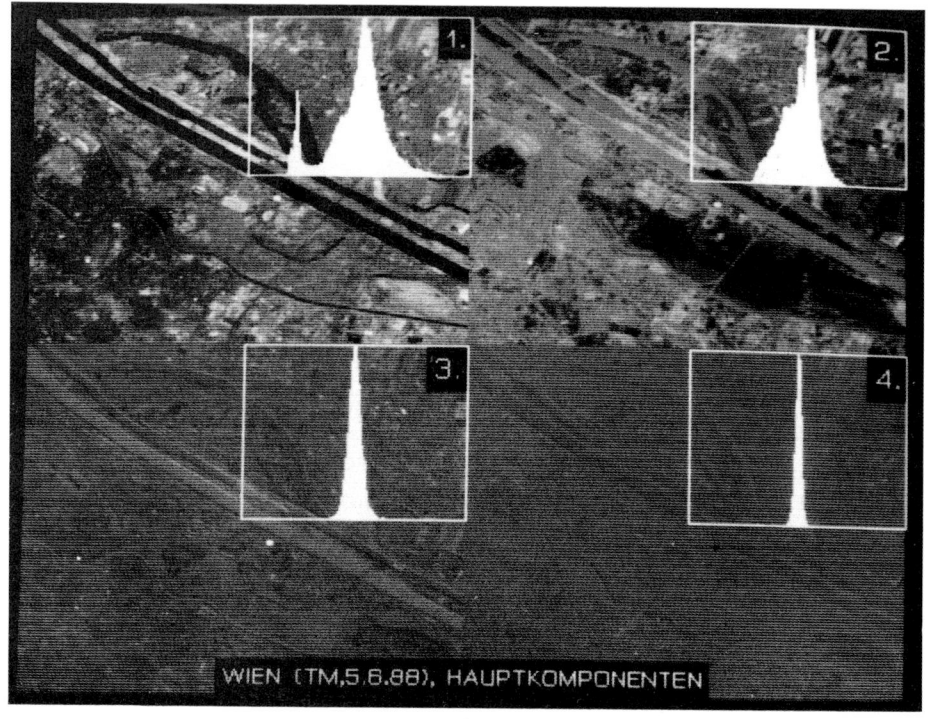

Abb. 12: Die ersten 4 Hauptkomponenten eines
6-kanaligen Bildes mit Histogrammen

Man sieht deutlich, daß der wesentliche Informationsgehalt des Multispektralbildes in den ersten beiden Hauptkomponenten wiedergegeben wird. Ab der 4.Hauptkomponente kommen teilweise sogar schon unerwünschte Bildstörungen, wie Rauschen und periodische Signalschwankungen, zum Vorschein. Der abnehmende Informationsgehalt der nachgeordneten Hauptkomponenten kommt auch in den eingeblendeten Histogrammen zum Ausdruck, die die Häufigkeitsverteilung der in den

Bildern vorkommenden Grauwerte darstellen: Je schmäler das Histogramm, desto schlechter die radiometrischen Eigenschaften, da nur wenig signifikante Helligkeitsunterschiede enthalten sind.

3.3 Visualisierung eines multitemporalen Bildes

Die Aufnahmesysteme der Satelliten erfassen in verhältnismäßig kurzen Intervallen die gesamte Erdoberfläche. Bei den bereits erwähnten LANDSAT-Satelliten ist der Wiederholungszyklus 17 Tage. Mit der Fernerkundung kann also auch die zeitliche Veränderung der Objekte der Erdoberfläche sehr gut dokumentiert werden, indem die Bilder verschiedenen Datums miteinander in Beziehung gesetzt werden (multitemporale Bilder).

Die Voraussetzung für eine solche Kombination ist aber, daß man die einzelnen Bilder vorher geometrisch rektifiziert. Eine solche geometrische Rektifizierung ist verhältnismäßig aufwendig, denn zu jedem Bildelement sind die Koordinaten X und Y im Landes-koordinatensystem, einem über das ganze Land einheitlichen Koordinaten-system, zu ermitteln (Jansa, 1987). Eine genaue geometrische Rektifizierung bezieht auch das digitale Geländemodell ein. Photogrammetrie und Fernerkundung gehen ineinander über.

Abb. 13: Multitemporales LANDSAT-Bild Wien-Ost (Marchfeld, Lobau)
Spektralbereich 4 (0.76 - 0.90 μm, nahes Infrarot)
Blau: 2.April, Grün: 5.Juni, Rot: 24.August 1985

In einem multitemporalen Bild sind die Bildelemente in regelmäßigen Abständen entlang der X- und Y-Koordinatenlinien des Landeskoordinatensystemes angeordnet. Man behandelt nun die von verschiedenen Zeitpunkten stammenden rektifizierten Bilder wie unterschiedliche Spektralkanäle einer Aufnahme. So wird beispielweise in Abb.13 derselbe LANDSAT-Kanal 4, aus drei verschiedenen Terminen, färbig wiedergeben.

Da in Abb.13 der als Vegtationsindikator besonders geeignete Inrarot-Kanal 4 verwendet wurde, sind aus der multitemporalen Kombination Rückschlüsse auf die Feldkulturen möglich. Jede Anbaufrucht hat nämlich ihren charakteristischen Jahreszyklus betreffend Anbau, Wachstum, Reife und Ernte, der sich durch unterschiedliche Infrarot-Remissionen ausdrückt. Im eingefärbten multitemporalen Bild entstehen dadurch typische Farbmischungen, die für gleiche Kulturen weitgehend ident sind. Derartige Darstellungen können sowohl für Erntevorhersagen, als auch für eine nachträgliche Agrarbilanz herangezogen werden.

Multitemporale Datensätze kann man auch aus verschiedenen Satellitenbildern zusammensetzen. In diesen Fällen geht es meist nicht um die Visualisierung zeitlich ablaufender Phänomene, sondern um die Kombination der Vorzüge verschiedener Sensoren. Abb.14 zeigt eine Überlagerung eines dreikanaligen LANDSAT-Bildes (Bildelementgröße 30 x 30 m^2) mit einem einkanaligen SPOT-Bild (10 x 10 m^2) (Kraus,Schneider, 1988). Dieses Multisensorbild kombiniert die Schärfe der hochauflösenden SPOT-Daten mit der multispektralen Information von LANDSAT.

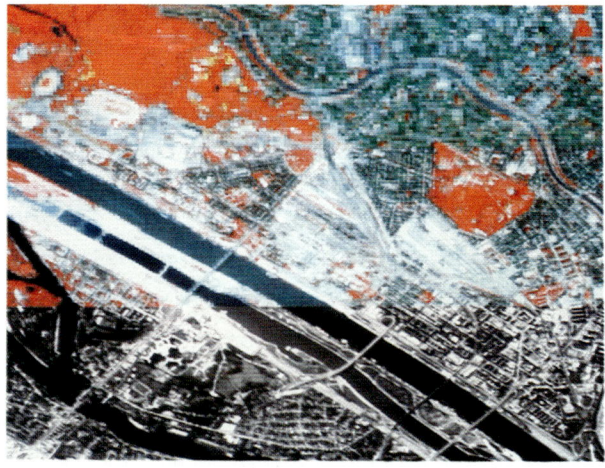

Abb. 14: Multisensorbild von Wien mit panchromatischem SPOT-Bild (oben), LANDSAT-Bild (Kanäle 2-3-4, unten) und Überlagerung (Mitte)

4. Schlußbemerkung

Photogrammetrie und Fernerkundung werden durch moderne Visualisierungstechniken erst attraktiv in ihrer Aussagekraft. Beide Disziplinen sind ein interessantes Anwendungsgebiet der verschiedenen Visualisierungstechniken. Die Objekte, die in der Photogrammetrie und Fernerkundung visualisiert werden, sind grundsätzlich reale Objekte der Erdoberfläche. Infolge der starken Idealisierung des Geländes (in der Photogrammetrie) und der willkürlichen Kombination der Objektstrahlung in den verschiedenen Spektralbereichen (in der Fernerkundung) werden die für eine spezielle Anwendung relevanten Objekteigenschaften extrahiert. Dies ermöglicht aus einer größen Fülle von vorliegendem Datenmaterial die Darstellung von Objektinformationen in der jeweils zweckmäßigsten Form.

LITERATUR:

- AKIMA H.: Journal of the Association of Computer Machinery 17, 589-602, 1970.

- HABERÄCKER P.: Digitale Bildverarbeitung. Hanser/München-Wien, 1985.

- JANSA J.: Urban Study of Vienna Using TM Satellite Images. Proceedings of the Willi Nordberg Symposium, Graz 1987.

- KRAUS K., Schneider W.: Fernerkundung. Dümmler/Bonn, 1988.

RECENT DEVELOPMENTS IN MOLECULAR GRAPHICS

Jacques Weber, Peter Fluekiger,
Alessandra Ricca and Pierre-Yves Morgantini

Laboratory of Computational Chemistry, University of Geneva
30 quai Ernest Ansermet, 1211 Geneva 4, Switzerland

Abstract

Through their considerable versatility, molecular graphics techniques have become the indispensable complement of experimental chemical and biological tools. The construction, representation and manipulation of computerized molecular models using graphics systems is indeed employed in numerous applications ranging from drug design to protein engineering, the search for novel catalysts, etc. This paper presents several developments we have recently achieved in the following areas : (i) representation of molecular surfaces as 3D solid models, with simultaneous clipping of the envelope allowing to visualize the structural model; (ii) evaluation of intermolecular interaction energies for organometallics using a new theoretical model, which leads to a color-coded reactivity index representable both on dot surfaces and solid models. This latter application is particularly useful for understanding and predicting organometallic reactivity, as exemplified by several applications emphasizing the increasing importance of this new area of computer-assisted chemistry.

Introduction

Molecular graphics (MG), which may be defined as the application of computer graphics techniques to investigate molecular structure, function and interaction, is widely used today in computer-assisted chemistry and biotechnology [1-3]. Indeed, most of the critical molecular processes involved in fundamental chemical and biological phenomena can be simulated and visualized using three-dimensional (3D) modelization techniques, which considerably facilitates their interpretation and understanding. As examples, the most popular models used in MG range from geometrical structures and volumes of complex molecules to their associated properties such as electron densities, interaction potentials, super-delocalizabilities, etc. [4,5]. In addition, molecular dynamics techniques allow to simulate and visualize the atomic motions within proteins, which represent an essential mechanism in activated processes such as ligand binding and enzymatic reactions [6]. All these recent MG developments play an essential role in important applications such as drug design, protein engineering, the search for novel catalysts and new biologically active molecules, the study of reactions on solid surfaces, etc.

Molecules are made of atoms linked together by chemical bonds. The simplest and oldest MG model of a molecular architecture is therefore a skeleton with vectors representing the bonds connecting the atoms. However this model gives no indication as to the type of atoms linked together, nor as to the 3D expansion of the molecular volume. Two other models are thus used in MG, namely the ball-and-stick one, where the vector bonds connect color-coded balls depicting the atoms, and the space-filling one, which represents a molecule as the union of large intersecting spheres with van der Waals radii, centered on the atoms [7]. By rolling a probe sphere simulating the solvent over the surface defined by the space-filling model, smooth and continuous envelopes such as the solvent-accessible surface or the molecular surface may be generated [8,9]. Each of these surfaces may be seen as the boundary of the volume that could be occupied by the solvent without penetrating the molecule. In MG applications, the construction and visualization of these models is a basic step before doing any further work in computer-assisted molecular modeling.

However, in view of recent progresses in computational quantum chemistry, it is possible now to improve the structural model by adding an information regarding the electronic distribution or the interaction potential between the molecular substrate and an incoming reagent [10]. This is an essential development as it allows to represent the additional information, which may be used as a reactivity index, as color-coded dots or 3D solid models on the molecular surface itself. It is thus possible to visualize in the same time both structural and electronic models, which leads to a pseudo 4D representation of chemical compounds. In our opinion, this is a significant progress in MG techniques, as the visualization of the structural model only can be misleading when simulating the interaction between two molecules such as the docking of a reagent onto a protein. Indeed, the well-known key and lock image is not the only effect governing such interactions and the electron-deficient sites of one partner should also match the electron-rich ones of the other, a condition which is adequately taken into account by evaluating a local property such as the intermolecular interaction energy [11].

In this paper, we would like to briefly review some MG applications we have recently achieved in our laboratory in the following areas : (i) representation of molecular envelopes as dot surfaces, mesh surfaces and 3D solid models; (ii) development of a new method allowing to evaluate interaction energies for organometallics and represent them as a reactivity index on either dot surfaces or 3D solid models. This latter application is particularly useful in the area of molecular recognition, where it is important to evaluate the optimal approach between guest and host molecules in terms of most attractive interaction energies [12].

Models of molecular surfaces

Practically, the most common representation on a graphic display of the molecular surface is the dot model suggested by Connolly [13]. In this method, dots are scattered across the molecular surface with an approximately constant density per unit area. The advantages of the display of such surfaces on a real-time vector system are : (i) the transparency of the envelope, which allows to simultaneously visualize the structural model and (ii) the small number of points generated, which enables the user to manipulate and clip the model in real time (Fig. 1).

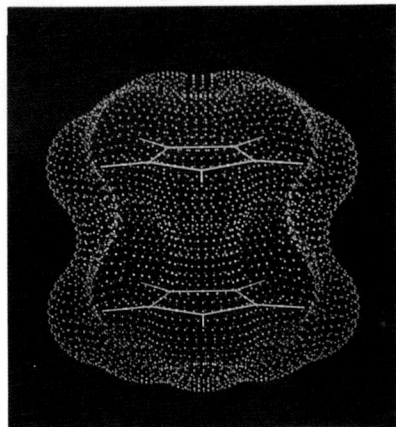

Figure 1. Dot surface generated for the ferrocene molecule $(Fe(C_5H_5)_2)$, with the structural model and some front clipping.

Most of the molecular modeling packages available today for drug design purposes allow to generate with a very short response time the Connolly dot surface of large compounds such as proteins (Fig. 2). In our laboratory, the dot surfaces are generated using the MANOSK package [14] and displayed on the Evans & Sutherland PS-390 graphics system linked to a VAX-11/780 host computer.

Dot surface models are very useful for localizing and visualizing in detail the active sites of proteins, i.e. the regions which are the most likely to be attacked and blocked by an incoming reagent such as a drug molecule. Recently, Connolly has suggested some procedures for the computation of molecular area [15] and volume [16], which may be important for a quantitative comparison of the 3D structures of macromolecules and for quantifying their structural features as well.

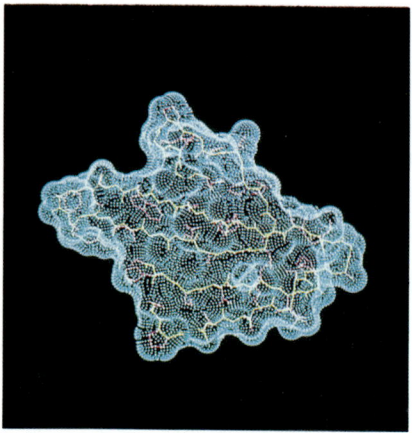

Figure 2. Dot surface generated for the neurotoxin B protein of the Brookhaven data bank, with the protein backbone (yellow) and the side chains (red). Different options of the MANOSK menu are easily seen on right side.

Another interesting representation of the molecular surface is the mesh or chicken-wire model (Fig. 3), which consists of a mosaic of triangles obtained from a triangulation of the dot surface previously generated. To this end, we have developed a procedure similar to that suggested independently by Zauhar and Morgan [17] and which can be briefly described in the following way.

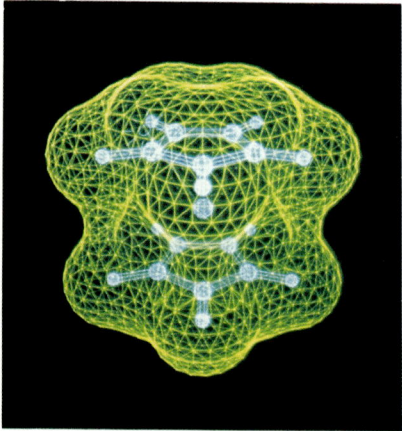

Figure 3. Mesh surface of the ferrocene molecule obtained from a triangulation of the dot envelope. The ball-and-stick structural model is represented in white.

The input consists of a file generated by the computer program of Connolly [18] and containing the coordinates of surface dots (or nodes) together with the surface normal vectors. The algorithm is initialized by the connection of the first node to its nearest neighbor to form the first free edge (an edge is said to be free when the third point to form the triangle has not yet been found). As every edge belongs to two triangles, the first edge is also the second free edge to be used for the construction of the opposite triangle. The algorithm proceeds then as follows :

1. The next free edge is extracted from the list.
2. For that edge, the nearest node to its midpoint among those fulfilling the requested criteria (see below) is chosen to generate the triangle.
3. The previous operation leads to two new edges, each of them being either free, then added to the list, or already present in the list, where it will be labelled "complete".
4. The free edge of step 1 is labelled "complete".

Steps 1 to 4 are repeated until no free edge is found.

The following criteria are applied for selecting a node so as to generate a triangle.

1. The new vertex must close the triangle in the same operational sense as all the previous triangles : in our case the clockwise direction as seen from outside has been chosen. This condition is tested via the sign of triple product of edge, connection midpoint to new vertex, normal vector.
2. The distance to the midpoint of the edge must lie within a given arbitrary range.
3. In order to generate a smooth surface, the angle between the connection midpoint to new vertex and the surface normal should lie within a given range around 90°.
4. None of the two new edges must intersect any other edge, which is tested (i) by checking if the are already present with the same operational sense in the list and (ii) by determining the intersections of all existing edges with the two planes formed by the new edges and surface normals.

In order to generate from 2'000 dots the triangulated surface presented in Fig. 3, the CPU time required is about 30 minutes on the IBM 3090. For speeding up the triangulation procedure, a modified version of Connolly's program has been developed so as to directly triangulate the convex regions of the surface. This program generates fully triangulated van der Waals spheres for each atom and then removes all the points which do not belong to the molecular surface. The triangles which are not concerned by this operation are written in an output file, whereas these from which one point has been deleted are included in the file list of free edges. This modification hardly slows down the surface generation, but supplies the triangulating program with a set of complete triangles and free edges [19].

An attempt to extend this method by directly triangulating saddle and concave reentrant surfaces as well led to unsatisfactory results because these regions frequently overlap in sites with high symmetry.

As seen in Fig. 3, it is advantageous to represent the ball-and-stick structural model within the molecular surface, which allows to rapidly correlate the main structural features with the steric aspects of the molecular envelope.

In several applications, it is useful to represent the molecular surface as a 3D solid model with perspective setting, hidden surfaces treatment and Phong or Gouraud shading [5]. Indeed, in addition to the aesthetic aspect of this representation, it will generally reveal in detail the 3D features of the molecular volume, which is important for macromolecules and compounds with intricate shapes. However, the display of these 3D models requires raster systems and real-time manipulation is practically impossible. As we have access to an Evans & Sutherland PS-390 graphics system, with various capabilities of shaded image rendering, the generation of solid models from triangulated surfaces was a rather straightforward task. Figure 4 represents the faceted 3D model corresponding to the triangulated surface of Fig. 3, whereas Fig. 5 displays the

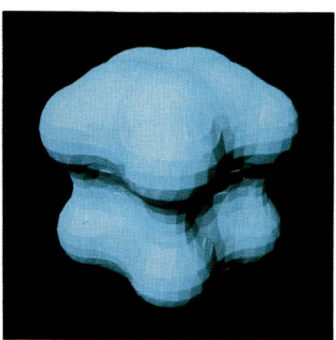

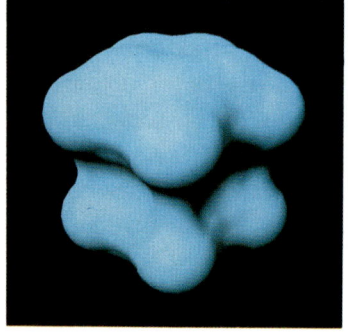

Figure 4. Faceted model of the molecular surface of ferrocene obtained from a solid rendering of the triangulated surface.

Figure 5. Smooth solid model of the molecular surface of ferrocene.

smooth model obtained from the faceted surface using the firmware supported Phong rendering capability. For MG applications however, it is important to visualize the structural model within the molecular envelope, which was possible with both the dot and mesh surface models previously described. To the end, we have developed a module allowing to display a ball-and-stick structural model within the clipped 3D molecular surface, as shown in Fig. 6.

The various models of molecular surfaces presented here are indispensable for understanding the 3D structures and shapes of molecules. However, in order to investigate fundamental problems in biology and chemistry such as molecular recognition [12], it is essential to evaluate the most favorable site for the docking of a reagent onto a substrate in terms of interaction energies. To this end, molecular surfaces may be color coded to indicate various physical properties such as electron densities, electrostatic potentials or intermolecular energies to be used as reactivity indices, and this will be illustrated with several examples in the next section.

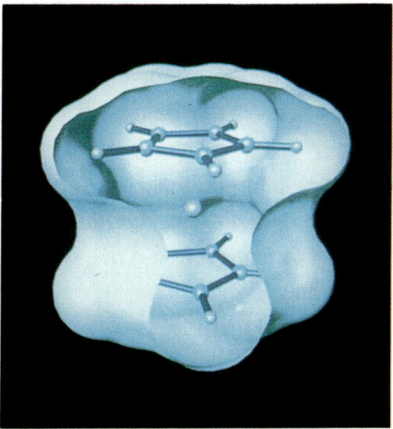

Figure 6. Solid model of the molecular surface of ferrocene, with front clipping and representation of the ball-and-stick structural model.

Models of molecular properties

Organometallic compounds are defined as complexes that contain at least one metal-carbon bond. A typical example of such a compound is ferrocene, where the iron atom is

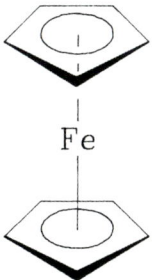

symmetrically bound to two cyclopentadienyl (C_5H_5) rings, which explains the terminology "sandwich compound" used for this family of species. In the previous section, we have seen different models of molecular surfaces generated for organometallics and let us turn now to the evaluation and representation of a reactivity index onto these surfaces.

In this context, we have been interested for several years in developing a fast and reliable quantum chemical procedure for the calculation of the interaction energy between an organometallic substrate S and an incoming reagent R characterized by its nucleophilic (i.e. electron donor) or electrophilic (electron acceptor) behavior [5,11,20]. In our opinion, such a model would be of great value in understanding and predicting organometallic reactivity, enlarging thus the scope of MG applications to : (i) the description of chemical activation of organic ligands by transition metals and (ii) the design of novel homogeneous catalysts with highly specific properties. However, in order to provide the shortest possible response time on a interactive computer graphics system, this model should require the minimum amount of CPU time, which prompted us to develop approximate procedures in order to evaluate electrostatic (E_{es}), charge transfer (E_{ct}) and exchange repulsion (E_{ex}) components within the extended Hückel [21] molecular orbital framework.

Within our model, which aims at predicting both reactivity and site selectivity of organometallic substrates towards nucleophilic and electrophilic addition reactions, the S-R interaction energy E_{int} is therefore expressed as :

$$E_{int}(\vec{r}) = E_{es}(\vec{r}) + E_{ct}(\vec{r}) + E_{ex}(\vec{r}) \tag{1}$$

where $\vec{r}$ specifies the position of incoming reagent in the vicinity of the rigid substrate. The detailed expressions we have developed for E_{es}, E_{ct} and E_{ex} energy components have been reported elsewhere [11,20]. Suffices here to mention that E_{es}, the electrostatic term, corresponds to the classical Coulomb energy arising from the interaction of molecular (electronic and nuclear) charge distributions; E_{ct}, the charge transfer component, accounts for the energy lowering due to the delocalization of the electrons of one partner onto the other one; E_{ex}, the exchange term, describes the short-range repulsion due to the overlap of S-R electron distributions [22]. Negative (respectively positive) values of E_{int} correspond to S-R attractive (repulsive) interactions, and regions where E_{int} is minimum are the most reactive sites of S towards attack by R. In all cases, the color-coding range from red to yellow to blue extends smoothly over the numerical range of E_{int} from the most negative to zero to most positive values, which means that red zones correspond to preferred sites of attack.

In order to display 3D dot surfaces or solid models of E_{int} as a reactivity index, this quantity is evaluated repeatedly at selected points $\vec{r}$ located on the molecular surface of substrate S and generated by Connolly's program [18]. The number of points depends of course on the size and complexity of the substrate, and in the cases presented here this number varies between 4'000 and 10'000. In order to generate the color-coded molecular surface within a reasonable response time (typically 1 minute of CPU time on the VAX-11/780) two conditions have to be imposed on the theoretical model : (i) only a partial and approximate treatment of E_{ct}

is made in most cases, which leads to an interaction energy referred to as E_{int} (I) hereafter (the exact calculation of E_{ct}, leading to E_{int} (II), requiring roughly 1 hour of CPU time on the IBM 3090); (ii) E_{int} is independent on the orientation of R, i.e. a spherically symmetric reagent is chosen; as a consequence, we use a proton with an empty 1s orbital as the model electrophile and an H$^-$ hydride ion with two electrons in the 1s orbital as the model nucleophile.

The case of ferrocene will be chosen as our first example of reactivity of an organometallic substrate. It is well known from experimental studies that this compound fixes readily a proton in acid solutions [23], the site of this electrophilic attack being located on metal. It is seen in Fig. 7 that our prediction is totally consistent with these conclusions, five symmetrically equivalent

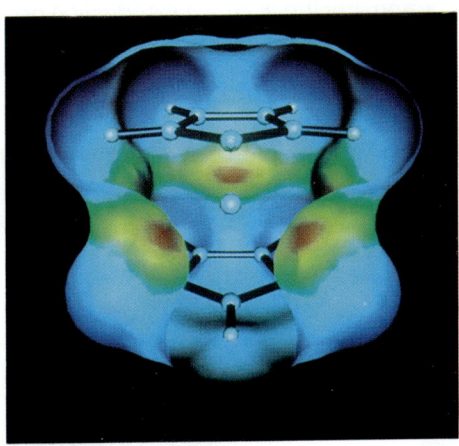

Figure 7. Solid model of the molecular surface of ferrocene colored according to the E_{int} (I) property. Most reactive sites for electrophilic attack correspond to the red zones on the surface.

protonation sites being found on metal in the equatorial plane, i.e. in a plane containing the metal atom and lying parallel to the planar C_5H_5 ligands. Actually, when using the E_{es} electrostatic component only as E_{int} (an approximation frequently used in macromolecular chemistry), an opposite result is found as the so-called exo-face of the ligands (i.e. the face opposite to metal of complexed C_5H_5) is found to be the site of attack [24]. Introduction of charge transfer interactions is therefore necessary for a proper prediction of the protonation site of ferrocene, which is a very difficult and CPU time consuming task within standard quantum chemical methods. Our model rests therefore on more realistic grounds as most cases studied so far have shown that E_{ct} is of the same order of magnitude as E_{es}.

Another interesting case is concerned with the protonation of iron pentacarbonyl. As for ferrocene, this compound is known to undergo in strong acid solutions an electrophilic attack by a proton on metal [25], which is again at first sight surprising in view of the partial positive charge

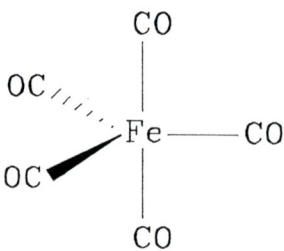

borne by iron atom. The results of the electrostatic model with only partial account of charge transfer effects (Fig. 8), show indeed that the oxygen end of the carbonyl groups is the most reactive site for the incoming proton, but the accurate introduction of charge transfer effects (Fig. 9) leads to an opposite conclusion as deep minima now appear in the vicinity of metal, at

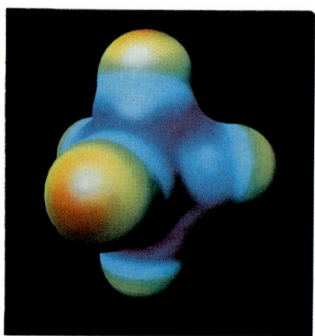

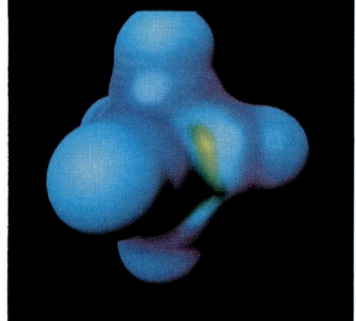

Figure 8. Solid model of the molecular surface of iron pentacarbonyl colored according to E_{int} (I) values for electrophilic attack.

Figure 9. Solid model of the molecular surface of iron pentacarbonyl colored according to E_{int} (II) values for electrophilic attack

positions corresponding roughly to the lobes of $d\pi$ orbitals. Mostly because they lie at higher energies, the occupied d orbitals of metal are better electron donors than the stereochemically rather inert lone pairs of oxygen, which leads to more negative values of E_{ct} (and consequently of E_{int} (II)) in the metal region. In this case again, introduction of charge transfer interactions is essential in order to describe adequately the mechanism of electrophilic attack, but these effects need here to be described using the more elaborate E_{int} (II) procedure.

Upon coordination with a metal atom, most unsaturated organic ligands such as benzene exhibit an important modification of their electronic distribution, specially when electron-withdrawing groups such as CO are also coordinated to metal. In this case, an important transfer of electrons takes place from the coordinated benzene (called arene) ligand through the metal to the carbonyl groups, which significantly increases the reactivity of the arene towards incoming electron donors (i.e. nucleophiles). This explains why complexes such as arene-$M(CO)_3$, where M is a metal atom, are known to readily undergo a nucleophilic attack on the exo-face of the arene ligand. In this context, it was interesting to see whether our model is able to reproduce, in addition to proper site of attack, the differences in reactivity within a series of compounds of this type. Knipe et al. have indeed shown that the activation of arene ring towards nucleophilic attack by methoxide ion increases through the following series of π-attaches residues : $Cr(CO)_3$ < $Fe(C_5H_5)^+$ < $Mn(CO)_3$ [26]. The results of the theoretical model (Fig. 10) demonstrate that

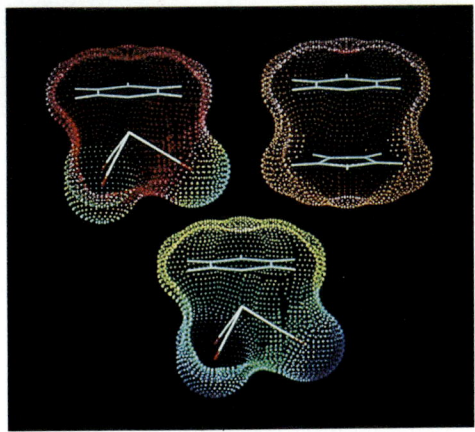

Figure 10. Color-dot surfaces of $(C_6H_6)Mn(CO)_3^+$ (upper left), $(C_6H_6)Fe(C_5H_5)^+$ (upper right) and $(C_6H_6)Cr(CO)_3$ (lower part) molecules. The color coding of E_{int} (I) is the same for the three compounds, with emphasizes the decrease in reactivity towards nucleophilic attack when going from the Mn to the Fe and Cr complexes.

indeed the most reactive sites are located invariably on the exo-face of the arene ring (with some possibility of a subsidiary attack on the lower part of the molecule in the case of manganese complex, though), whereas the minimum values of E_{int} are in the order Cr > Fe > Mn, which indicates that, in agreement with experiment, the propensity of the complexes to react with the incoming nucleophile increases along this series.

Bis(naphthalene)chromium is a sandwich complex made of a chromium atom and two fused six-membered ring ligands (Fig. 11). It has been recently reported that this compound is very reactive, the naphthalene ligands easily undergoing nucleophilic substitution reactions on the coordinated ring exclusively [27]. Figure 11 shows indeed that the red zones characteristic of the most reactive sites towards nucleophilic attack are located on the hydrogen atoms of each ring directly coordinated to metal, the H atoms of the other ring being essentially unreactive. In

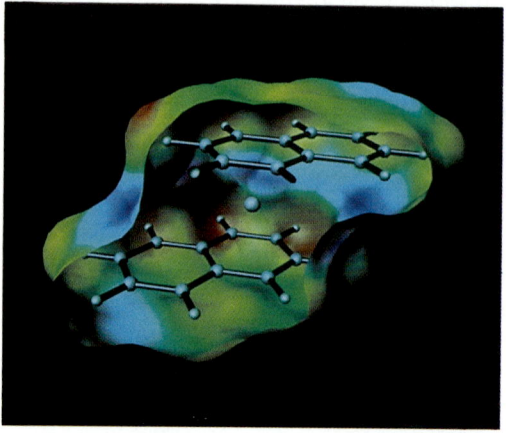

Figure 11. Solid model of the molecular surface of bis(naphthalene)chromium colored according to E_{int} (I) values for nucleophilic attack.

addition, the fact that the predicted site of attack does not coincide with the exo-face of the ligands is clearly related to the absence of coordinated carbonyl groups. Our results are therefore totally consistent with the experimental evidence concerning this rather unusual family of compounds.

The more elaborate case of protonation of the $(C_5H_5)Ru(CO)(PPh_3)H$ complex has been chosen as our last example of modelization of organometallic reactivity. It is known from NMR

studies that the electrophilic attack of this compound by a proton takes place on the hydride ligand so as to lead to a complex cation with a coordinated (η^2-H_2) molecule [28,29]. The surprising point in this observation is that the metal is not directly involved in the reaction mechanism as would be dictated in principle by electronic factors. Examination of Fig. 12 shows that again the theoretical prediction is in agreement with this experimental evidence, a large red

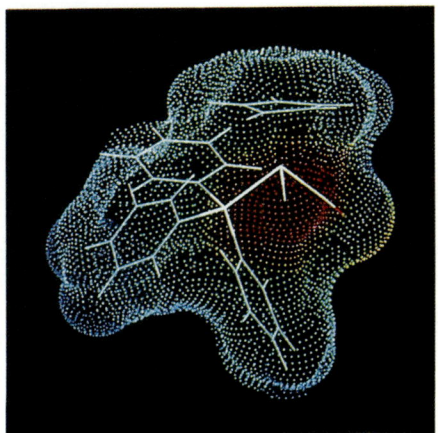

Figure 12. Dot surface of the $(C_5H_5)Ru(CO)(PPh_3)H$ complex colored according to E_{int} (I) values for electrophilic attack.

zone being observed in the vicinity of coordinated hydride. In view of the large size of the complex and the very different nature of the ligands, this result is of great interest as it indicates that the model can be used as a reliable tool for interpreting and predicting as well the reactivity of organometallic species.

Conclusion

There is no doubt that the applications discussed here represent only a small part of MG techniques which are now available to chemists, biologists, drug designers, etc. However, they are representative of the enormous potentials of MG in molecular sciences where it is essential to build and manipulate structural models of compounds and their corresponding physico-chemical properties.

The present results suggest that it is possible to develop simple and reliable models allowing to calculate and represent 3D reactivity indices for organometallic complexes. This development may be considered therefore as a contribution to a better understanding of the processes of specific interactions between chemical species and, ultimately, of molecular recognition.

Acknowledgements

The authors are grateful to Professors C. Daul, E.P. Kündig and J.P. Mornon for fruitful discussions and to Mr. J. Leresche for his assistance. This work is part of Project 2.806-0.85 of the Swiss National Science Foundation.

References

1   T.E. Ferrin, C.C. Huang, L.E. Jarvis and R. Langridge, J. Mol. Graphics 6, 13 (1988)

2   R.J. Feldmann, in "Computer Applications in Chemistry", S.R. Heller and R. Potenzone (eds), Elsevier, Amsterdam (1983), p. 9

3   J.E. Dubois, D. Laurent and J. Weber, Visual Computer 1, 49 (1985)

4   P. Quarendon, C.B. Naylor and W.G. Richards, J. Mol. Graphics 2, 4 (1984)

5   J. Weber and M. Roch, J. Mol. Graphics 4, 145 (1986)

6   M. Karplus and J.A. McCammon, Scient. Amer. 254, 30 (1986)

7   N.L. Max, J. Mol. Graphics 2, 8 (1984)

8   B. Lee and F.M. Richards, J. Mol Biol. 79, 379 (1971)

9   F.M. Richards, Ann. Rev. Biophys. Bioeng. 6, 151 (1977)

10   P.K. Weiner, R. Langridge, J.M. Blaney, R. Schaefer and P.A. Kollman, Proc. Natl. Acad. Sci. USA 79, 3754 (1982)

11   J. Weber, P.Y. Morgantini, J. Leresche and C. Daul, in "Quantum Chemistry : Basic Aspects, Actual Trends", R. Carbo (ed), Elsevier, Amsterdam (1988), in the press

12   P.L. Chau and P.M. Dean, J. Mol. Graphics 5, 152 (1987)

13   M.L. Connolly, Science 211, 709 (1983)

14   M.C. Vaney, E. Surcouf, I. Morize, I. Cherfils and J.P. Mornon, J. Mol. Graphics 3, 123 (1985)

15   M.L. Connolly, J. Appl. Cryst. 16, 548 (1983)

16   M.L. Connolly, J. Am. Chem. Soc. 107, 1118 (1985)

17   R.J. Zauhar and R.S. Morgan, J. Comput. Chem. 9, 171 (1988)

18   M.L. Connolly, "Molecular Surface Calculation", QCPE Program 429 (1981)

19   P. Fluekiger, Ph.D. thesis in preparation

20   J. Weber, P. Fluekiger, P.Y. Morgantini, O. Schaad, A. Goursot and C. Daul, J. Comp. Aided Mol. Des., in the press

21   R. Hoffmann, J. Chem. Phys. 39, 1397 (1963)

22   K. Morokuma, Acc. Chem. Res. 10, 294 (1977)

23   T.J. Curphey, J.O. Santer, M. Rosenblum and J.M. Richards, J. Am. Chem. Soc. 82, 5249 (1960)

24   O. Schaad, M. Roch, H. Chermette and J. Weber, J. Chim. Phys. 84, 829 (1987)

25   A. Davison, W. McFarlane, L. Pratt and G. Wilkinson, J. Chem. Soc. 3653 (1962)

26   A.C. Knipe, S.J. McGuinness and W.E. Watts, J. Chem. Soc. Perkin II 193 (1981)

27   V. Desobry and E.P. Kündig, Helv. Chim. Acta 64, 1288 (1981)

28   F.M. Conroy-Lewis and S.J. Simpson, J. Chem. Soc., Chem. Comm., 1675 (1987)

29   M.S. Chinn and D.M. Heinekey, J. Am. Chem. Soc. 109, 5865 (1987)

Hochleistung und Visualisierungstechnologie

– Die zwei aktuellen F&E-Themen der Graphischen Datenverarbeitung –

J. Encarnacao

Fachgebiet Graphisch-Interaktive System
(THD-GRIS)
Wilhelminenstraße 7; D-6100 Darmstadt

Es werden die zwei prominenten F&E-Themen der Graphischen Datenverarbeitung in den 90iger Jahren

- Hochleistung

- Visualisierungstechnologie

vorgestellt, deren Grundprobleme und zugehörige Lösungsansätze erläutert, sowie entsprechende Trends aufgezeigt. Folgende Fragen werden diskutiert:

o Hochleistungssysteme und -komponenten (spezialisierte Hardware; Parallelismus; VLSI für Graphik).
o 3D-Graphik.
o Superworkstations.
o Graphische Darstellung abhängig von Anwendungskontexten.
o Neue Formen, große multidimensionale Datenmengen zu betrachten und zu visualisieren.

Im Vordergrund steht das Visualisierungsproblem von komplexen, großen Datenmengen. Visualisierung wird dabei (nach dem Bericht (1) von ACM-SIGGRAPH) definiert als:

"... a method of computing. It transforms the Symbolic into the Geometric, enabling research to observe their simulations and computations. Visualisation offers a method for seeing the unseen", ... "Visualisation embraces both image understanding and image synthesis", ... "Visualisation unifies the largely independent but convergent fields of:

- Computer Graphics,

- Image Processing,

- Computer Vision,

- Computer Aided Design,

- Signal Processing, and

- User Interface Studies."

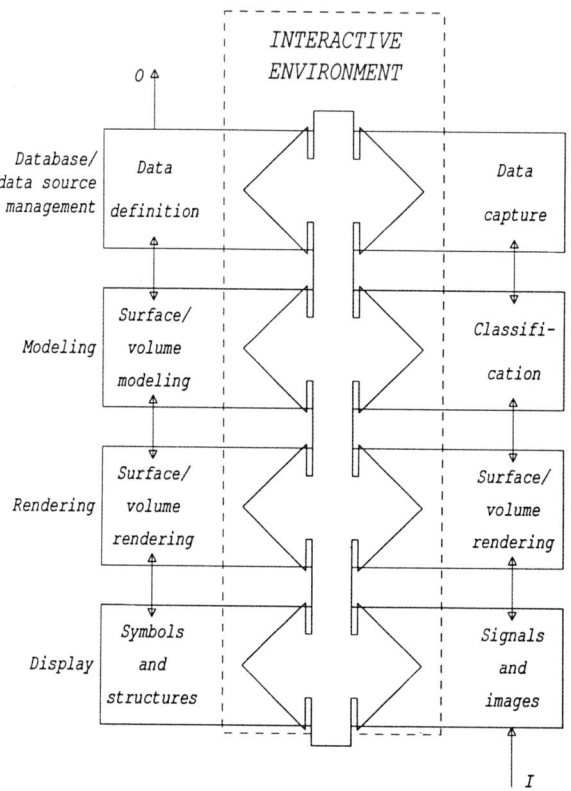

Bild 1: Das geschichtete Referenzmodell eines Visualisierungssystems

Große Datenmengen erhalten wir heute von Supercomputern, Satelliten, Raumfahrtexperimenten, medizinischen Anwendungen, Modellierung in der Chemie, Geophysikalischen Simulationen, industriellen Prozessoren, etc.. Die Mengen an komplexen, multidimensionalen Daten werden in naher Zukunft noch wesentlich wachsen. Aus diesem Grunde ist der Bedarf an Visualisierungsmethoden und -technologien sehr stark. Wir wollen dies VISUALISIERUNG nennen; dieses Thema stellt den Kern der Ausführungen dar.

Forschung in "Visualisierung" muß interdisziplinär sein; es wird daher auch auf diesen Aspekt eingegangen. Viele Lösungen setzen Televisualisierungssysteme voraus, die deswegen hier ausführlich behandelt werden. Zentraler Punkt ist die Betrachtung der Software-Problematik; dabei wird von dem in Bild 1 gezeigten Referenzmodell eines Visualisierungssystems ausgegangen.

Literatur

(1) B.H. McCormick, TA. DeTanti, M. Brown (Editors), Visualisation in Scientific Computing, Computer Graphics (ACM), Vol.21, No.6, November 1987.

(2) Symposium on Visualisation in Scientific Computing, Symposium Material and Notes, Princeton University, May 1988.

(3) D. Duce, J. Encarnacao, F.R.A. Hopgood, J. Schönhut (Editors), Report on Workshop "Graphics in ESPRIT", Brussels, May 31 - June 1, 1988.

(4) J. Encarnacao and J. Schönhut, High Performance, Visualisation and Integration - The Computer Graphics Headlines for the 90`s - , Proceedings of the IFIP TC 5 Conference on Graphics and CAD; Mexico City, Mexico; August 22-26, 1988, to be published by North-Holland Publ.Co; Amsterdem, NL (1988/89).

Scattered Data Methoden

von

Prof. Dr. Hans Hagen *

Universität Kaiserslautern

FB Informatik

Abstract

In Technik und Naturwissenschaften stellt sich häufig das Problem sehr große Datenmengen, die zudem weitgehend unregelmäßig verstreut sind, zu interpolieren beziehungsweise zu approximieren. Im Rahmen dieses Artikels werden effiziente Algorithmen vorgestellt und an praktischen Beispielen erläutert.

Keywords

Computer Aided Geometric Design, Geometric Modeling, Scattered Data Methods

Einleitung

Scattered Data Methoden werden in vielen verschiedenen Forschungsbereichen wie Geologie, Meteorologie, Medizin, Flugzeugbau, ..., eingesetzt. Die einzelnen Verfahren unterscheiden sich daher auch je nach ihrem "Einsatzschwerpunkt". Ziel dieser Publikation ist es unter anderem gemeinsame Grundprinzipien darzustellen und die Algorithmen im einzelnen vorzustellen. Die Grundfragestellung ist einfach zu formulieren:

"Zu einer gegebenen Stützpunktmenge $\{x_i, y_i, f_i\}$; $i = 1, ..., n$ wird eine Funktion $F(x, y)$ gesucht mit $F(x_i, y_i) = f_i$, wobei die Stützpunkte beliebig im Raum verteilt sind. In vielen Bereichen, wie zum Beispiel der Datenerfassung durch Satelliten in der Meteorologie, sind die Meßwerte allerdings mit Fehlern behaftet."

Es werden hier drei sehr wesentliche Verfahren näher vorgestellt, die nach Shephard, Hardy und Franke benannt sind. Die Literaturliste enthält weitere Publikationen, die einen weitgehend vollständigen Überblick über diesen Forschungsschwerpunkt vermitteln.

(1) Shephard–Verfahren und Verallgemeinerung

Verfahren dieses Typs werden auch als *"Inverse Distance Weighted Methods"* bezeichnet und sind im Prinzip Verallgemeinerungen von Shephard's Grundidee (siehe [Shephard, '68]).

(1.1)
$$F(x, y) = \frac{\sum_{k=1}^{n} w_k(x, y) \cdot f_k}{\sum_{k=1}^{n} w_k(x, y)}$$

---

* Part of this research was supported by *Steinbeisstiftung für Wirtschaftsförderung — Technologie Transferzentrum RIM Karlsruhe*

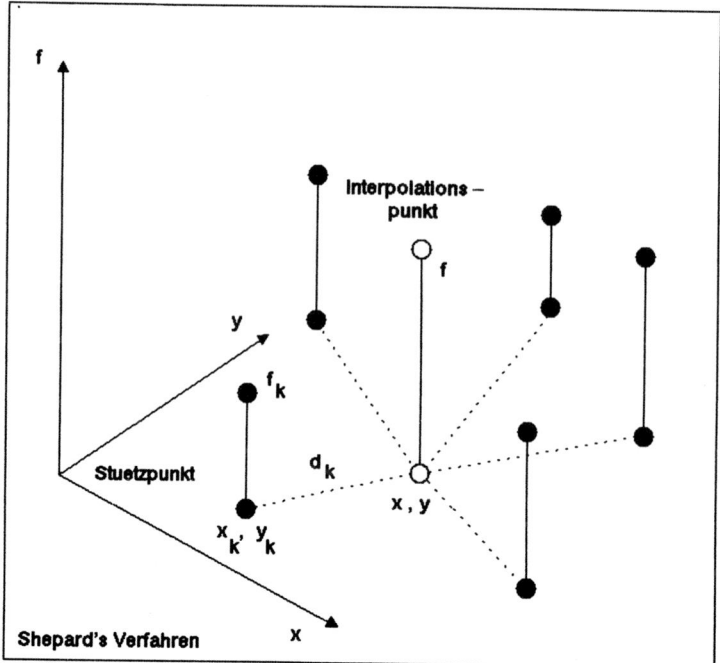

Bild 1.

Die sogenannten Gewichtsfunktionen $w_k(x,y)$ werden dabei so konstruiert, daß der Einfluß eines Stützpunktes mit zunehmender Entfernung vom Interpolationspunkt abnimmt. Eine mögliche Wahl ist

$$w_k(x,y) := \left((x - x_k)^2 + (y - y_k)^2\right)^{\frac{m}{2}} =: d_k^m, \quad m \in \mathbb{Z}$$

Shephard schlägt $m = -2$ vor, was aber oft einen zu großen Einfluß durch weit entfernte Stützpunkte auf den zu interpolierenden Punkt bewirkt. Darüber hinaus hat das Verfahren in dieser Form die unerwünschte Eigenschaft, in jedem Stützpunkt einen Flachpunkt zu besitzen. Man dehnt die Interpolation daher auf die Tangentialebene aus:

$$(1.2) \qquad F(x,y) = \sum_{k=1}^{n} \widetilde{w}_k(x,y) \cdot \left[f_k + \left(\frac{\partial f}{\partial x}\right)_k (x - x_k) + \left(\frac{\partial f}{\partial y}\right)_i (y - y_i) \right]$$

mit $\widetilde{w}_k(x,y) := \dfrac{w_k(x,y)}{\displaystyle\sum_{i=1}^{n} w_i(x,y)}$

Allgemein haben *Inverse Distance Weighted Methods* die Form

$$(1.3) \qquad F(x,y) = \sum_{k=1}^{n} \widetilde{w}_k(x,y) \cdot L_k f(x,y)$$

wobei $L_k f$ eine Approximation von f ist, mit $L_k f(x_k, y_k) = f_k$. Dieses an sich globale Verfahren läßt sich durch die *Franke–Little*-Gewichtsfunktion

$$w_k(x, y) := \left[\frac{(R - d_k)_+}{R \cdot d_k} \right]^2 \quad mit \quad (R - d_k)_+ := \begin{cases} R - d_k & \text{falls } R > d_k \\ 0 & \text{falls } R \leq d_k \end{cases}$$

in eine lokale Methode verwandeln, da bei diesen Gewichtsfunktionen zur Bestimmung des Punktes (x, y) nur diejenigen Stützpunkte (x_k, y_k, f_k) herangezogen werden, die in einem Kreis mit Radius R mit Mittelpunkt (x,y) liegen.

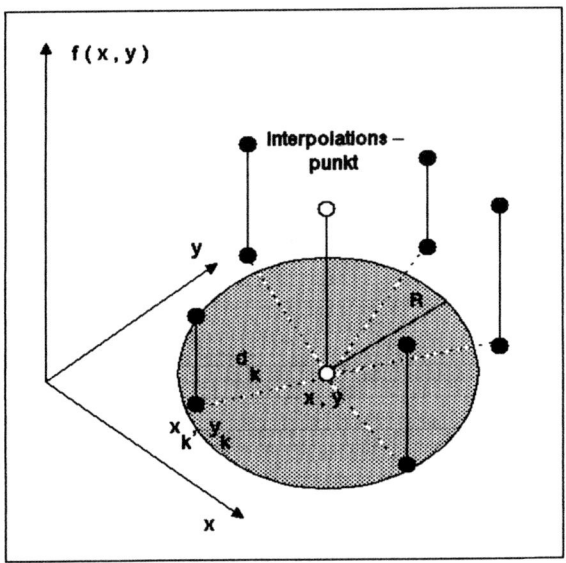

Bild 2. Lokales Shephard's Verfahren

(2) Hardy's multiquadrike Methode

Dieses Verfahren stammt aus der Klasse der sogenannten *"Kernel Methods"* (siehe [Franke, '82]).

$$F(x, y) := \sum_{j=1}^{N} a_j \cdot B_j(x, y) + \sum_{j=1}^{M} b_j \cdot P_j(x, y)$$

wobei $\{P_j\}$ eine Menge von Polynomen vom Grad $< m$ ist. Eine oft benutzte Möglichkeit zur Wahl der *Blending Functions* ist

$$B_j := \sqrt{d_j + r} \quad oder \quad B_j := \frac{1}{\sqrt{d_j + r}}$$

wobei r eine beliebige Konstante ist. Als Koeffizientengleichungen erhält man das lineare Gleichungssystem

$$\sum_{j=1}^{N} a_j \cdot B_j(x_i, y_i) + \sum_{j=1}^{M} b_j \cdot P_j(x_i, y_i) = f_i \quad i = 1, ..., N$$

Hardy's *Multiquadrics* sind eine Approximation der Lösung einer Integralgleichung, die Potentialstörungen bei Gravitätsschwankungen beschreibt (siehe ([Hardy - Nelson, '86]). Dieses Verfahren liefert im allgemeinen zufriedenstellende Lösungen. Kürzlich wurde diese Methode auch auf sphärische Parametergebiete verallgemeinert (siehe [Nielson - Romaraj, '87].

(3) Franke – Verfahren

Diese Interpolationsmethode mittels sogenannter *Thin Plate Splines* hat lokalen Charakter (siehe [Franke, '82]).

$$(3.1) \qquad F(x,y) = \sum_{i=1}^{m} \sum_{j=1}^{n} w_{ij}(x,y) \cdot q_{ij}(x,y)$$

Die $w_{ij}(x,y)$ sind wiederum Gewichtsfunktionen und die $q_{ij}(x,y)$ sind lokal approximierende Funktionen. Die Gewichtsfunktionen w_{ij} gewinnt Franke aus der kubischen Hermitefunktion $h_0(t) := 1 - 3t^2 + 2t^3$ durch folgende Überlegungen:

1. Zerteile das Parametergebiet in Regionen $R_{ij} := [\overline{x}_{i-1}, \overline{x}_{i+1}] \times [\overline{y}_{j-1}, \overline{y}_{j+1}]$ in Abhängigkeit von der Verteilung der Daten ($i = 1, ..., m$ / $j = 1, .., n$ / NPPR = *number of points per region*).

2. Es gilt weiterhin:

$$w_1(x) := \begin{cases} 1 & \text{falls } x < \overline{x}_1 \\ h_0\left(\frac{x - \overline{x}_1}{\overline{x}_2 - \overline{x}_1}\right) & \text{falls } \overline{x}_1 \le x < \overline{x}_2 \\ 0 & \text{falls } x \ge \overline{x}_2 \end{cases}$$

$$w_i(x) := \begin{cases} 0 & \text{falls } x < \overline{x}_{i-1} \\ 1 - w_{i-1}(x) & \text{falls } \overline{x}_{i-1} \le x < \overline{x}_i \\ h_0\left(\frac{x - \overline{x}_i}{\overline{x}_{i+1} - \overline{x}_i}\right) & \text{falls } \overline{x}_i \le x < \overline{x}_{i+1} \\ 0 & \text{falls } x \ge \overline{x}_{i+1} \end{cases} \qquad i = 2, ..., m-1$$

$$w_m(x) := \begin{cases} 0 & \text{falls } x < \overline{x}_{m-1} \\ 1 - w_{m-1}(x) & \text{falls } \overline{x}_{m-1} \le x < \overline{x}_m \\ 0 & \text{falls } x \ge \overline{x}_m \end{cases}$$

Analog werden die Gewichtsfunktionen $w_1(y), ..., w_n(y)$ konstruiert. Die gewünschten bivariaten Gewichtsfunktionen $w_{ij}(x,y)$ ergeben sich dann durch Multiplikation der entsprechenden univariaten Gewichtsfunktionen $w_{ij} = w_i(x) \cdot w_j(y)$.

Die Funktionen $w_{ij}(x,y)$ bilden eine Zerlegung der Eins und haben lokalen Träger.

Die lokal approximierenden Funktionen $q_{ij}(x,y)$ werden der Theorie der *Thin Plate Splines* entnommen und lassen sich durch folgenden Algorithmus ermitteln:

1. Stelle die Menge all der zu interpolierenden Daten zusammen, die zu R_{ij} gehören.

2. Berechne:

$$q_{ij} = \sum_{l \in I} \left[a_l \cdot d_l^2(x,y) \cdot log\, d_l(x,y) \right] + a + bx + cy$$

3. Koeffizientengleichungen:

$$\sum_{l \in I} \left[a_l \cdot d_l^2(x,y) \cdot log\, d_l \right] + a + bx + cy = 0$$

$$\sum_{l \in I} a_l = 0 \; ; \; \sum_{l \in I} a_l\, x_l = 0 \; ; \; \sum_{l \in I} a_l\, y_l = 0$$

Je "lokaler" die Funktion $F(x, y)$ sein soll, desto kleiner muß man $NPPR$ wählen. Je kleiner allerdings $NPPR$ ist, desto weniger glatt ist die resultierende Fläche. Ist den gegebenen "Scattered Data" anzusehen, daß starke Gradienten unvermeidbar sind, so ist eine stärker lokale Form zu empfehlen und $NPPR$ daher klein zu wählen. R. Franke hat dieses Verfahren 1984 zu der Methode der *Thin Plate Splines with Tension* verallgemeinert. Diese Technik erlaubt interaktive, lokale Änderungen durch Tensionparameter (siehe [Franke, '85]).

(4) Anwendungen

Ausgehend von einer Testfläche

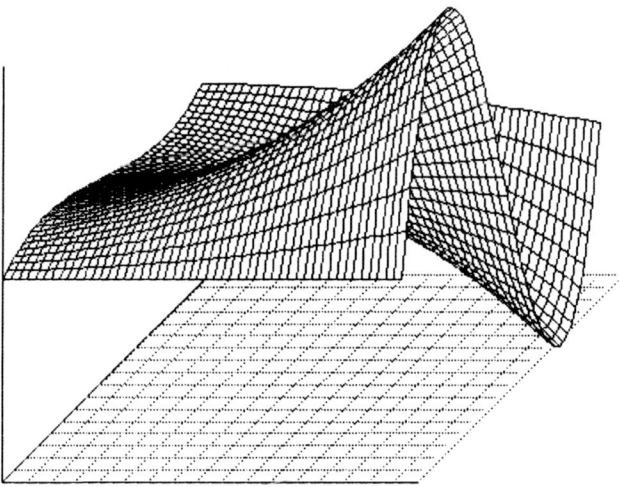

Bild 3.

wurden 25 beziehungsweise 50 "Meßpunkte" zufällig gewählt.

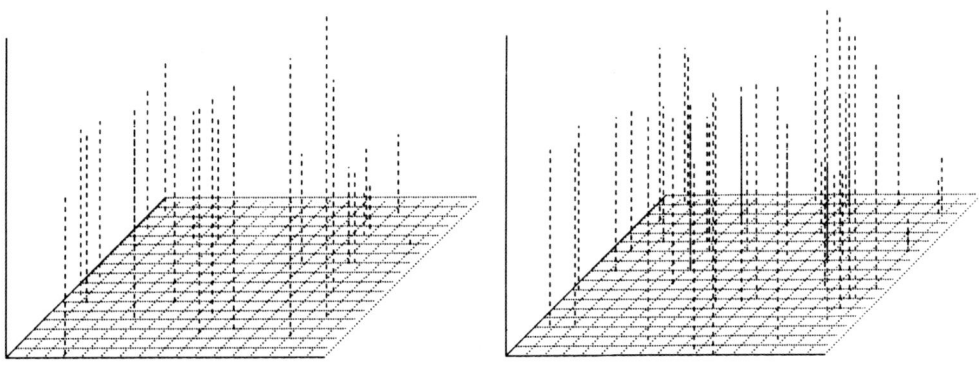

Bild 4. 25 Testpunkte   **Bild 5.** 50 Testpunkte

40

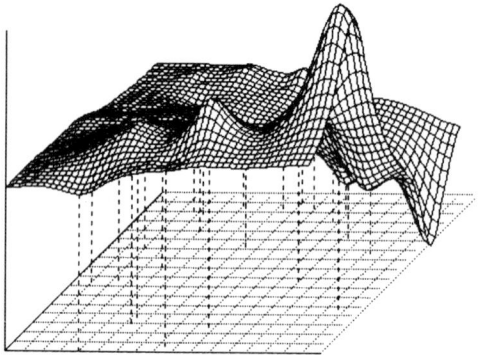
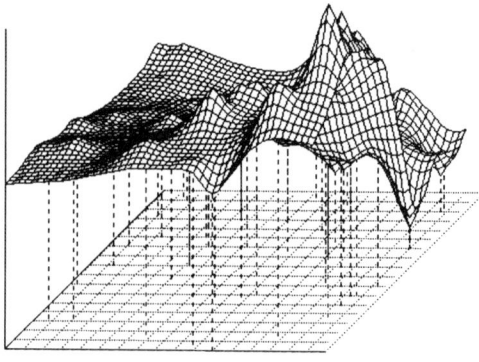

Bild 6. *Shephard* mit m=−2 und 25 Punkten   **Bild 7.** *Shephard* mit m=−2 und 50 Punkten

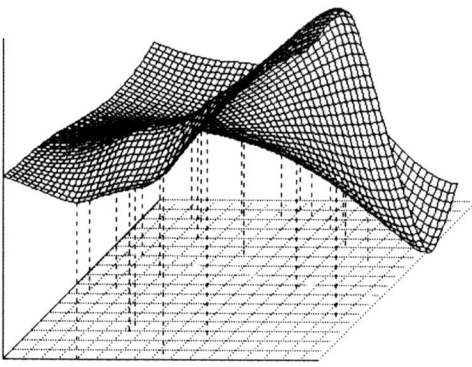
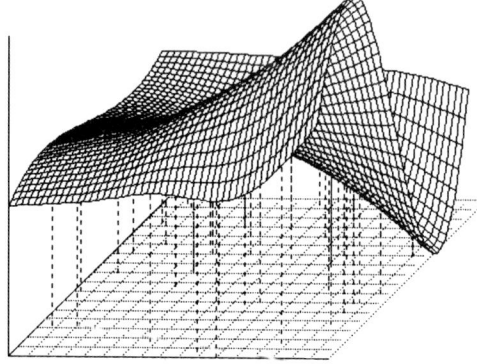

Bild 8. *Hardy* mit R=2.5 und 25 Punkten   **Bild 9.** *Hardy* mit R=2.5 und 50 Punkten

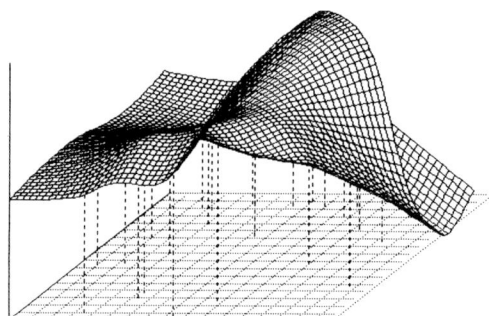
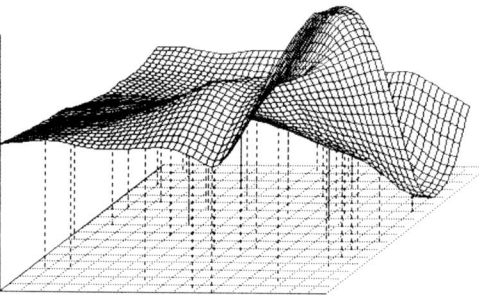

Bild 10. *Franke* mit NPPR=5; m=3; 25 Punkte   **Bild 11.** *Franke* mit NPPR=5; m=5; 50 Punkte

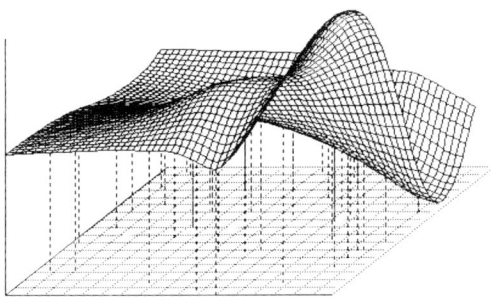

Bild 12. *Franke* mit NPPR=10; m=3; 25 Punkte

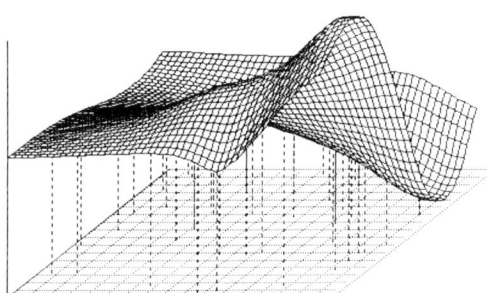

Bild 13. *Franke* mit NPPR=25; m=2; 50 Punkte

Diese Beispiele wurden von Cand.–Inform. Rolf van Lengen erstellt.

Literatur

R. Franke (1982):   Scattered Data Interpolation: Test of some Methods
                     Mathematics of Computation 38 (1982), 181—200

R. Franke (1982):   Smooth Interpolation of Scattered Data by Local Thin Plate Splines
                     Comp. Maths. Appls. 8 (1982), 273—281

R. Franke (1982):   Thin Plate Splines with Tension
                     CAGD 2 (1982), 87—95

R. Franke (1982):   Recent Advances in the Approximation of Surfaces from Scattered Data
                     in *Topics in Multivariate Approximation, Chui, Schumaker and Utreras (eds.),
                     Academic Press (1987)*, 79—98

Hardy – Nelson (1986):   A Multiquadric–Biharmonic Representation and Approximation of Disturbing
                          Potential
                          Geophys. Res. Letters 13 (1986), 18—21

Nielson – Ramaraj (1987):   Interpolation over a Sphere
                             CAGD 4 (1987), 41—57

Shephard (1968):   A two dimensional Interpolation Function for Irregularly Spaced Data
                    Proc. 23rd Nat. Conf. ACM (1968), 517—524

Prof. Dr. Hans Hagen

Universität Kaiserslautern

Fachbereich Informatik / Institut für Computergrafik

Postfach 3049

D—6750 Kaiserslautern

Darstellung geowissenschaftlicher Meßdaten

von

Thomas Bieber

Universität Kaiserslautern

FB Informatik

Abstract

Neue Anwendungsgebiete in der Geologie, beispielsweise die Computeranimation von Orogenese und Epiro-genese ("Bewegungen" der Erdoberfläche) im Laufe der Erdgeschichte, machen eine differenzierte Darstellung vorhandener Daten nötig. Einfache Ausgabetechniken wie Drahtrahmen – oder Flächenmodelle, die durch line-are Interpolation der Meßdaten entstehen, sind für diesen Zweck ungeeignet. Naheliegend ist die Anwendung erweiterter *scattered data* Verfahren zur Darstellung und Modellierung von Flächen.

Keywords

Computer Aided Geometric Design, Geometric Modeling, Scattered Data Methods.

Einleitung

Das Problem ist, eine approximierende Fläche für einige gegebene Datenpunkte zu finden, wobei die gesuchte Fläche bis auf wenige Ausnahmen gewissen Glattheitskriterien gehorchen soll.

Unstetigkeiten in der Fläche ergeben sich aus der Notwendigkeit auch verschiedenartige Kanten im Gelände, wie beispielsweise Berggrade, Plateaukanten oder Löcher, darstellen zu können. Daten über diese *Störungen* werden explizit geliefert, sie sind anhand der Meßpunkte nur sehr schwer zu rekonstruieren. Störungen werden immer durch Geradenstücke auf der XY–Ebene beschrieben. "Höheninformationen" über Störungen werden nicht geliefert.

Damit lassen sich folgende Fälle unterscheiden:

1. Im einfachsten Fall sind alle Daten der Fehlstelle, das heißt, Lage des Geradenstückes und Gefälle, bekannt. Beispiele für die Beschreibungsmöglichkeiten von Störstellen in *Bild 1*.

2. Es ist zwar die Lage einer Störstelle bekannt, es gibt jedoch keine Angaben über die Art des Gefälles. In diesem Fall können, sofern vorhanden, Meßpunkte in der Nähe der Störung zur Abschätzung des Gefälles herangezogen werden. Diese Aufgabenstellung wird zunächst als wesentlich betrachtet und in dieser Arbeit behandelt.

3. Der aufwendigste Fall ist eine unbekannte Störstelle, die aber aufgrund von Meßdaten vorhanden sein müßte. Sollte also in der berechneten Fläche wegen stark differierender Höheninformation in einem begrenzten Gebiet ein ungewöhnlich hohes Gefälle auftreten, so läßt sich an dieser Stelle eine Störung vermuten, was schließlich zum vorausgegangenen zweiten Fall führt.

Ordnung der Kante	Beispiel	Beschreibung
1.Ordnung	Berggrad	Anfangs– und Endpunkt (Geradenstück) Breite der Kante
2.Ordnung	Weinbergkante	Mehrere Kanten 1. Ordnung (Polygonzug)
3.Ordnung		Erweiterte Beschreibung von Kanten der 1. und 2. Ordnung durch weitere Attribute, wie Winkel, Krümmungsradien, ...

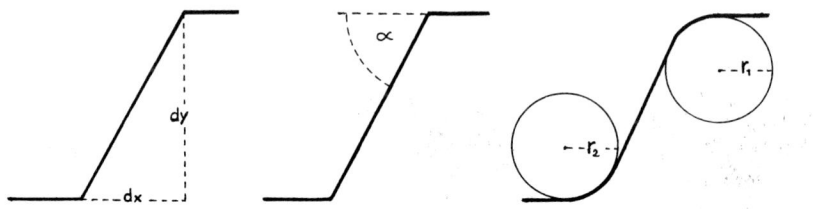

Bild 1. Beschreibung von Störungen

Die Meßpunkte werden jeweils als Tripel reeller oder ganzzahliger Werte geliefert, die sich auf X, Y und Z–Koordinaten in einem kartesischen Basissystem beziehen. Die Punkte können sowohl auf einem regelmäßigen Raster liegen, als auch willkürlich verteilt sein. Unregelmäßig verteilte Meßdaten ergeben sich meist aus Tiefbohrungen, die häufig den Vorteil besitzen, in "interessanten" Gebieten besonders dicht zu liegen.

Die Auswahl aus den zur Verfügung stehenden *scattered data* Algorithmen wird durch weitere Bedingungen bestimmt:

- Es soll ein *lokales* Verfahren benutzt werden. Das heißt, lokale Änderungen der Fläche, beispielsweise durch Einfügen von Störungen, dürfen nicht das *gesamte* Aussehen der Fläche beeinflussen.

- Es müssen große Datenmengen verarbeitet werden. (Größenordnung: 100 bis 100000 Meßpunkte pro Bild.) Auch aus diesem Grund kommt nur ein lokales Vorgehen in Frage.

- Da die gegebenen Meßpunkte durch eine Fläche approximiert werden, sollte man die Genauigkeit beachten, mit der die Punkte reproduziert werden. Später sollte man auch Ungenauigkeiten, die sich bei der Bestimmung der Meßpunkte ergeben, berücksichtigen.

- Das Verfahren ist für die Anwendung innerhalb eines "Geoflächen–Design"–Systems vorgesehen, welches wiederum auch für den Einsatz "vor Ort", also im Gelände, geplant ist. Sowohl für die Entwicklung, als auch für die spätere Anwendung werden daher *Personal Computer* eingesetzt. Das heißt, Rechenzeiten und Speicherbedarf sollten bei der Wahl des Algorithmus zu Rate gezogen werden.

Das *scattered data* **Verfahren**

Gegeben seien N Meßpunkte $\mathbf{P}_i = (x_i, y_i, f_i)$, $i = 1 \ldots N$. Dabei kann f_i als Wert einer unbekannten Funktion $f(x,y)$ betrachtet werden. Gesucht ist eine interpolierende (approximierende) Funktion $F(x,y)$ mit $F(x_i, y_i) = f_i$, bzw. $F(x_i, y_i) \approx f_i$ für alle $\mathbf{P}_i$. Sei $d_i = \sqrt{(x - x_i)^2 + (y - y_i)^2}$ die Distanz zwischen Meßpunkt $\mathbf{P}_i$ und zu berechnendem Punkt $F(x,y)$. Es ist vernünftig anzunehmen, daß der Einfluß eines Punktes $\mathbf{P}_i$ auf einen Flächenpunkt $F(x,y)$ mit größer werdendem d_i abnimmt. Daraus resultiert folgender Ansatz: [Shephard '65]

$$F(x,y) = \frac{\displaystyle\sum_{i=1}^{N} \frac{f_i}{d_i}}{\displaystyle\sum_{i=1}^{N} \frac{1}{d_i}} \tag{1}$$

Ein Test dieses Ansatzes zeigt Unstetigkeiten (Spitzen) an den Punkten $\mathbf{P}_i$. Ersetzt man die Distanzen d_i durch ihre Quadrate,

$$F(x,y) = \frac{\displaystyle\sum_{i=1}^{N} \frac{f_i}{d_i^{2}}}{\displaystyle\sum_{i=1}^{N} \frac{1}{d_i^{2}}} \tag{2}$$

so erhält man anstelle der Spitzen an jedem Punkt $\mathbf{P}_i$ kleine Flächen, die parallel zur XY–Ebene verlaufen. Beide bisher beschriebenen Methoden sind "global". Das heißt, daß die Änderung eines Punktes $\mathbf{P}_i$ Einfluß auf die gesamte Fläche hat. Eine Verallgemeinerung für den "lokalen" Ansatz führt zu folgender Darstellung:

$$F(x,y) = \frac{\displaystyle\sum_{i=1}^{N} w_i(x,y) \cdot Q_i(x,y)}{\displaystyle\sum_{i=1}^{N} w_i(x,y)} \tag{3}$$

wobei $w_i(x,y)$ eine *Gewichtsfunktion* ist, die von (x,y) abhängen kann, jedoch unabhängig von den f_i ist. Sie wird in diesem Fall gewählt als

$$w_i(x,y) = \left[\frac{(R - d_i)_+}{R \cdot d_i} \right]^2 \tag{4}$$

[Franke '82] und sorgt für den lokalen Charakter der Methode, da der Einfluß eines Punktes $\mathbf{P}_i$ auf $F(x,y)$ mit größer werdendem d_i beständig abnimmt. R sollte abhängig von der Dichte der Meßdaten gewählt werden.

Die f_i gehen ein in die $Q_i(x,y)$, den sog. *Nodalfunktionen*, die Informationen über lokales Verhalten der Fläche liefern. An dieser Stelle besteht die Möglichkeit, die in (2) aufgetretenen "flachen Stellen" zu beseitigen. Eine Möglichkeit wäre, die Werte f_i durch Tangentenebenen zu ersetzen:

$$Q_i(x,y) = f_i + \left(\frac{\partial f}{\partial x} \right)_i (x - x_i) + \left(\frac{\partial f}{\partial y} \right)_i (y - y_i) \tag{5}$$

[Barnhill '77]. Es existieren zwar weiterhin kleine Flachstücke, jedoch sind diese nicht mehr coplanar zur XY–Ebene.

In dieser Arbeit werden für die $Q_i(x,y)$ quadratische Funktionen benutzt, die durch die Punkte $\mathbf{P}_i = (x_i, y_i, f_i)$ laufen müssen. Verbleibende Parameter werden durch eine gewichtete *Methode der kleinsten Quadrate* ermittelt, wobei die Gewichte als $\left[\frac{(r - d_i)_+}{r \cdot d_i} \right]^2$, $r = \sqrt{2} \cdot R$ gewählt werden.

Die Störungsfunktion

Offensichtlich gibt es zwei Möglichkeiten um Störstellen in (3) zu integrieren. Man kann entweder die Gewichtsfunktion oder die Nodalfunktion an die Störungsfunktionen anpassen. Intuitiv naheliegender scheint es zu sein, Daten über Störungen in der Nodalfunktion unterzubringen.

Für die Beschreibung von Störungen zunächst folgender Ansatz

$$\phi_k(s,t) = H_3(s) \cdot H_3(2t-1) \cdot sgn(s) \tag{6}$$

für Kanten, und

$$\phi_s(s,t) = H_3(s) \cdot H_3(2t-1) \cdot |s| \tag{7}$$

für Sprünge mit

$$H_3(s) = \begin{cases} 1 - s^2(3-2|s|) & \text{falls } |s| \le 1 \\ 0 & \text{falls } |s| > 1 \end{cases} \tag{8}$$

Dabei bezeichnet t den lokalen Parameter entlang einer Fehlerstrecke mit $0 \le t \le 1$, und s eine Senkrechte zur Fehlerstrecke. Dieses Verfahren wird von Franke als *Nodal Function Fault Method One (NFF1)* bezeichnet. Einige Versuche mit diesem Ansatz haben aber gezeigt, daß die Funktionen nicht genug Flexibilität aufweisen. Sie werden ersetzt durch

$$\phi_k^l(s,t) = H_3(s) \cdot \left(t^{l+1}(1-t)^{5-l}\right) \cdot sgn(s) \tag{9}$$

$$\phi_s^l(s,t) = H_3(s) \cdot \left(t^{l+1}(1-t)^{5-l}\right) \cdot |s| \tag{10}$$

(*Nodal Function Fault Method Two (NFF2)*) für $l = 1, 2, 3$.

Selbstverständlich müssen nur die Ausdrücke (6), (7) bzw. (9), (10) nur dort bewertet werden, wo die Funktionswerte $F(x,y)$ innerhalb der Entfernung r einer Störung liegen.

Man kann sich leicht überlegen, daß der Einfluß einer Störung an den Endpunkten des beschreibenden Geradenstückes tatsächlich gegen Null gehen muß. Wäre das nicht der Fall, so würden Kanten im Bild entstehen, die nicht explizit beschrieben wurden. Die hier vorliegende Eigenschaft des geringer werdenden Störungseinflusses verhindert aber die Beschreibung von Störungen durch Polygonzüge.

Die Anwendung

Die verwendeten geologischen Meßdaten wurden uns freundlicherweise von *Prof.Dr.D.Barsch, Geographisches Institut der Universität Heidelberg* zur Verfügung gestellt (*Bild 2*).

Die Daten (50 × 50 Punkte) liegen auf einem regelmäßigen Raster, aus dem willkürlich 100 Punkte für die Anwendung des *scattered data* Verfahrens gewählt wurden (*Bild 3*). Aus diesen 100 "Meßpunkten" wurde wiederum eine Fläche mit 50 × 50 Punkten berechnet. Verglichen mit der ursprünglichen Fläche kann man erkennen, daß alle wesentlichen Strukturen erhalten blieben, wobei die gesamte Fläche allerdings *glatter* geworden ist.

Die eingefügte Störung basiert nicht auf gemessenen Werten. Sie wurde so gewählt, daß eine möglichst große Sprungstelle entsteht.

Um nun die Fläche darstellen zu können, müssen — in einem genügend feinen, regelmäßigen Raster — ausreichend viele Funktionswerte berechnet werden. Auf die sich ergebenden rechteckigen Patches können nun verfügbare *Hidden Line*– bzw. *Hidden Surface*–Techniken angewandt werden.

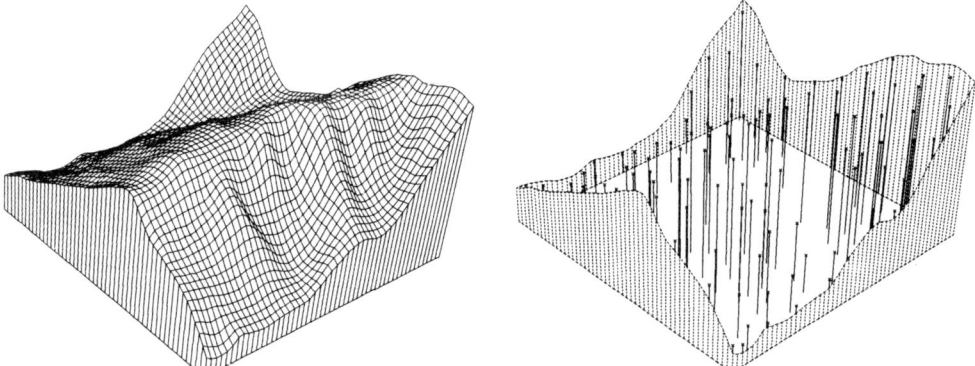

Bild 2. 2500 Datenpunkte   **Bild 3.** 100 Meßpunkte

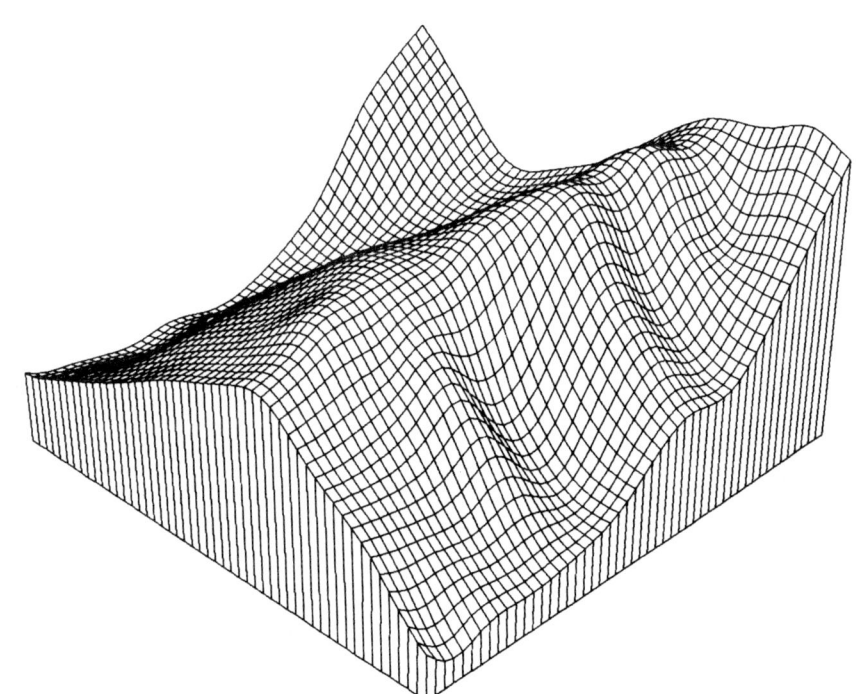

Bild 4. Berechnete Fläche ohne Störung

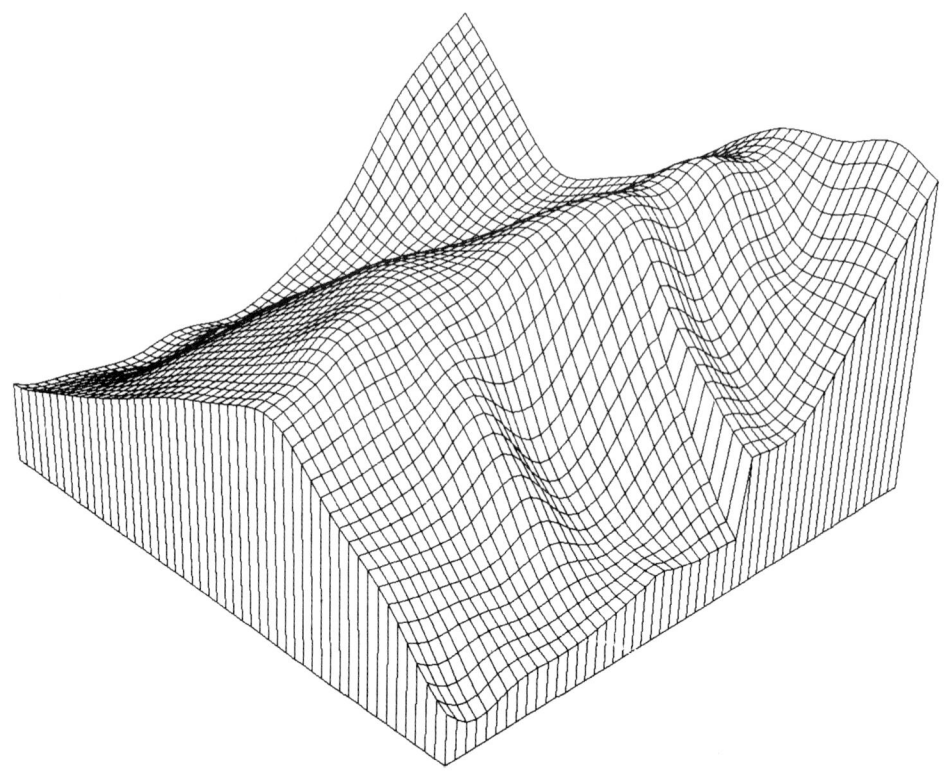

Bild 5. Berechnete Fläche mit Störung (NFF2)

Zusammenfassung / Aussichten

In dieser Arbeit wird ein Ansatz geschildert, um mittels erweiterter *scattered data* Methoden Störungen in (insbesondere geologischen) Flächen zu modellieren. Das vorgestellte Verfahren verlangt als Eingaben Meßpunkte, sowie die Endpunkte einer Fehlstrecke. Berechnet wird eine geglättete, approximierende Fläche, die entlang der Störstrecke entsprechend der Meßdaten und des Störungstyps eine Kante oder einen Sprung besitzen kann.

In Zukunft zu lösende Probleme bzw. zu implementierende Algorithmen:

- Störungen sollen in Form von Polygonzügen angegeben werden können.

- Liegen exaktere Angaben über Ausdehnung, Gefälle, usw. von Störungen vor, so sollten diese Daten berücksichtigt werden.

- Nur eine Störungsfunktion in der Nodalfunktion, und somit nur eine Störung pro Datensatz, ist äußerst unrealistisch.

- Nicht explizit angegebene Störungen, die sich aufgrund der Meßdaten vermuten lassen, sollten erkannt werden.
- Die von der Datendichte abhängige Konstante R sollte automatisch bestimmt werden.

Literatur

R.E. Barnhill (1977): Representation and approximation of Surfaces
Mathematical Software III, Rice (ed.),
Academic Press (1977), New York

Böhm et. al. (1984): A Survey of curve and surface methods in CAGD
CAGD 1 (1984), North Holland

R. Franke (1982): Scattered Data Interpolation: Test of some Methods
Mathematics of Computation 38 (1982), 181—200

R. Franke (1983): Surface approximation with imposed conditions
Surfaces in CAGD (1983), North Holland

Shephard (1968): A two dimensional Interpolation Function for Irregularly Spaced Data
Proc. 23rd Nat. Conf. ACM (1968), 517—524

Dipl. Inform. Thomas Bieber
Universität Kaiserslautern
Fachbereich Informatik / Institut für Computergrafik
Postfach 3049
D—6750 Kaiserslautern

Ray-Tracing von Funktionen in zwei Veränderlichen

B. Fröhlich[+], H. Fuchs[*], A. Johannsen[+]

Zusammenfassung: Funktionen $Y = f(X, Z)$ können anschaulich durch dreidimensionale Flächen repräsentiert werden. Algorithmen zur Darstellung dieser Flächen mit Liniengraphik sind allgemein bekannt. Sie werden insbesondere zur Visualisierung von Meßergebnissen eingesetzt. Ray-Tracing erlaubt zusätzlich realistische Darstellungen mit Schlagschatten und Spiegelungen. Falls Meßdaten über einem $(n * m)$ - Gitter vorliegen, können die Rechenzeiten für Ray-Tracing mit einer hierarchischen Datenstruktur erheblich gesenkt werden. Damit ist es möglich, in der Praxis vorkommende Datenmengen zu bearbeiten.

Der Verlauf einer Funktion $f: D \to W$ mit $D \subseteq R^2$ und $W \subseteq R$ kann anschaulich im R^3 dargestellt werden. Man wählt ein (z.B. linksorientiertes) kartesisches Koordinatensystem und betrachtet den Definitionsbereich D in der XZ-Ebene. Über den Punkten (X, Z) werden senkrecht in Y-Richtung die Funktionswerte $f(X, Z)$ aufgetragen. Für in der Praxis vorkommende Funktionen bildet die Punktmenge $F := \{ (X, f(X, Z), Z) \mid (X, Z) \in D \}$ eine Fläche im R^3. Graphische Darstellungen dieser Fläche (z.B. in perspektivischer Sicht) veranschaulichen den Funktionsverlauf $f(X, Z)$. Damit kann z. B. die Analyse von Meßdaten unterstützt werden. Übliche Voraussetzungen sind (Abb. 1):

1) Der Definitionsbereich D wird auf ein achsenparalleles Rechteck im positiven Quadranten der XZ-Ebene beschränkt:

$$D := \{ (X, Z) \mid 0 \leq X \leq X_{max}, 0 \leq Z \leq Z_{max} \}$$

+ Universität Kaiserslautern   * BASF Aktiengesellschaft, Kunststofflabor,
ZKLR-J542, 6700 Ludwigshafen

2) Innerhalb des rechteckigen Definitionsbereichs wird durch Linien konstanter X- bzw. Z-Werte ein Gitter festgelegt. Die Unterteilungen X_i (i = 1, .., n; $X_1 = 0$, $X_n = X_{max}$) und Z_j (j = 1, .., m; $Z_1 = 0$, $Z_m = Z_{max}$) müssen nicht äquidistant sein. Für jeden Gitterpunkt (X_i, Z_j) liegt ein Funktionswert f (X_i, Z_j) vor.

3) Oft werden digitale Meßgeräte mit einer Auflösung von z. B. einem Byte (0..255) eingesetzt, d. h. die f (X_i, Z_j) sind ganzzahlige Funktionswerte (´digital maps´).

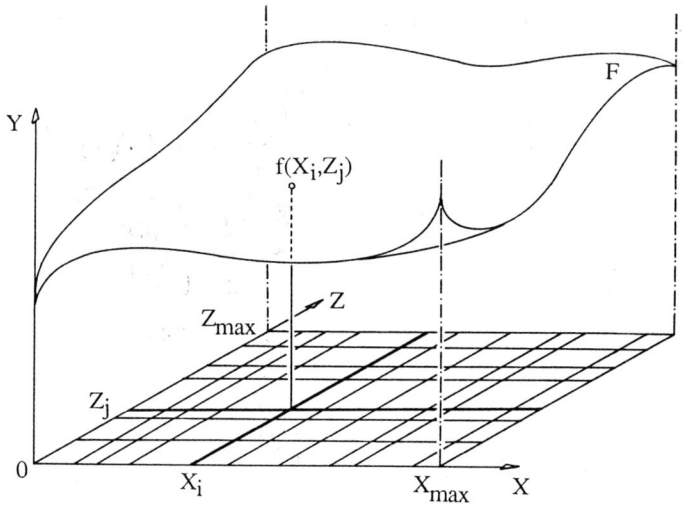

Abb. 1: Darstellung einer Funktion f (X, Z) im R^3

Liniengraphik

Zur Darstellung der Fläche F durch Liniengraphik (insbes. auf Plottern) werden meist die Schnittkurven mit Ebenen konstanter X- und / oder Z-Werte verwendet (´X-Profil´: X = X_i; i = 1, .., n bzw. ´Z-Profil´: Z = Z_j; j = 1, .., m). Mit einem ´Floating Horizon´ Algorithmus ist es für diese spezielle Art von Bildern relativ einfach, verdeckte Linien auszublenden (<WIL72>, <WRI73>, <WAT74>). Grundsätzliche Idee: Ein Bild des X-Profils entsteht durch die Projektion der Kurven konstanten X (X = X_i; i = 1, .., n), beginnend mit der am nächsten zum Beobachter gelegenen. Für jede horizontale Zeichenposition (Bildschirmspalte) wird der bisher beschriebene Bildschirmausschnitt durch einen minimalen und maximalen Höhenwert begrenzt. Die Projektion der aktuellen Kurve aus der Ebene X = X_i ist nur dann sichtbar, wenn sie außerhalb dieses Bereichs liegt.

In <BUT79> wird von einem in X- und Z-Richtung äquidistanten Datenpunktgitter ausgegangen. Bei speziellen Sichtrichtungen ´über die Ecken´ des Definitionsbereichs D und einer Parallelprojektion fallen alle Datenpunkte auf vertikale Linien, die den Schirm in entsprechend viele vertikale ´Stripes´ unterteilen. Jeder dieser Abschnitte kann getrennt mit einem Floating Horizon bearbeitet werden. Auch <BOE88> verwendet eine Parallelprojektion, allerdings aus (fast) beliebigen Sichtrichtungen. Der Schirm wird im voraus durch äquidistante vertikale Linien unterteilt. Ein modifizierter Floating Horizon Algorithmus löst das Sichtbarkeitsproblem auf diesen Linien (und näherungsweise für die Zwischenräume).

Farbgraphik

Liniengraphiken der Fläche F sind für viele Anwendungsgebiete ausreichend. Allerdings gibt es bei der Visualisierung von Meßergebnissen Daten, die durch ein farbig schattiertes Bild besonders anschaulich dargestellt werden. Beispiel: Geographische Messungen. Im folgenden wird angenommen, daß (Höhen-) Meßwerte über einem in X- und Z-Richtung äquidistanten Gitter vorliegen. Zunächst muß eine interpolierende Fläche F´ gewählt werden, die (das Gelände) F approximiert. Am einfachsten ist es, zwischen jeweils vier benachbarten Datenpunkten zwei Dreiecke einzupassen. Als etwas elegantere Lösung bietet sich eine bilineare Interpolation an. In beiden Fällen sind Übergänge zwischen benachbarten Flächen nur stetig. Damit F´ trotzdem ´glatt´ aussieht, kann für die Farbberechnungen des Bildes Phong-Shading eingesetzt werden.

Mit einem verallgemeinerten Floating Horizon Algorithmus ist es möglich, verdeckte Flächen zu entfernen (<COQ84>). Für realistische Darstellungen (z.B. von Geländedaten) kann zusätzlich Ray-Tracing zur Simulation von Schlagschatten und Spiegelungen eingesetzt werden.

Ray-Tracing

Der Ray-Tracing Algorithmus läßt sich speziell für die Darstellung der hier betrachteten Funktionen erheblich beschleunigen. Im folgenden wird vorausgesetzt, daß die Datenpunktauflösung in X- und Z-Richtung gleich ist und einer Zweierpotenz entspricht, d. h. $n = m = 2^a$ ($a \in N$). Durch das Datenpunktgitter entstehen quadratische Felder in der XZ-Ebene, die ´Kacheln´ genannt werden. Für Kacheln der Kantenlänge 1 liegt in jedem Eckpunkt ein Funktionswert $f(X_i, Z_j)$ vor. Zwischen diesen Eckpunkten wird über der Kachel bilinear interpoliert. Ein dreidimensionaler, achsenparalleler Quader umschließt die entstehende Interpolationsfläche. Diese ´Zelle´ wird begrenzt durch vier senkrechte Ebenen entlang den Kachelkanten und zwei waagrechten, die durch den minimalen bzw. maximalen Y-Wert der Eckdatenpunkte festgelegt werden (Abb. 2).

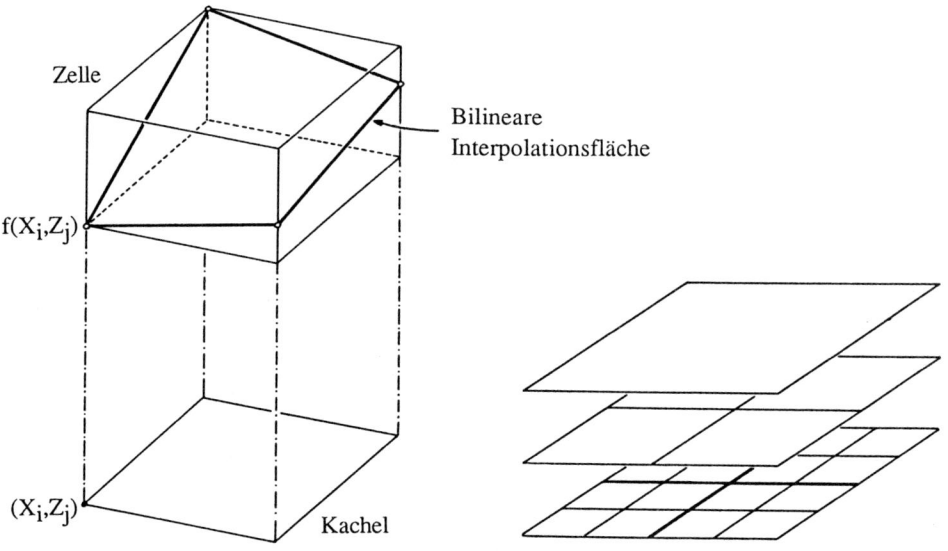

Abb. 2: Eine Kachel der Kantenlänge 1
mit Interpolationsfläche

Abb. 3: Hierarchische Zusammenfassung von Kacheln

Ein zentrales Problem des Ray-Tracing Algorithmus ist die Beantwortung einzelner Strahlanfragen, d. h. für einen gegebenen Strahl muß festgestellt werden, welches Objekt der Szene er trifft (oder daß er alle verfehlt). Zur Beschleunigung dieser

Strahlanfrage gibt es im wesentlichen zwei Ansätze: Objektraumteilungen und Objekthierarchien.

Grundlegende Idee der Raumteilungsverfahren (<MUE86>, <GLA84>) ist die Zerlegung des dreidimensionalen Szenen- bzw. Objektraums in disjunkte ´Voxel (volume elements)´. Jedem Voxel sind diejenigen Objekte zugeordnet, mit deren Oberfläche er einen nicht leeren Schnitt hat. Für einen gegebenen Strahl werden nacheinander alle durchlaufenen Voxel bestimmt und in jedem die zugeordneten Objekte auf einen Schnitt untersucht. Die Strahlverfolgung bricht ab, sobald innerhalb des (fertig bearbeiteten) aktuellen Voxel ein Objektschnitt aufgetreten ist.

Objekthierarchien (<KAY86>) sind auf natürliche Weise Zeigerbäume zugeordnet. Die Blätter repräsentieren einzelne Objekte der Szene und ihre Bounding Volumes. Innere Knoten symbolisieren Unterszenen, sie enthalten je ein Bounding Volume, das aus den Nachfolgern des Knotens im Baum berechnet wird. Die Hierarchie muß nicht binär aufgebaut sein, die Anzahl der Nachfolger pro Knoten kann sogar variieren.

Wenn im voraus Information über die darzustellende Szene bekannt ist, können spezielle Verfahren zur Beschleunigung der Strahlanfrage entwickelt werden. <COQ84> beschreibt eine Möglichkeit für die hier betrachteten Funktionen $f (X, Z)$ in zwei Veränderlichen. Grundsätzliche Idee: Ein gegebener Strahl wird in die XZ-Ebene projiziert und dort alle durchlaufenen Kacheln (der Kantenlänge 1) bestimmt. Für jede Kachel muß geprüft werden, ob ein Schnitt Strahl - Interpolationsfläche vorliegt. Die Strahlverfolgung bricht direkt nach dem ersten Treffer ab. Dieser Ansatz kann als Objektraumteilungs-Verfahren interpretiert werden: Jede Kachel bildet die Grundfläche eines achsenparallelen Voxel. Vorteil: Die Strahlverfolgung wird auf zwei Dimensionen (in der XZ-Ebene) beschränkt. Nachteil: Für in der Praxis auftretende Datenpunktauflösungen (z.B. 512 * 512) durchlaufen die Strahlen sehr viele Kacheln. <COQ84> beschreibt ein Verfahren zur Ausnutzung von Kohärenz, das die Anzahl der durchlaufenen Kacheln zumindest für Sichtstrahlen deutlich senkt.

Als Alternative zur Raumteilung bietet sich eine Objekthierarchie an. Für jede Kachel mit Kantenlänge 1 existiert eine umschließende Zelle der bilinearen Interpolationsfläche (Abb. 2). Jeweils vier benachbarte Kacheln werden zu einer Kachel doppelter Kantenlänge zusammengefaßt. Die entsprechende Zelle umschließt alle vier Unterzellen (und Interpolationsflächen). Das fortgesetzte Zusammenfassen von Kacheln in Vierergruppen führt schließlich zu einer Kachel, die den gesamten Definitionsbereich einnimmt (Abb. 3). Auf dieser Stufe umschließt die entsprechende Zelle das gesamte darzustellende Objekt, d. h. die Fläche F´.

Diese Hierarchie entspricht einer vollständigen Quadtree-Zerlegung der XZ-Ebene. Für jede Kachel müssen nur die minimalen und maximalen Y-Werte der entsprechenden Zelle abgespeichert werden. Es ist nicht notwendig, einen expliziten Zeigerbaum anzulegen.

Strahlen werden in der Hierarchie mit einem einfachen rekursiven Verfahren verfolgt. Ein Strahl wird zuerst mit der obersten Zelle der Hierarchie geschnitten. Trifft er diese, so werden die durchlaufenen Unterzellen ermittelt und das Verfahren rekursiv angewandt. Auf tiefster Stufe der Hierarchie wird der Strahl mit der Interpolationsfläche geschnitten, die sich zwischen den vier Datenpunkten befindet. Die Strahlverfolgung endet, falls sich ein Treffer ergibt, ansonsten wird in der Rekursion fortgefahren.

Besondere Bedeutung kommt in diesem Verfahren dem schnellen Ermitteln der von einem Strahl durchlaufenen Unterzellen einer Zelle zu. Da die Datenpunkte regelmäßig über der XZ-Ebene angeordnet sind, bietet sich eine Projektion des Strahls in diese Ebene an. Strahlen, die nahezu oder völlig senkrecht auf der XZ-Ebene stehen, können gesondert betrachtet werden. Aus ihrer Projektion kann man direkt die wenigen, für einen Schnitt in Frage kommenden Interpolationsflächen bestimmen. Für alle übrigen Strahlen werden 8 Fälle unterschieden, die sich anhand der Steigungen in X- und Z-Richtung ergeben ($Dx \geq, < 0$, $Dz \geq, < 0$, $|Dx| \geq, < |Dz|$). Abb. 4 zeigt den Fall $Dx \geq 0$, $Dz \geq 0$, $|Dx| \geq |Dz|$. Durch einen Vergleich der eingezeichneten Z-Werte des Strahls mit den Z-Koordinaten der Kachel ergeben sich die durchlaufenen Unterkacheln. Ihre Reihenfolge ist durch die Fallunterscheidung festgelegt. Führt man außerdem die Y-Werte des Strahls an den X- und Z-Begrenzungsflächen der Zelle mit, so kann man diesen bezüglich der zur Kachel gehörenden Zelle klassifizieren. Dazu wird der über der Kachel zurückgelegte Y-Abschnitt des Strahls mit dem Intervall zwischen minimalem und maximalem Y-Wert der Zelle verglichen. Bei einer Überlappung der beiden Intervalle durchläuft der Strahl die Zelle, andernfalls geht er vorbei und für diese Zelle wird keine Rekursion durchgeführt.

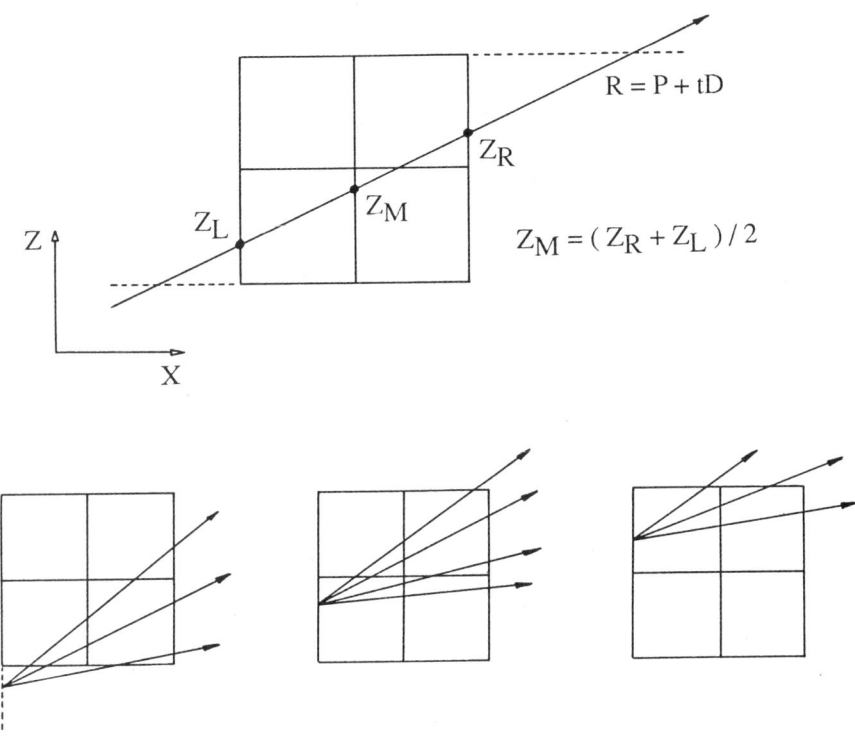

$$R = P + tD$$

$$Z_M = (Z_R + Z_L) / 2$$

Abb. 4: Berechnung der durchlaufenen Unterkacheln

Um den Speicherbedarf der Hierarchie relativ gering zu halten, kann man die minimalen und maximalen Y-Werte auf tiefster Hierarchieebene während der Strahlverfolgung berechnen. Da es sich nur um die Minimum- und Maximumbildung aus vier (ganzzahligen) Werten handelt, entsteht nur geringer zusätzlicher Rechenaufwand. Die Speicherplatzeinsparung beträgt ca. 75 Prozent.

Schattenstrahlen werden von der Lichtquelle aus in Richtung eines Trefferpunktes auf der Fläche verfolgt. Gelangt ein Strahl bis in die Zelle, die den zu untersuchenden Punkt enthält, so endet die Strahlverfolgung ohne den Strahl mit der Interpolationsfläche zu schneiden. Es wird angenommen, daß die Lichtquelle nicht verdeckt ist. Ein zweimaliger Schnitt des Strahls mit der Interpolationsfläche ist zwar möglich, aber ein eventueller Fehler ist durch die meist hohe Datenpunktauflösung nicht zu sehen.

Ergebnisse

Die Implementierung des beschriebenen Verfahrens erfolgte auf einer Micro-Vax II unter VMS. Als Programmiersprache wurde Fortran 77 gewählt, um die Einbindung in schon vorhandene Softwaresysteme zu erleichtern. Zum Test des Verfahrens lagen Daten aus dem Bereich der Tunnelmikroskopie vor. Bei einer Datenpunktauflösung von 512 * 512 und etwa 400000 Strahlen beträgt die Rechenzeit ca. 1 Stunde. Bemerkenswert ist die geringe Zahl der Schnitte Strahl - Interpolationsfläche. Sie liegt zwischen 1.2 und 1.7 pro Strahl, abhängig von der Sicht und den Daten.

Literatur

<BOE88> F. G. Boese: Surface drawing made simple - but not too simple
         CAD, Vol 20, No 5, June 1988

<BUT79> J. Butland: Surface drawing made simple
         CAD, Vol 11, No 1, January 1979

<COQ84> Sabine Coquillart, Michel Gangnet: Shaded Display of Digital Maps
         IEEE CG&A, Vol 4, No 7, July 1984

<GLA84> Andrew S. Glassner: Space Subdivision for Fast Ray Tracing
         IEEE CG&A, Vol 4, No 10, October 1984

<KAY86> Timothy L. Kay, James T. Kajiya: Ray Tracing Complex Scenes
         Proceedings SIGGRAPH, 1986

<MUE86> Heinrich Müller: Erzeugung realistisch wirkender Computergrafik
         aus komplexen Szenen mit Strahlverfolgung
         Angewandte Informatik, 4 / 1986

<WAT74> Steven L. Watkins: Masked Three-Dimensional Plot Program
         with Rotations
         CACM, Vol 17, No 9, September 1974

<WIL72> Hugh Williamson: Hidden-Line Plotting Program
         CACM, Vol 15, No 2, February 1972

<WRI73> Thomas J. Wright: A Two-Space Solution to the Hidden Line Problem
         for Plotting Functions of Two Variables
         IEEE Transactions on Computers, Vol C-22, No 1, January 1973

GEOMETRISCHE VERFAHREN DER GRAPHISCHEN DATENVERARBEITUNG
SPEZIELLE VISUALISIERUNGSTECHNIKEN

Koordinator: H. Stachel, Wien

Alle der in diesem Minisymposium zusammengefaßten Beiträge haben mit der Visualisierung von Flächen zu tun: Der erste behandelt das Auffinden geometrisch gekennzeichneter Flächenkurven. Im zweiten wird diskutiert, inwieweit Isophoten zur optischen Qualitätsanalyse modellierter Flächen herangezogen werden können. Schließlich bilden Hyperflächen des vierdimensionalen Raumes den Inhalt des dritten Beitrages, wobei auch Grundsätzliches über zwei- und dreidimensionale Bilder des R^4 zur Sprache kommt.

Alle drei Arbeiten werden in der Zeitschrift "CAD und Computergraphik", 11. Jahrgang, Nummer 4, publiziert.

Problemangepaßte schnelle Algorithmen zur Bestimmung spezieller Flächenkurven

G. Glaeser

Durch geometrische Eigenschaften charakterisierbare Kurven auf einer gegebenen Fläche wie z.B. Umrißkurven oder Schnittlinien sind für viele Anwendungen von Bedeutung. Im Idealfall ist die Trägerfläche durch eine Parameterdarstellung und womöglich zusätzlich als Lösungsmenge einer Gleichung in drei Variablen festgelegt. Dann existiert eine Reihe von Verfahren zur exakten Ermittlung beliebig vieler Punkte auf den gesuchten Flächenkurven. Diese Methoden sind im allgemeinen zeitaufwendig. Sie versagen überdies bei Flächen, von welchen aufgrund von Meßdaten nur Punkte bekannt sind.

Derartige Flächen werden durch Polyeder approximiert; durch zusätzliche Spline-Interpolationen ließe sich die Approximation noch verbessern. Da Polyeder ebenflächig begrenzt sind, lassen sich gewisse Aufgaben, wie etwa die Konstruktion von Schnittkurven auf einfache Grundaufgaben der analytischen Geometrie zurückführen. Ferner können Polyeder dank spezieller Hidden-Surface-Algorithmen viel rascher anschaulich dargestellt werden. Interessante Anwendungen ergeben sich u.a. in der Kartographie, wo nach Eingabe ausreichend vieler Geländepunkte Umrißkurven, Schichten- und Fallinien der Geländefläche eingezeichnet werden können.

Eine Verfeinerung der Isophotenmethode zur Qualitätsanalyse von Freiformflächen

H. Pottmann

Bei der Qualitätsanalyse von Freiformflächen werden zur Erkennung unerwünschter Krümmungsbereiche häufig Methoden der geometrischen Optik herangezogen. Die hierfür von T. Pöschl vorgeschlagene Konstruktion einer Isophotenschar auf der Fläche gibt überdies die Möglichkeit, Unstetigkeiten in den Ableitungen der Fläche zu erkennen. Dies ist ein wichtiger Aspekt der Kontrolle, da viele CAD/CAM-Systeme aufgrund der einfachen Handhabung nur C^1-Flächen modellieren, andererseits aber aus ästhetischen und fertigungstechnischen Gründen (NC-Fräsen) starke Sprünge in der Krümmung der Fläche unerwünscht sind. Somit werden geeignete Verfahren zur Visualisierung der Krümmungsunstetigkeiten benötigt. Es wird unter Einsatz von Resultaten der konstruktiven Differentialgeometrie gezeigt, wo die Schwierigkeiten bei der Benützung der Isophotenmethode liegen und wie man diese beseitigen kann. Weiters werden verschiedene C^1-Flächenschemata des CAGD im Hinblick auf ihre Abweichung von der Krümmungsstetigkeit untersucht.

Computergestützte Darstellungen von Hyperflächen des R^4 und deren Anwendungsmöglichkeiten im CAGD

W. Rath

Die Hyperflächen des vierdimensionalen euklidischen Raumes sind im CAGD bei trivariaten Interpolationsproblemen von Interesse, wo sie als Graph von Funktionen dreier Veränderlicher auftreten. Anhand der Bilder, die durch Projektionen einer geeigneten Flächenschar der Hyperfläche in den zweidimensionalen bzw. dreidimensionalen Raum entstehen, können Eigenschaften der Funktion wie etwa Unstetigkeiten erkannt werden. Die zusätzliche Betrachtung der Umrißfläche bzw. Isophotenflächen läßt aber solche Unstetigkeiten besser erkennen, und es können sogar Unstetigkeiten der zweiten Differentiationsordnung sichtbar gemacht werden. Weiters wird die Frage diskutiert, wann eine Berücksichtigung einer Sichtbarkeit eine zusätzliche Hilfe für die Visualisierung von Hyperflächen sein kann.

RISS - EIN ENTWICKLUNGS-SYSTEM ZUR GENERIERUNG REALISTISCHER BILDER

Michael Gervautz, Werner Purgathofer

Institut für Praktische Informatik
TU-Wien, Karlsplatz 13/180, Österreich

Kurzfassung

Wir stellen ein Projekt vor, das zur Entwicklung und
vor allem zur Implementierung von Renderingverfahren
für realistische Bilder dient. Die Ziele dieses
Projekts sind:

- Die Optimierung der Rechenzeiten
- Die Verbesserung der Benutzerschnittstellen
  für so ein System
- Die Verbesserung der Bildqualität, d.h.
  Verbesserung der geometrischen und optischen
  Modelle im Rechner.

In diesem System wurden sowohl Ray-Tracing [WHIT80],
Distributed Ray-Tracing [COOK84] als auch Radiosity
Techniken [GREE86] implementiert. Das Hauptaugenmerk
wurde auf die Ausbaubarkeit und die Modularität gelegt.
Wir zeigen, wie eine Aufteilung so eines Systems
aussehen kann und wie die einzelnen Probleme in den
jeweiligen Schritten gelöst werden können.

0. EINLEITUNG

Am Institut für Praktische Informatik der TU-Wien wird das System **RISS**
(Realistic Image Synthesis System) unter VAX/VMS in VAX-Pascal
entwickelt, das sowohl zum Test als auch zum Vergleich verschiedener
Rendering-Algorithmen dient. Mit diesem System sollen leicht und
schnell realistische Bilder von imaginären Szenen berechnet werden
können. Ein wichtiger Aspekt bei der Implementierung war die
Ausbaubarkeit. Die Erforschung geeigneter Benutzerschnittstellen für
so ein System war und ist ein weiteres Ziel.

Überblick über das System

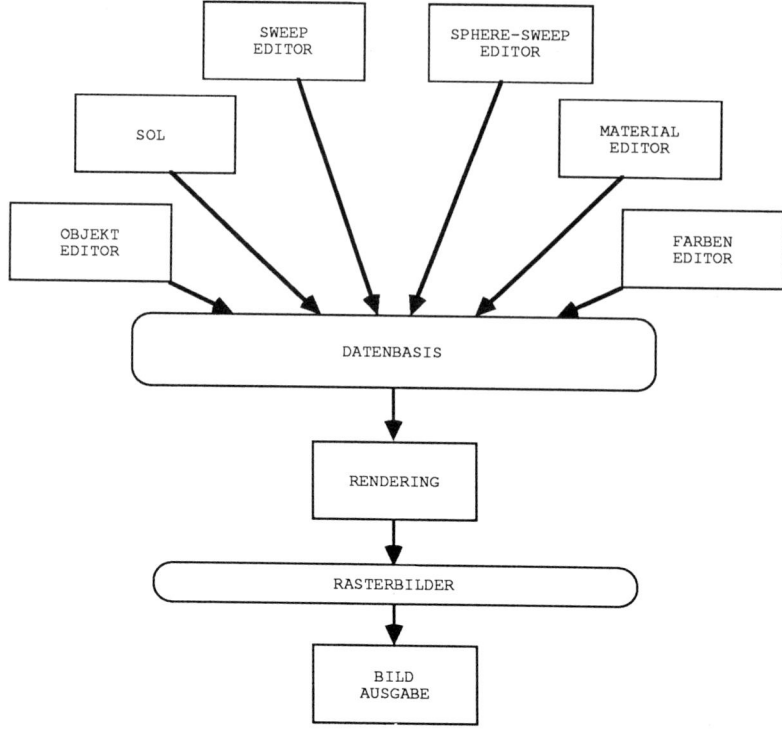

Das System besteht im wesentlichen aus drei Komponenten:

- Modellierung
- Rendering
- Ausgabe der generierten Rasterbilder.

Ein wesentliches Kriterium für die erweiterbare Implementierung des Systems ist der lose Zusammenhang aller drei Komponenten. Der Datentransfer sowohl von der Modellierung zum Rendering als auch vom Rendering zur Ausgabe erfolgt über spezielle Dateien. Es gibt eigene Dateien für die Beschreibung der Szenen, für die Definition von Materialien, für die Festlegung von Mustern usw. Auf der anderen Seite werden alle Bilder in geräteunabhängiger Form auf Rasterbasis abgelegt bevor sie ausgegeben werden. Dadurch ist es leicht möglich, beliebige zusätzliche Komponenten dem System hinzuzufügen, ohne daß große Änderungen erforderlich sind.

1. Modellierung

Ein System zur Erzeugung realistischer Bilder unterscheidet sich schon im Modellierungsteil von einem CAD-System oder von einem graphischen Editor. Es entstehen für den Modellierer weitere Anforderungen. Er muß

Oberflächenbeschaffenheiten, optische Eigenschaften von Objekten, Lichtquellen- und Kamerapositionen definieren können. Es reicht nicht, einfach nur geometrische Daten anzugeben, es muß eine Fülle mehr an Informationen in das System eingebracht werden, bevor ein Bild gerechnet werden kann. Dazu stehen momentan in RISS die im Folgenden beschriebenen Werkzeuge zur Verfügung.

Ein Objekt-Editor

Zur geometrischen Definition der Objekte und zur Assemblierung von geometrischen und optischen Daten steht ein 3D-Objekt-Editor zur Verfügung. Die Szene kann interaktiv erstellt werden, indem man aus Elementarobjekten wie Würfel, Kugel, Kegel, Zylinder, Torus, Polyeder, Sweeps, Kugel-Sweeps, Hyperellipsoid, Hypertorus o.ä. die Objekte zusammensetzt. Hier werden auch die optischen Eigenschaften den Objekten zugeordnet, indem man einen vordefinierten Materialnamen oder einen vordefinierten Musternamen der Objektdefinition hinzufügt.

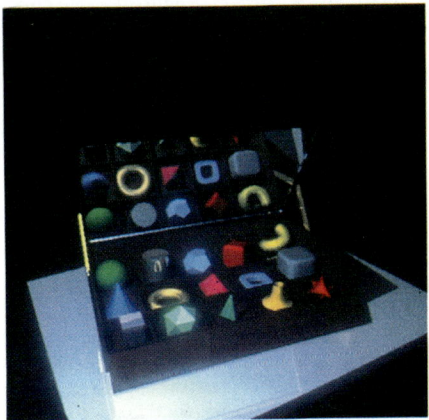

Abb.1: In diesem Bild sind viele der Elementarobjekte aus denen man komplexere Szenen zusammensetzt in einer Kiste zusammengefaßt, die selbst mit dem gleichen System zusammengesetzt ist.

Die Objektbeschreibungssprache SOL

Eine andere Möglichkeit, Objekte zu definieren, steht mit der Objektbeschreibungssprache SOL (Solid Object Description Language) [WILD86] zur Verfügung. SOL ist eine höhere Programmiersprache ähnlich wie PASCAL. Die Datentypen in SOL sind aber auf den Zweck der Objektbeschreibung ausgelegt. Man hantiert mit Vektoren, Punkten, Achsen, Ebenen und Körpern. Es gibt Operatoren, Konstante und vordefinierte Funktionen auf diese geometrischen Typen. Genauso wie im interaktiven System werden auch hier die Objekte durch Zusammensetzen von Elementarobjekten beschrieben. Die Zuordnung von Materialien,

Mustern geschieht über Operatoren. Die Vorteile der Programmiersprache gegenüber dem interaktiven System sind:

- Das Programm ist gleichzeitig Dokumentation der Konstruktion.
- Die Möglichkeit von Schleifen und Abfragen erleichtern oft die Konstruktion von komplexen Objekten.
- Bei einem Fehler kann der Konstruktionsweg leicht durch Änderung des Programms verbessert werden.

Der Nachteil der Sprache ist:

- Das Objekt kann nicht während der Konstruktion gesehen werden, wogegen in einem interaktiven System Fehler bei der Eingabe sofort behoben werden können.

Ein Sweep-Editor

Das ist ein kleines graphisches interaktives System, mit dem man Konturen, das sind 2D-Linienzüge oder Kurven, definieren kann und dann interaktiv die 3D-Figur, die durch "sweeping" dieser Kontur entsteht, betrachten kann. Es gibt Translational-Sweeps, Conical-Sweeps und Rotational-Sweeps, also Objekte die durch translatorisches Verschieben der Kontur definiert sind (allgemeine Prismen), Objekte die durch Verschieben mit gleichzeitiger Skalierung definiert sind (allgemeine Pyramiden) und Objekte die durch Rotieren der Kontur definiert sind (Rotationskörper).

Ein Sphere-Sweep-Editor

Auf ähnliche Weise wie im oben erklärten Sweep-Editor werden in diesem Tool eine andere Art von Sweeps definiert; sogenannte Kugel-Sweeps (Sphere-Sweeps). Das sind Objekte, die durch "sweeping" einer Kugel im Raum definiert sind. Dabei kann der Mittelpunkt der Kugel und der Radius während der Bewegung verändert werden (allgemeine Zylinder, wo sowohl die Trägerlinie als auch der Radius variabel sind) [WIJK84].

Ein Farb-Editor

Mit diesem Hilfsmittel können Farben definiert und mit Namen versehen werden. Intern werden sie auf zwei Arten repräsentiert:

- Im RGB-Modell (als Zusammensetzungen der Grundfarben Rot, Grün und Blau)
- Als Spektralkurven (zwanzig Stützstellen über das sichtbare Spektrum zwischen 380 und 780 nm)

Die Benennung der Farbe erleichtert die weitere Verwendung von Farben ungemein, Farben können auf natürliche Weise angesprochen werden. Einmal definierte Farben sind bei der Erstellung von Materialien wichtig.

Ein Material- und Oberflächen-Editor

Da für ein realistisches Bild ein optisches Modell zur Berechnung der
Helligkeiten und der Farbe eines Objekts an einem bestimmten Punkt
notwendig ist, dieses aber eine Fülle von Informationen über die optischen Eigenschaften der Oberflächen benötigt, ist es wichtig, eine
Möglichkeit der Eingabe von eben diesen Eigenschaften zu besitzen. Der
Material- und Oberflächen-Editor ist so ein Werkzeug, mit dem man
interaktiv die Oberflächenparameter für das Schattierungsmodell erstellt, mit einem Namen versieht und abspeichert [PURG87]. Der große
Vorteil der Trennung des Material-Editors von der Objektmodellierung
ist, daß die optischen Eigenschaften von z.B. Gold nur einmal definiert werden müssen und ab dann für beliebige Objekte verwendet werden
können.

Ein Kamera-Editor

Ein Problem, das vor allem Benutzer mit wenig räumlichem Vorstel-
lungsvermögen haben, ist daß sie nicht ohne visuelle Kontrolle eine
Position und Blickrichtung der virtuellen Kamera definieren können.
Auch für einen geübten Benutzer mit gutem räumlichem Vorstellungs-
vermögen ist es nicht möglich, alle Parameter für die virtuelle Kamera
beim erstenmal genau zu definieren. Man braucht bei der Definition der
Kamera immer die Kontrolle, welches Bild sie liefern wird.

Dazu steht in RISS ein Kamera-Editor zur Verfügung, mit dem man bequem
die virtuelle Kamera definieren kann, indem man sie bewegt und zu jedem Zeitpunkt sieht, welches Bild die Kamera erzeugen wird. Die Kamera
kann mit Steuerungsbefehlen wie Zoom, Translation, Rotation, o.ä. bewegt werden, damit werden gleichzeitig die Kameraparameter wie Augpunkt, Brennweite oder Bildfenster verändert und auf eine Kameradatei
abgespeichert.

Natürlich verwendet der Kamera-Editor ein schnelles Renderingverfahren
zur Darstellung der Objekte. Die Bildqualität ist nicht sehr gut aber
die Ausgabegeschwindigkeit erfüllt die Anforderungen eines
interaktiven Programms.

Ein Lichtquellen-Editor

Für viele Renderingverfahren und Schattierungsmodelle ist es notwendig, punktförmige Lichtquellen zu definieren. Die Renderingverfahren
können aus der Position der Lichtquelle die Schlagschatten berechnen.
Diese Schlagschatten bilden eine wesentliche Komponente des endgülti-
gen Bildes. Bei der Positionierung der Lichtquellen ist es schwer
abzuschätzen, wie die Schatten fallen werden und ob die relevanten
Teile der Szene ausgeleuchtet sind. Der Lichtquellen-Editor verwendet
wieder ein primitives Renderingverfahren, das zwar Bilder schlechter
Qualität erzeugt, das aber die Schlagschatten berechnet, sodaß die
Lichtquellen exakt positioniert werden können.

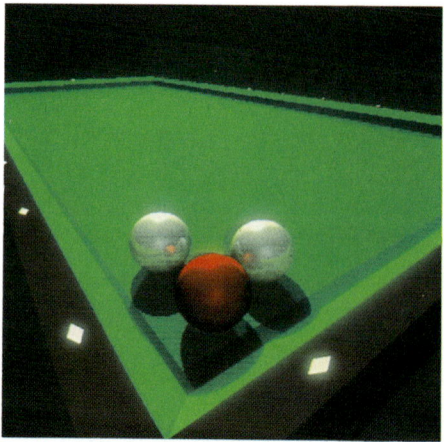

Abb.2: Die Schlagschatten sind ein wichtiger Bestandteil von realisti-
       schen Bildern, sie müssen bei der Lichtquellenpositionierung
       beachtet werden.

Ein Muster-Referenzquadrat-Editor

Ein mächtiges Modellierungswerkzeug sind Muster. Ohne die Möglichkeit
Farbmuster auf die definierten Objekte aufbringen zu können, würden
viele Objekte nur schwer oder überhaupt nicht darstellbar sein.

Ein Schachbrett, zum Beispiel, hat ein sehr einfaches Muster. Man
müßte es aus 64 verschiedenfarbigen Quadern zusammensetzen, obwohl es
geometrisch nur ein Quader ist. Durch die Möglichkeit auf Objekte
Muster aufbringen zu können, bleiben die geometrischen Formen einfach,
auch wenn die Farbe innerhalb einer Oberfläche wechselt.

In RISS sind Muster ganz generell definiert. Man kann nicht nur verschiedene Farben in Abhängigkeit der geometrischen Position aufbringen, sondern jede Art von optischen Eigenschaften, d.h. auch
Reflexionsverhalten, Transparenz, Glattheit o.ä. Dadurch ist es z.B.
möglich, Goldstreifen auf eine sonst matte Fläche aufzutragen.

Im Referenzquadrat-Editor können quadratische Raster erstellt werden,
jedem Rasterelement können verschiedene optische Eigenschaften zugeordnet werden. Diese so erstellten Referenzquadrate werden dann beim
Rendering unter Verwendung verschiedenster Projektionsverfahren auf
die Objekte aufgebracht.

Alle diese Hilfsmittel werden verwendet um die Szene vollständig zu
beschreiben. Dabei werden oft die Ergebnisse eines Arbeitsgangs bei
einem anderen verwendet. So kann man mit Hilfe von vordefinierten Farben Materialien definieren, oder erst nach der Definition der Objekte
die zugehörige Kamera erstellen.

Interne Darstellung der Objekte

In CAD-Systemen u.ä. werden eine Vielzahl an verschiedenen Repräsentationsformen verwendet, z.B. Wire-Frame-Modell, Boundary-Repräsentation, CSG, Octree [BARS84].

Die Qualität der von RISS erzeugten Bilder soll möglichst hoch sein. Deshalb muß auch die interne Darstellung diesen hohen Qualitätsansprüchen genügen. Die exakteste Darstellung von 3D-Objekten ist die CSG-Repräsentation [ROTH82]. Die Objekte werden nicht durch gerade Oberflächenstücke sondern durch ihre Konstruktionsvorschrift beschrieben.

Diese Konstruktionsvorschrift kann folgende Angaben beinhalten:

- Verwendung von sogenannte Primitivobjekten, das sind Kugel, Kegel, Würfel, Zylinder, Sweeps, Sphere-Sweeps, Hyperellipsoid, Hypertorus, Polyeder o.ä.
- Transformationen (lineare Transformationen, die sich im Rechner durch lineare Transformationsmatrizen abspeichern lassen)
- Kombinationen (Mengenoperationen auf Objekte wie Mengenvereinigung, Mengenschnitt, Differenz)

Diese Informationen werden in einem binären Baum gespeichert (CSG-Baum), dessen Zwischenknoten die Mengenoperatoren und dessen Endknoten die Primitivobjekte und ihre Transformationen beinhalten.

Diese Darstellung kann aber nicht direkt durch konventionelle Hidden-Surface Verfahren in ein Rasterbild umgewandelt werden, da diese alle Boundary-Repräsentation als interne Darstellung voraussetzen.

Ray-Tracing ist das einzige Verfahren, das direkt aus einem CSG-Baum ein Bild erzeugen kann [ROTH82]. Ray-Tracing ist aber auch sehr gut zur Generierung realistischer Bilder geeignet.

Die Rechenzeiten für ein Bild sind bei Ray-Tracing sehr hoch und daher für einen interaktiven Betrieb nicht geeignet. Die interaktiven Tools von RISS müssen aber auch keine qualitativ hochwertigen Bilder liefern, also weder von einer exakten internen Darstellung ausgehen, noch ein so aufwendiges Renderingverfahren benutzen. Für alle solche interaktiven Programme, die Objekte darstellen müssen, muß daher eine andere zweite Repräsentation außer CSG gesucht werden.

Objekte, die zur Generierung realistischer Bilder verwendet werden, sind statische Objekte, d.h. sie unterliegen keinen zeitlichen Veränderungen. Dieser Umstand kann ausgenutzt werden. Ein Binary-Space-Partitioning-Tree (BSP-Baum)[FUCH80] ist eine interne Darstellung von Objekten, bei der diese durch konvexe Polygone angenähert werden und in einem binären Suchbaum abgespeichert werden. Dabei wird der Raum durch die Ebene eines Polygons in zwei Hälften geteilt, die getrennt mit anderen Polygonträgerebenen weiter unterteilt werden. So entsteht der binäre Baum als Datenstruktur, mit Hilfe derer ganz leicht festgestellt werden kann, auf welcher Seite der Fläche sich der Augpunkt befindet. Auf Grund dieser Information und der Aufteilung der Polygone in zwei Teilmengen pro Trennebene, können jetzt die Polygone von hinten nach vorne ausgegeben werden, es entsteht ein Bild mit richtiger Sichtbarkeit.

Diese interne Repräsentation eignet sich sehr gut zur schnellen Ausgabe, sie ist daher für den interaktiven Betrieb geeignet.

In RISS ist jedes Objekt geometrisch auf zwei Arten beschrieben, durch einen CSG-Baum für den aufwendigen Rendering-Algorithmus und durch einen BSP-Baum für die schnelle Ausgabe. Sowohl der Objekt-Editor als auch SOL erzeugen beide Datentypen, dabei müssen die CSG-Operationen sofort auf die Datenstruktur BSP angewendet werden [KUEN88].

2. RENDERING

Schattierungsmodelle

Der Grad an Realismus eines generierten Bildes hängt stark mit der optischen Modellierung zusammen. Ein einfaches approximatives Schattierungsmodell wird weniger realistische Bilder erzeugen als eines, das die Gesetze der Optik sehr genau nachbildet.

Die Schattierungsmodelle für die Bildgenerierung wurden in den letzten Jahren immer exakter und entsprechen immer mehr der Wirklichkeit.

Phong [PHON75] hat ein sehr einfaches aber sehr empirisches Schattierungsmodell vorgestellt. Er konnte mit seinem Modell diffuse und spiegelnde Reflexion von Lichtquellen berechnen. Der spiegelnde Anteil war sehr empirisch und modellierte nur plastikartige Oberflächen richtig.

Blinn [BLIN77] erweiterte das Modell von Phong indem er für den spiegelnden Anteil der Reflexion ein genaueres Verfahren entwickelte, das aber kaum zusätzliche Rechenzeit kostete.

Torrance und Cook [COOK81] gingen vom Ansatz der bidirektionalen Reflexion aus und brachten zwei weitere Aspekte in das Schattierungsmodell ein. Sie rechneten ihr Schattierungsmodell nicht mit Rot-, Grün- und Blauwerten sondern mit Spektralverteilungen, die sie durch lineare Interpolation zwischen einigen Stützstellen über dem sichtbaren Spektrum approximierten. Durch diese Erweiterung war es möglich, die Abhängigkeit des Reflexionsspektrums vom Lichteinfallswinkel (Color Shift) zu berechnen. Dadurch wurde die spiegelnde Reflexion von Lichtquellen exakt modelliert, man konnte mit diesem Modell eine Vielzahl von Materialien nachbilden.

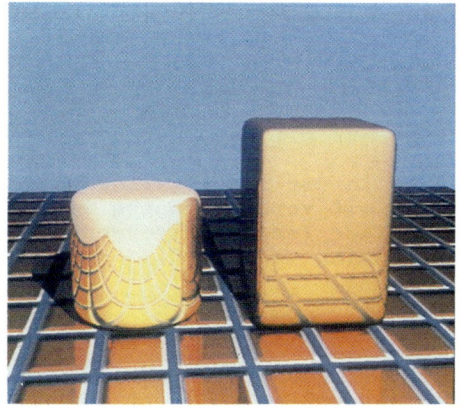

Abb.3: Nur durch Modellierung der spiegelnden Reflexion im
Torrance/Cook Schattierungsmodell können auch Metalle
realistisch dargestellt werden.

Tezenas Du Montcel und Nicolas [TEZE85] adaptierten das Modell von
Torrance und Cook so, daß Transparenz äquivalent und konsistent zur
Reflexion berechnet wird.

In RISS können alle drei Schattierungsmodelle (Phong, Blinn,
Torrance/Cook) jeweils erweitert um die Transparenz gewählt werden.
Farben, Reflexionsspektren und Lichtintensitäten werden entweder im
RGB-Modell oder mit linear approximierten Spektralkurven angegeben und
daher kann das Schattierungsmodell entweder in dem einen oder dem
anderen Farbmodell berechnet werden.

Das Radiosity-Verfahren [GREE86] modelliert nur diffus reflektierende
Oberflächen, diese aber exakt. Es geht vom Energieerhaltungssatz in
geschlossenen Systemen aus. Diffuse Reflexion und damit die Helligkeit
(Radiosity), die eine Oberfläche abstrahlt, ist unabhängig von der
Blickrichtung, kann also vor dem Rendering-Verfahren berechnet werden.
Dafür müssen die Sichtbarkeitsverhältnisse der einzelnen
Objektoberflächen zueinander berechnet werden.

In RISS werden die BSP-Bäume als grundlegendes Datenmodell für das
Radiosity-Verfahren verwendet. Für jedes Polygon im BSP-Baum wird ein
Radiosity-Wert (diffuse Abstrahlung) berechnet. Dieser kann zur
Schattierung bei den diversen Renderingverfahren verwendet werden.

Renderingverfahren

Das Renderingverfahren hängt stark mit der internen Repräsentation der
geometrischen Daten zusammen. Ray-Tracing [WHIT80] ist ein Verfahren,
das spiegelnde Reflexion, Transparenz und Schlagschatten sehr exakt
modelliert und sowohl für Boundary-Repräsentation als auch für CSG
verwendbar ist. Daher ist es hervorragend zur Erzeugung realistischer
Bilder geeignet.

Für die Boundary-Repräsentation (in RISS ist das der BSP-Baum) stehen nun drei Verfahren zur Verfügung.

- Einfache Ausgabe der Polygone in "von hinten nach vorne" Ordnung [FUCH80]
- z-Buffer Algorithmus [NEWM79]
- Ray-Tracing für BSP-Bäume [TSCH86]

Das Datenmodell CSG kann nur mit Ray-Tracing gerendert werden.

Für die schnelle Ausgabe in der Modellierungsphase oder für die Ausgabe der BSP-Darstellung mit vorberechneten Radiosity-Werten werden die einfachen Hidden-Surface Verfahren verwendet, die realistischen Bilder werden mit Ray-Tracing generiert.

Ray-Tracing

Ray-Tracing ist ein sehr simples Verfahren zur Berechnung der Sichtbarkeit. Ausgehend vom Augpunkt wird durch jedes Pixel der virtuellen Kamera ein Strahl gelegt, der Blickstrahl. Dieser Strahl wird mit allen Objekten der Szene geschnitten, der vorderste Schnittpunkt ist der durch dieses Pixel sichtbare Punkt. An diesem Punkt wird das Schattierungsmodell berechnet. Dazu benötigt man noch Information über die Lichtintensität aus der Reflexions- bzw. Transparenzrichtung (je nach Material). Diese Information kann durch das gleiche Verfahren wie bei den Blickstrahlen berechnet werden. In Reflexionsrichtung (bzw. Transparenzrichtung) wird ein sekundärer Strahl gelegt, wieder mit der Szene geschnitten und rekursiv das Schattierungsmodell berechnet. Auch Schlagschatten können auf ähnliche Weise berechnet werden; man legt einen Strahl in Richtung jeder punktförmigen Lichtquelle, wird ein Objekt zwischen Oberfläche und Lichtquelle getroffen, so liegt die Oberfläche im Schatten der Lichtquelle, die Lichtquelle wird nicht im Schattierungsmodell berücksichtigt.

Abb.4: Ray-Tracing wird sowohl für das Hidden-Surface Problem als auch für die Schlagschattenberechnung verwendet.

Implementiert man Ray-Tracing für die Boundary-Repäsentation, so muß
nur das Problem "Schnitt Strahl mit Polygon" gelöst werden, das entspricht der Lösung einer einfachen linearen Gleichung [APPE67].

Für das Datenmodell CSG muß zuerst der Strahl über die inverse
Objekttransformation in das lokale Koordinatensystem des Elementar-
objekts transformiert werden, dann muß das Problem "Schnitt Strahl mit
Elementarobjekt" gelöst werden und zum Schluß müssen die Strahl-
klassifikationen mit den CSG-Operatoren zusammengesetzt werden.

Bei manchen Elementarobjekten, wie z.B. Rotational-Sweeps [WIJK84a],
Tori, Hyperellipsoiden, Hypertori [SLON86] o.ä. entspricht das
Schnittproblem einer Nullstellenaufgabe, die mit bekannten Verfahren
wie Newton-Iteration oder Regula-Falsi gelöst werden können. Diese
Verfahren sind aber meist sehr anfällig für numerische Probleme und
können nur gelöst werden, wenn man auch "Wissen" über die Geometrie
der Körper einfließen läßt.

Abb.5: Bei komplizierten Elementarobjekten muß ein Nullstellenproblem
gelöst werden um den Schnittpunkt mit dem Strahl zu finden.

Nachteile von Ray-Tracing sind die langen Rechenzeiten, Schwierigkeiten mit Aliasing-Effekten und die unexakte Modellierung von
diffuser Reflexion.

Für die Beschleunigung des Verfahrens sind viele Ansätze veröf-
fentlicht worden. In RISS wurden einige davon implementiert:

- Verwendung von Objektumgebungen (Kugel, Quader) [GERV86]
- Beschränkungen der Strahlen in ihrer Länge [GERV86a]
- Verwendung von dynamischen lokalen Bäumen [GERV86a]
- Verwendung von konventionellen Hidden-Surface Verfahren für die
  Blickstrahlen und die Lichtquellenstrahlen [WEGH84]
- Ausnützung der Objekt-Kohärenz [SEBA88]

.bb . ₋in Problem von Ray-Tracing sind die Aliasing-Effekte wie
        treppenförmige Objektkanten, falsche Farb- oder Schattenmuster.

Die Aliasing-Effekte werden in RISS durch Oversampling beseitigt. Dazu
gibt es verschiedene Strategien:

- einfaches Oversampling
- gewichtetes Oversampling [NEWM79]
- stochastisches Oversampling [COOK86]
- adaptives Oversampling [WHIT80]
- adaptives stochastisches Oversampling [PURG86]

Abb.6: Durch Oversampling können Aliasing-Effekte behoben werden.

Für Bilder, deren Qualität nicht so gut sein muβ, kann das Bild natürlich auch ohne Oversampling gerechnet werden.

In Verbindung mit den Oversampling-Verfahren können durch Distributed-Ray-Tracing [COOK84] noch weitere Effekte erzielt werden:

- Exakte Berechnung der Reflexion (auch diffuse Reflexion)
- Exakte Berechnung Transparenz (auch diffuse Transparenz)
- Flächige Lichtquellen und damit Halbschatten
- Tiefenunschärfe [HEIN86]

Mapping

Im Referenzquadrat-Editor wurden Musterreferenzquadrate erstellt. In SOL oder im Objekt-Editor konnte der Modellierer angeben, auf welche Art ein Referenzquadrat auf sein 3D-Objekt projiziert werden soll. Über diese Abbildung wird während des Rendering-Verfahrens umgekehrt vom Punkt am 3D-Objekt auf einen Punkt im Referenzquadrat geschlossen [PEAC85]. Aus dem zugehörigen Rasterelement des Referenzquadrat können alle für das Schattierungsmodell notwendigen Parameter wie Oberflächenfarbe, Reflexionskoeffizient, Brechungsindex oder Normalvektorveränderung herausgelesen werden. Diese Parameter beeinflussen dann an dieser Stelle das Schattierungsmodell und somit das Aussehen des Objekts.

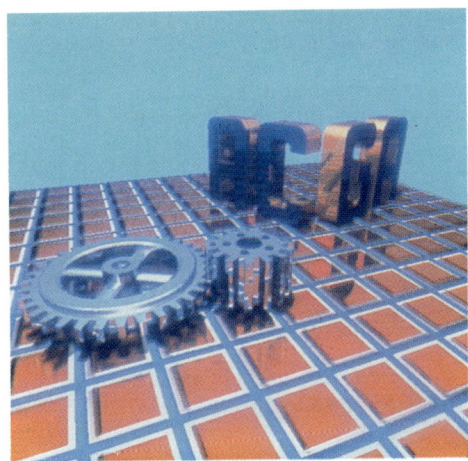

Abb.8: Die optischen Parameter können in Abhängigkeit von der geometrischen Position verändert werden, und so ein Muster aufgebracht werden.

Bildspeicherung

Jeder Rendering-Algorithmus erzeugt ein rechteckiges Rasterbild, für jeden Bildpunkt wird eine Farbe im RGB-Modell berechnet. Diese Rasterbilder werden auf einer Bilddatei abgespeichert. Da für jeden Farbwert (Rot, Grün und Blau) je ein Byte (es sind 256 Stufen in jeder Grundfarbe möglich) abgespeichert werden müssen, werden diese Bilddateien sehr groß.

In RISS werden Bilddateien im RGB-Modell und Run-Längen-kodiert auf sequentiellen Dateien abgespeichert. Auf diese Art spart man je nach Bild 50%-90% an Plattenspeicher.

3. AUSGABEVERFAHREN

Die beschränkten Fähigkeiten der Ausgabegeräte in bezug auf darstellbare Farben, erzwingt die Auswahl einiger weniger gleichzeitig darstellbarer Farben, die für das Bild günstig erscheinen.

In RISS stehen einige Quantisierungs-algorithmen zur Verfügung:

- Uniform Quantization : Die Farbtafel wird ohne Rücksichtname auf das Bild mit Farben, die in einem gleichmäßigen Gitter über dem Farbraum liegen, belegt.
- Popularity Algorithm : Die Farbtafel wird mit den am häufigsten im Bild vorkommenden Farben belegt.
- Median Cut Algorithm : In die Farbtafel werden Farben eingetragen zu denen immer gleich viele Farben der Bildpunkte den geringsten Abstand haben [HECK82].
- Octree Quantisierung : Ähnliche Farben werden so lange zusammengefaßt und auf ihren Mittelwert abgebildet, bis alle Farben in der Farbtafel Platz haben /GERV88[.

Mit Hilfe dieser Verfahren werden günstige Farbwerte für Ausgabegeräte mit Farbtafeln errechnet und diese dann zur Bildausgabe verwendet.

Um die Ergebnisse der Quantisierungs-Verfahren noch weiter zu verbessern oder um die Rasterbilder auch auf Geräte ohne Farbtafel ausgeben zu können, werden Dithering-Verfahren verwendet. Dithering [JARV76] ist eine Technik, die ausnützt, daß das menschliche Auge versucht Farben über Flächen zu integrieren. Bei den Dithering-Verfahren werden immer mehrere Bildpunkte dazu verwendet eine Farbe zu definieren. So wird z.B. die Farbe Grau durch abwechselnd Nebeneinandersetzen von schwarzen und weißen Punkten erzeugt.

Die Implementierung von RISS beinhaltet vier Dithering-Verfahren, die sich nur in der Art der Auswahl des stellvertretenden Farbpunkt unterscheiden:

- Ordered Dither : Das Kriterium der Auswahl des Stellvertreters wird aus einer Tabelle entnommen; der Index der Tabelle errechnet sich aus der Position des Pixels im Bild (Spalte, Zeile)
- Floyd/Steinberg Dither : Der Stellvertreter ist der euklidisch nächste darstellbare Farbe, nachdem man den Fehler der benachbarten schon ausgegebenen Pixel vom aktuellen Farbwert abgezogen hat.
- Stochastic Dither : Das Kriterium der Auswahl des Stellvertreters wird über eine Zufallszahl ermittelt.
- Dithern mit Tetraedern : Das ist eine Dithermethode im RGB-Raum, bei der von einer beliebigen Farbtafelbelegung ausgegangen werden kann [GROE88].

4. ZUKÜNFTIGE ERWEITERUNGEN VON RISS

RISS ist statisch modular, d.h. die Verwendung von VAX-Pascal als Implementierungssprache ermöglichte die Aufteilung der statischen Struktur von RISS in kleine überschaubare Module. RISS ist aber auch dynamisch modular: die Strategie, den Modellierungsteil vom Rendering-teil durch eine Datenbasis zu trennen, in der jede Information geglie-dert erhalten bleibt, erlaubt es leicht, weitere Renderingverfahren, Satellitenprogramme oder Ausgabeverfahren zu implementieren ohne große Eingriffe in das schon bestehende System zu machen.

In der nahen Zukunft sind folgende Erweiterungen geplant:

- Modellierung von bewegten Objekten
- Rendering von bewegten Objekten (Motion Blur)
- Rendering von bewegten Objekten und mehreren Bildern gleichzeitig unter Ausnützung der zeitlichen Kohärenz [HUBE88]
- Erweiterung der Palette der Elementarobjekte, z.B. Fractals [OEPP88]
- Implementierung von Cone-Tracing [AMAN84]
- Verbesserung der Bildqualität durch die kombinierte Anwendung von Ray-Tracing und dem Radiosity-Verfahren [WALL87]
- Vereinheitlichung der Benutzerschnittstellen aller Satelliten-programme.
- Parallelisierung von Ray-Tracing und Radiosity
- Weitere Transformationen (Verbiegeoperatoren) [GRIE88]

Abb.9: Mit der Hilfe aller Tools kann in kurzer Zeit ein geometrisch recht kompliziertes Objekt erstellt, die Kamera und die Licht-quellen dafür positioniert, und schließlich ein realistisch wirkendes Rasterbild berechnet werden.

Zusammenfassung

Wir stellten RISS, ein System zur Generierung realistischer Bilder
vor. RISS ist ein reines Forschungssystem, es muß daher modular und
ausbaubar sein. Diese Anforderungen werden sowohl durch statische als
auch durch dynamische Modularisierung erfüllt. RISS besteht aus vielen
in sich abgeschlossenen Systemteilen, die entweder eigenständige
Programme sind (Objekt-Editor, Sweep-Editor, Material-Editor, usw.)
oder Module mit genau definierten Schnittstellen (Schattierung,
Mapping). RISS vereinigt in sich unterschiedliche Objektrepräsentatio-
nen, Farbmodelle, Renderingverfahren und Schattierungsalgorithmen.

Mehrere Teilprojekte von RISS wurden von verschiedenen Stellen
gefördert: Forschungsförderungsfonds für die gewerbliche Wirtschaft,
Fa. IMPULS Computersysteme, Wiener Handelskammer, Digital Equipment
Corp., Fonds zur Förderung der Wissenschaftlichen Forschung, Gemeinde
Wien.

Abb.10: Die Flexibilität des Systems erlaubt es, durch kleine Änderun-
        gen an den Rendering-Parametern viele Varianten der gleichen
        Szene zu berechnen.

Literatur

[AMAN84] J.Amanatides, Ray-Tracing with Cones, Computer Graphics,
         Proc. ACM, Vol. 18, Nr. 3, July 1984, pp. 129-136.

[APPE67] A.Appel, The Notion of Quantitative Invisibility and the
         Maschine Rendering of Solids, Proc. ACM Nat.Conf., 1967, pp. 387-
         393.

[BARS84] B.A.Barskey, A Description and Evaluation of Various 3D-
         Models, IEEE Computer Graphics and Applications, Vol.4, Nr.1,
         Jan. 1984, pp. 38-52.

[BLIN77] J.F.Blinn, Models of Light Reflection for Computer
Synthesized Pictures, Computer Graphics, Proc. ACM, Vol. 11, Nr.
2, 1977, pp. 192-198.

[COOK81] L.R.Cook, K.E.Torrance, A Reflection Model for Computer
Graphics, Computer Graphics, Proc. ACM, Vol. 15, Nr.3, Aug. 1981,
pp. 307-316.

[COOK84] R.L.Cook, T.Porter, L.Carpenter, Distributed Ray-Tracing,
Computer Graphics, Proc. ACM, Vol.18, Nr.3, July 1984, pp.137-
143.

[COOK86] R.L.Cook, Stochastic Sampling in Computer Graphics, ACM
Transactions on Graphics, Vol. 5, Nr. 1, Jan. 1986, pp.51-72.

[FRAN81] R.Franklin, A.Barr, Faster Calculation of Superquadric
Shapes, IEEE Computer Graphics and Applications, Vol.1, Nr.3,
July 1981, pp.41-47.

[FUCH80] H.Fuchs, Z.M.Kedem, B.F.Naylor, On Visible Surface Generation
by a Priority Tree Structure, Computer Graphics, Proc. ACM, Vol.
14, Nr.3, July 1980, pp. 124-133.

[GERV86] M.Gervautz, Tree Improvements of the Ray-Tracing Algorithm
for CSG-Trees, Computers and Graphics, Vol.10, Nr.4, Dez. 1986.

[GERV86a] M.Gervautz, Kugel- und Quaderumgebungen zur Optimierung des
Ray-Tracing-Verfahrens für CSG-Bäume, Austrographics'86, OCG-
Schriftenreihe, Nr.32, 1986, pp. 27-37.

[GERV88] M.Gervautz, W.Purgathofer, A Simple Method for Color
Quantization: Octree Quantization, New Trends in Computer
Graphics, Proc. CG. International 88, Springer-Verlag 1988, pp.
219-231.

[GRIE88] J.Griessmair, Verbiegeoperatoren zur Modellierung komplexer
Objekte, Diplomarbeit am Institut für Praktische Informatik, TU-
Wien, 1988.

[GREE86] D.P.Greenberg, M.F.Cohen, K.E.Torrance, Radiosity: A Method
for Computing global Illumination, The Visual Computer, Vol. 2,
Nr. 5, 1986, pp. 291.

[GROE88] E.Gröller, W.Purgathofer, Using Tetrahedrons for Dithering
Color Pictures, AUTOMATICA, Vol. 29, Nr. 1-2, 1988, pp. 45-50.

[HECK82] P.Heckbert, Color Image Quantization for Frame Buffer
Display, Computer Graphics, Proc ACM, Vol. 16, Nr. 3, 1982.

[HEIN86] G.Heinzl, Modellierung unscharfer Effekte durch Ray-Tracing,
Diplomarbeit am Institut für Praktische Informatik, TU-Wien,
1986.

[HUBE88] P.Huber, Ausnützung der zeitlichen Kohärenz bei Ray-Tracing
von aufeinanderfolgenden Bildern, Diplomarbeit am Institut für
Praktische Informatik, TU-Wien 1988.

[JARV76] J.F.Jarvis, N.Judice, N.H.Nike, A Survey of Techniques for
the Display of continous tone Pictures on bilevel Displays,
Computer Graphics and Image Processing, Vol. 5, Nr. 1, 1976.

[KUEN88] H.Künig, Modellierung mit dem BSP-Modell, Diplomarbeit am
Institut für Praktische Informatik, TU-Wien, 1988.

[NEWM79] W.N.Newman, R.F.Sproull, Principles of Interactive Computer
Graphics, McGraw-Hill, 1979, 2nd ed.

[OEPP88] P.Öppinger, Ray-Tracing Fractals, Diplomarbeit am Institut
für Praktische Informatik, TU-Wien, 1988.

[PEAC85] D.R.Peachey, Solid Texturing of Complex Surfaces, Computer
Graphics, Proc. ACM, Vol 19, Nr. 3, 1985, pp.279-286.

[PHON75] Bui Tuong Phong, Illumination for Computer Synthesized
Pictures, Comm. of the ACM, Vol. 18, Nr. 6, June 1985, pp. 311-
317.

[PURG86] W.Purgathofer, A Statistical Method for Adaptive Stochastic
Sampling, Conf. Proc. Eurographics 1986, pp. 145-152 und
Computers and Graphics, Vol. 11, Nr.2, 1987, pp. 157-162.

[PURG87] W.Purgathofer, T.Rainer, Schattierungsmodelle in der
Graphischen Datenverarbeitung, CAD und Computergraphik, 10.
Jahrg. Nr.1,2,3. 1987.

[ROTH82] S.D.Roth, Ray Casting for Modeling Solids, Computer Graphics
and Image Processing, Vol. 18, 1982, pp. 109-144.

[SEBA88] P.Sebastian, Ausnützung der Kohärenz bei Ray-Tracing,
Diplomarbeit am Institut für Praktische Informatik, TU-Wien,
1988.

[SLON86] M.Slonek, Beschreibung und Darstellung komplexer Objekte,
Diplomarbeit am Institut für Praktische Informatik, TU-Wien,
1986.

[TEZE85] B.Tezenas du Montcel, A.Nicolas, An Illumination Model for
Ray-Tracing, Eurographics Conf. Proc., 1985, pp. 63-75.

[TSCH86] L.Tschanter, Ray-Casting für ein dreidimensionales
Flächenmodell, Diplomarbeit am Institut für Praktische
Informatik, TU-Wien, 1986.

[WALL87] J.R.Wallace, M.F.Cohen, D.P.Greenberg, A Two-Pass Solution to
the Rendering Equation: A Synthesis of Ray Tracing and Radiosity
Methods, Computer Graphics, Proc. ACM, Vol 21, Nr.4, July 1987,
pp.311-320.

[WEGH84] H.Weghorst, G.Hooper, D.P.Greenberg, Improved Computational
Methods for Ray-Tracing, ACM Transactions on Graphics, Vol. 3,
Nr. 1, Jan. 1984, pp. 52-69.

[WHIT80] T.Whitted, An Improved Illumination Model for Shaded Display,
Comm. ACM, Vol. 23, Nr. 6, June 1980, pp.343-349.

[WIJK84] J.J.van Wijk, Ray-Tracing Objects Defined by Sweeping a
Sphere, Eurographics Conf. Proc., 1984, pp. 73.

[WIJK84a] J.J.van Wijk, Ray-Tracing Objects Defined by Sweeping Planar
Cubic Splines, ACM Transactions on Graphics, Vol. 3, Nr. 3, July
1984, pp. 223-237.

[WILD86] A.Wildpert, SOL eine Objektbeschreibungssprache, Diplomarbeit
am Institut für Praktische Informatik, TU-Wien, 1986.

Oberflächen- und volumenorientierte Visualisierung in der Medizin

K.-H. Englmeier[1], S.J. Pöppl[1], T. Pepping[1]
K.A. Milachowski[2], C. Hamburger[2], T. Mittlmeier[2]

[1]Institut für Medizinische Informatik und Systemforschung der Gesellschaft für Strahlen- und Umweltforschung mbH, Ingolstädter Landstraße 1, 8042 Neuherberg;
[2]Klinikum Großhadern, Ludwig-Maximilans Universität, Marchionistr. 5, 8000 München 70

1. Einleitung

Die bildliche Erfassung von Teilvolumen des menschlichen Körpers erfolgt durch die diskrete Folge zweidimensionaler Bildmatrizen in einem vorgegebenen Abstand. Die dazu verwendeten - heute nahezu klassischen - Verfahren zur Bilderzeugung der Röntgencomputer- und Ultraschalltomographie wurden dazu in ihrer Auflösung erheblich verbessert und erweitert. Hinzu kamen in der Diagnostik von Weichteilgeweben die bildgebenden Verfahren Kernspintomographie und Spektroskopie.

Durch die sukzessive Betrachtung der einzelnen Serienbilder (s. Abb. 1) erhält der Mediziner Informationen über die räumliche Gestalt von Organen und Skeletteilen sowie deren pathologische Veränderungen. Je komplizierter die Struktur der abgebildeten Organe (z.B. durch traumatische Einflüsse oder karzinomatöse Veränderungen) ist, um so schwerer fällt es dem Betrachter, die 3-dimensionale Szene mental zu rekonstruieren.

Mit Hilfe der rechnergestützten Rekonstruktion von Schnittbildern durch die Szene in verschiedenen Richtungen sowie der pseudo-3-dimensionalen Darstellung kann der Mediziner in der Diagnosefindung und Therapieplanung ganz wesentlich unterstützt werden. Prinzipiell existieren dazu verschiedene Darstellungsverfahren, die sich folgendermaßen einteilen lassen:
- flächenelementorientiert
- Oberflächenvoxel-orientiert
- volumenorientiert [1]

Im folgenden wird ein flächenelement- sowie ein volumenorientiertes Verfahren mit Anwendungen aus der Orthopädie und Gynäkologie vorgestellt. Die Vor- und Nachteile des jeweiligen Verfahrens werden diskutiert.

2. Verfahren zur 3-D-Darstellung

2.1 Daten und Vorverarbeitungsprozeduren

Die Ausgangsdaten entsprechen hier einer dreidimensionalen Szene, also einem Teilvolumen des menschlichen Körpers, das mit einem bildgebenden tomographischen Verfahren erfaßt wird. Typischerweise ist dabei die Auflösung in den drei Raumrichtungen ungleich, d.h., in der erfaßten Bildebene ist die Ortsauflösung höher als sie entlang der Z-Achse durch den Schnittbildabstand gegeben ist (s. Abb. 2). Die Bildmatrizen besitzen in der Regel eine Größe von 256x256 oder 512x512 Bildelementen, deren Grauwerttiefe bei der Kernspin- und Computertomographie 12 Bit beträgt. Die Schnittabstände sind frei wählbar. Da wir als Grundlage für die dreidimensionalen Darstellungsverfahren immer eine generierte 3-D-Szene verwenden, müssen die ursprünglichen Bilddaten vorverarbeitet werden. Dies hat den Vorteil, daß die Konturen der Objekte vor der Darstellung erfaßt werden und einer visuellen Qualitätskontrolle unterzogen werden können.

Diese Vorverarbeitung beinhaltet im wesentlichen Filterprozesse (z.B. zur Rauschunterdrückung und Kontrastanhebung), Konturdefinitions- und Segmentationsmethoden, die an das jeweilige Datenmaterial adaptiert sind. Beispielhaft sind dazu die Vorverarbeitungsschnitte für Ultraschallbilder des Uterus und für die knöchernen Regionen in Röntgen-CT-Bildern erläutert.

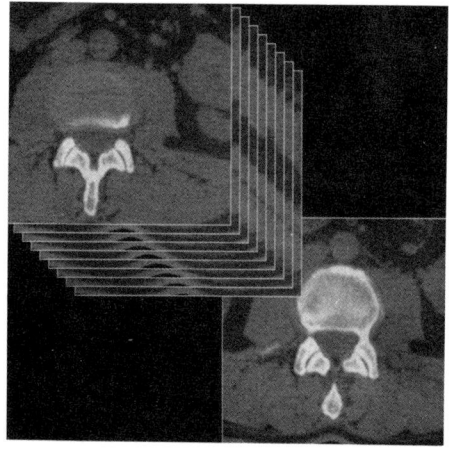 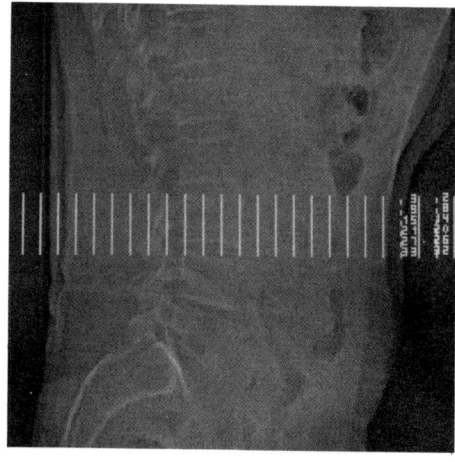

a   b

Abb. 1: a) Darstellung der Schichtbildsequenz aus der Röntgencomputertomographie
        b) Markierung der Lage der Schichtbilder im Tomogramm

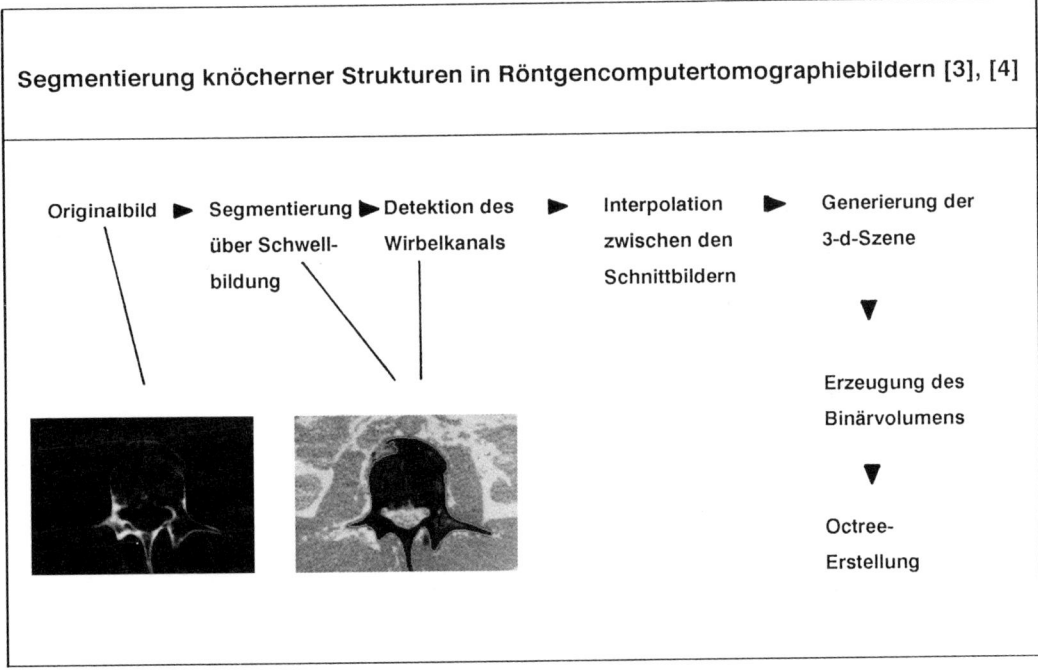

Abb. 2: Vorverarbeitung und Segmentierung für Ultraschall- und Computertomographie

2.2 Oberflächenorientierte Darstellungsverfahren

Eine gängige Methode, die zur Computergraphik führt, ist die Verbindung der in der Vor-
verarbeitungsprozedur definierten Konturloops mittels Polygonapproximation (Abb. 3).
Das Kriterium der Verbindung der einzelnen Konturpunkte ist der minimale Abstand zwischen den Punkten benachbarter Konturloops. In dem von uns verwendeten Software-
Produkt MOVIE.BYU der University of Utah [5] wird die Oberfläche des Objekts wahlweise
mit drei- oder viereckigen Polygonzügen angenähert, wobei Dreiecke den Vorteil besitzen, durch eine einzige Flächennormale gekennzeichnet zu sein. Koordinatentransforma-
tionen wie Rotation, Translation und Skalierung sind bei diesem Verfahren mit relativ geringem Aufwand verbunden. Dies zeigt sich insbesondere darin, daß die heute erhältli-
chen Graphikstationen bei der Polygondarstellung eine Rechengeschwindigkeit von
140.000 Vektoren/sec erreichen.

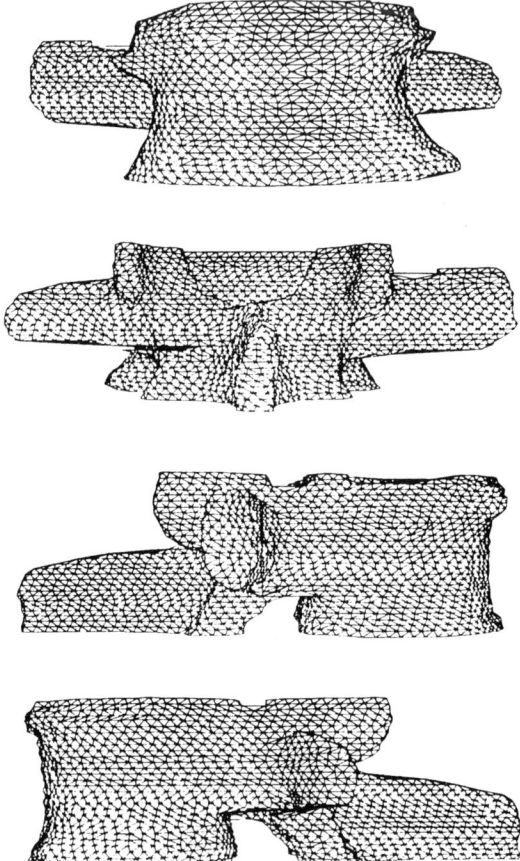

Abb.3: Darstellung des Triangulationsmodells eines Lendenwirbels aus vier
Richtungen

Ist die Reihenfolge der Verbindungen der Konturpunkte definiert, sind für die Darstellung des Triangulationsmodells die Eingabewerte für die Koordinatentransformationsmatrix festzulegen:

- Rotationswinkel a, b, c um die x, y und z-Achse
- Skalierungsfaktoren s_x, s_y, s_z entlang der Koordinatenachsen
- Translationsfaktoren x_T, y_T und z_T

Rotation um die drei Koordinatenachsen

$$R = \begin{bmatrix} cosa \cdot cosb & sina \cdot cosb & - sinb \\ cosa \cdot cosc + cosa \cdot sinb \cdot sinc & cosa \cdot cosb + sina \cdot sinb \cdot sinc & cosb \cdot sinc \\ sina \cdot sinc + cosa \cdot sinb \cdot cosc & -cosa \cdot sinc + sina \cdot sinb \cdot cosc & cosb \cdot cosc \end{bmatrix}$$

Skalierung längs der Koordinatenachsen:

$$S = \begin{bmatrix} s_x & 0 & 0 \\ 0 & s_y & 0 \\ 0 & 0 & s_z \end{bmatrix}$$

Translation (nach Einführung homogener Koordinaten)

$$T = \begin{bmatrix} 1 & 0 & 0 & 0 \\ 0 & 1 & 0 & 0 \\ 0 & 0 & 1 & 0 \\ x_T & x_T & z_T & 1 \end{bmatrix}$$

Diese Transformationsmatrizen werden dann zu einer einzigen Koordinatentransformationsmatrix zusammengefaßt. Im Anschluß daran erfolgt entweder die Darstellung der Objekte als Vektorgraphik (Abb. 3) oder die Berechnung eines kontinuierlichen Farbbildes. Zu letztgenannter Darstellung gehört allerdings die Definition der Materialbeschaffenheit (Farbwerte, Transparenz, Anteil des emittierten Lichtes) sowie die Beleuchtung der Szene mit mehreren Lichtquellen, die im Unendlichen oder Endlichen positioniert sind.

Für jedes Pixel der Ergebnisbilder wird neben dem Farbwert die Z-Koordinate gespeichert. Ist in der weiteren Berechnung eine Dreiecksfläche vorhanden, deren Raumkoordinate näher zum Betrachter liegt, so wird ein Pixel im Bildspeicher überschrieben. Daneben spielt die Schattierung der Flächenstücke eine wichtige Rolle. Es wird dabei unterschieden zwischen:

- Flat-Shading: Das Flächenstück wird konstant mit Farbe gefüllt.
- Gouraud-Shading: Hier sind die Farbwerte an den Eckpunkten der einzelnen Dreiecke vorgegeben. Die Farbwerte innerhalb des Dreieckes werden durch lineare Interpolation sowohl in x- als auch in y-Richtung bestimmt [6].

2.3. Diskussion des oberflächenorientierten Verfahrens

Oberflächenorientierte Verfahren bieten nicht nur die Möglichkeit der Drahtmodelldarstellung als Vektorgraphik nach Polygonapproximation sondern auch die Rastergraphikausgabe, sogenannte "filled polygones". Kommerziell erhältliche Systeme mit hardwarenaher Programmierung erreichen bei der Vektorgraphik eine Geschwindigkeit von 140.000 Vektoren/sec und 5500 Pixel-Polygone/sec mit Z-Buffering und Gouraud-Shading. Neuere Entwicklungen zeigen hier eine Verbesserung der Verarbeitungsgeschwindigkeit auf 60.000 Pixel-Polygone/sec [7,8].

Der Nachteil der Oberflächenapproximation ist, daß bei komplexen Strukturen - wie sie in der Anatomie des Menschen vorkommen - die Oberflächen fehlerhaft nachgebildet werden. Dies geschieht insbesondere dann, wenn sich die Konturen von einer Ebene zur nächsten stark ändern (s. Abb. 4) oder auf einer Ebene mehrere Loops mit einem Loop auf der nachfolgenden Ebene zu verbinden sind. Am Beispiel der Markraumrekonstruktion ist zu erkennen, daß bei Objekten, die aus einer Innen- und Außenkontur bestehen, eine Verbindung zu einem unsinnigen Ergebnis führen würde (s. 2.4.2).
Das heißt also, um bei der Oberflächenapproximation ein vernünftiges Resultat zu erhalten, ist bei den meisten Anwendungen die Erfahrung des Benutzers notwendig. Eine automatische Triangulierung kann nur in ausgewählten Fällen erreicht werden, wie etwa bei der 3-dimensionalen Isodosendarstellung einer radioaktiven Quelle.
Die folgenden Anwendungen zeigen beispielhaft den Einsatz der Oberflächendarstellung in orthopädischer und gynäkologischere Therapieplanung.

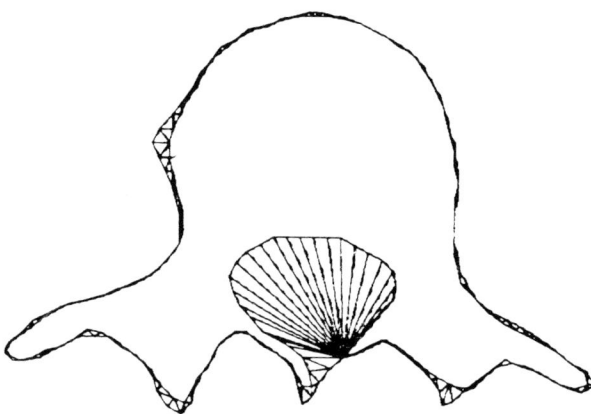

Abb. 4: Beispiel aus der Lendenwirbelrekonstruktion für die Konturänderung von
einer zur nächsten Ebene und ihrer Fehlinterpretation bei der Triangulierung

2.4 Anwendungsbeispiele für den Einsatz von oberflächenorientierten Darstellungsverfahren in der Medizin

2.4.1 Die Entwicklung anatomischer Kniegelenksendoprothesen auf der Basis sequentierter Computertomographieschichten [10]

Die Computertomographie gibt wertvolle diagnostische Hinweise in der Ausdehnung angeborener und erworbener Erkrankungen des Skelettsystems. Am Beispiel des Kniegelenkes seien hier die Dysplasie des patello-femoralen Gleitlagers, die Osteochondrosis dissecans, Frakturen und Tumoren im Bereich des Kniegelenkes genannt.

Die dreidimensionale Rekonstruktion menschlicher Knochen und Gelenkstrukturen auf der Basis segmentierter Computertomographieschichten ist ein seit längerem experimentell durchgeführtes Verfahren mit nicht nur didaktischem Ziel. In der klinischen Anwendung ermöglicht die dreidimensionale Rekonstruktion die Ausdehnung von Frakturen und Tumoren räumlich darzustellen und ermöglicht so dem Operateur eine bessere präoperative Planung des Eingriffs. Darüber hinaus läßt sich mit Hilfe der dreidimensionalen Rekonstruktion in der Totalendoprothesenherstellung, insbesondere im Bereich der Hüft- und Kniegelenksendoprothetik, die individuelle anatomische Prothese errechnen und rekonstruieren.

Die Verarbeitung geschieht folgendermaßen: Nach Übertragung der CT-Bilder zu einer CONVEX C-210 werden die Bilder zunächst dekomprimiert. Die automatische Segmentierung erfolgt mittels Schwellwertsegmentierung, Beseitigung von Hohlflächen sowie einer Glättung der Konturen über Mittelwertbildung. Anschließend wird automatisch die Reihenfolge der Konturpunkte für das Triangulationsverfahren bestimmt (s. Abb. 5). Nach Übertragung der sortierten Koordinatendaten der Oberflächen des Ober- und Unterschenkels sowie der Kniescheibe zur Graphik-Workstation IRIS 4D/70 erfolgt dort die dreidimensionale Darstellung des Kniegelenkes mit bis zu acht farbigen Lichtquellen, dem Beleuchtungsmodell nach Phong [11] und dem Schattierungsverfahren nach Gouraud (s. Abb. 6). Die Berechnungszeit liegt bei ca. 3 sec, wobei die Auflösung des Ergebnisbildes 1024^2 Pixel beträgt und im RGB-Modus (also 24 Bit für die Farbdarstellung) die Berechnung durchgeführt wird. Auf dieser Basis lassen sich Anwendungsbeispiele anatomisch angepaßter Kniegelenksendoprothesen errechnen.

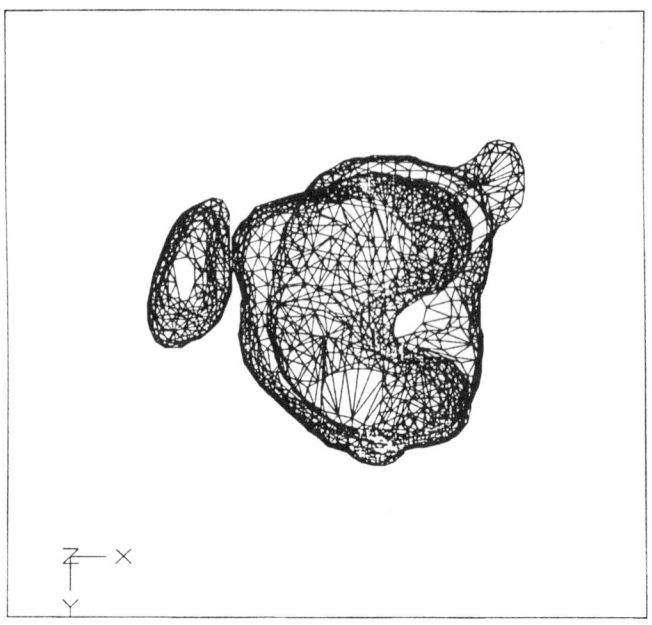

Abb. 5: Triangulationsmodell des Kniegelenkes mit Darstellung des Ober- und Unterschenkels sowie der Kniescheibe

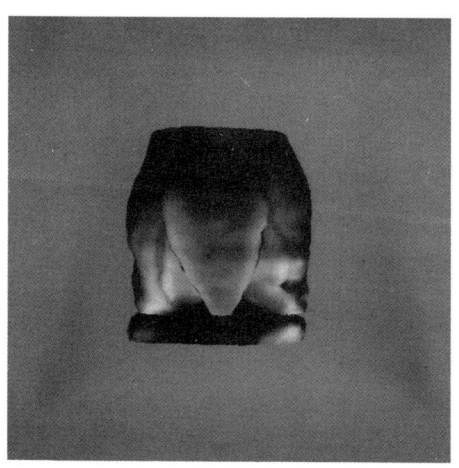 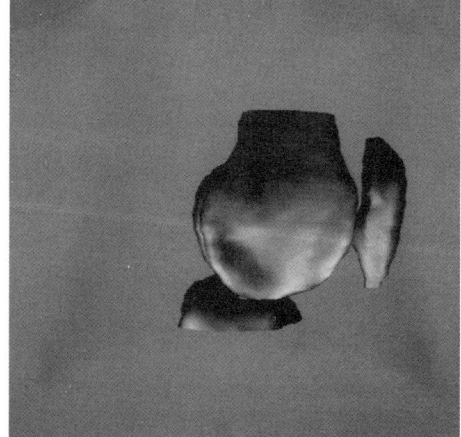

Abb. 6: Rechtslaterale und frontale Oberflächendarstellung des Kniegelenkes mit Phong-Lichtmodell und Schattierungsverfahren nach Gouraud

2.4.2 Die dreidimensionale Rekonstruktion der Geometrie des Tibiamarkraumes - Möglichkeiten der anatomischen intramedullären Osteosynthese

Die intramedulläre Osteosynthese hat durch das Konzept der Verriegelungsnagelung und der Dynamisierung im letzten Jahrzehnt an Bedeutung gewonnen. Die Stabilität der intramedullären Osteosynthese wird dabei in erster Linie von den Materialeigenschaften des Nagels und des umgebenden Knochens, der Nagelgeometrie und der Einspannlänge (Ausdehnung der Nagelkontaktzone) in längsaxialer Richtung determiniert. Während bei der konventionellen Marknagelung die Quer- und Längsverbiegung des Nagels im Markraum eine Flächenpressung in der Kontaktzone zum Knochen abhängig von der Einspannlänge erzeugt, erlaubt die Verriegelungsnagelung eine Reduktion der nötigen Einspannlänge durch Erhöhung der Rotationsstabilität mittels der Verriegelungsbolzen.

Trotz Aufbohrens des Markraums gelingt jedoch mit den gängigen Marknageltypen nur eine begrenzte Anpassung zwischen der Geometrie des Nagels und des Knochens, da das mehr oder weniger starre Rohr nur unvollständig den physiologischen Krümmungen des Markraumes folgt.

Am Beispiel des Unterschenkels wurde nun versucht, auf der Basis segmentierter Computertomographieschichten die Markhöhle räumlich zu rekonstruieren und somit die Voraussetzung für einen anatomisch geformten Marknagel zu schaffen. Nach Übertragung der CT-Bilder zum Bildverarbeitungsrechner werden dabei die knöchernen Schichten mittels Schwellwertsegmentierung und Beseitigung von Hohlflächen sowie Glättung der Konturen segmentiert. Neben der Darstellung der Kortikalis wird die Spongiosastruktur errechnet und abschließend durch Triangulation die Knochenoberfläche wie auch der Tibiamarkraum errechnet. Nach Festlegung des Drehwinkels und der Positionierung der Lichtquelle erfolgt die pseudo-dreidimensionale Darstellung des Unterschenkels und des Markraumes (s. Abb. 7). Diese Technik bildet die Grundlage für ein Marknageldesign mit optimierter Kontaktfläche.

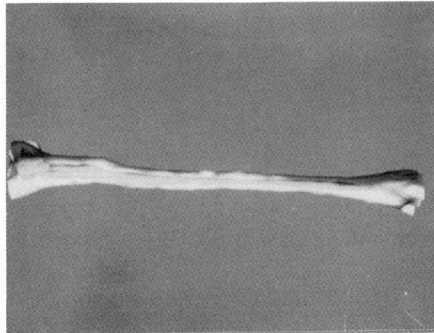 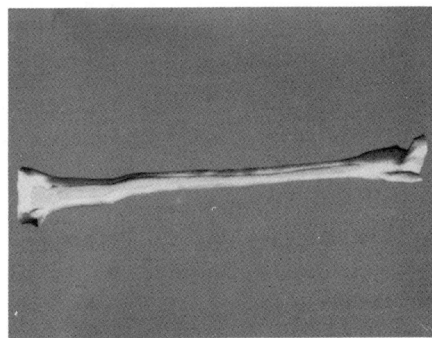

Abb. 7: Pseudo-3-dimensionale Darstellung der Tibia-Oberfläche und des Markraumes

2.4.3 Rechnergestützte Strahlentherapieplanung in der Gynäkologie

Die Hysterosonographie hat sich als bildgebendes Verfahren zur Darstellung maligner Veränderungen des Uterus bewährt. Da die Schallsonde und der bei der Afterloadingtherapie verwendete Applikator die gleichen geometrischen Verhältnisse erzeugen, bildet die Hysterosonographie die optimale Grundlage für eine individuelle Bestrahlungstherapieplanung beim Endometriumkarzinom.

Mit konventionellen Afterloadingtherapie-Planungsprogrammen kann nur eine behelfsmäßige manuelle Überlagerung von Isodosenplot und Ultraschallquerschnittsbild einen Bezug zu den individuellen geometrischen Verhältnissen herstellen. Eine Berücksichtigung der Ausdehnung maligner Veränderungen bei der Berechnung der Strahlendosisverteilung ist jedoch nicht möglich. Dazu ist nämlich einerseits die digitale Weiterverarbeitung der hysterosonographischen Tomogramme im Sinne einer automatischen Segmentierung (s. Abb. 2) interessierender Bereiche notwendig. Andererseits waren konventionelle Afterloadingtherapie-Planungssysteme zur Anpassung der Dosisverteilung an die individuelle Geometrie und der Datenpräsentation zu modifizieren.

Nach automatischer Segmentierung der Regionen Uterusquerschnitt, Cavum uteri sowie einer interaktiven Konturdefinition pathologischer Bezirke kann anhand der bestimmten Konturen eine medizinisch verordnete Dosisverteilung so modelliert werden, daß der Uterus von der vorgegebenen Strahlendosis umschlossen wird [12]. Zur Präsentation der Bestrahlungspläne mit den Konturen des Uterus können Längsebenen in verschiedenen Schnittiefen rekonstruiert und in Kombination mit den Dosisplänen dargestellt werden. Aufschlußreicher ist jedoch die pseudo-3-dimensionale Darstellung des Uterus mit der ärztlich verordneten Isodose, weil dadurch einerseits die Erkennung dreidimensionaler Strukturen im transversalen Ultraschalltomogramm wesentlich erleichtert wird und andererseits Aussagen über die räumliche Dosisverteilung getroffen werden können.

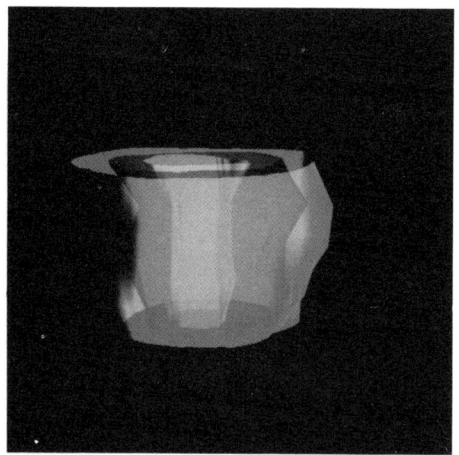 

Abb. 8: a) Pseudo-3-dimensionale Darstellung der Uterusoberfläche, eines Endometriumkarzinoms und des Cavum uteri

b) Pseudo-3-dimensionale Darstellung des Uterus aus a) in Kombination mit der ärztlich verordneten Isodose

2.5 Volumenorientierte Verfahren

Volumenorientierte Rekonstruktionsverfahren schöpfen eine Schnittbildszene durch kubische bzw. quaderförmige Volumenelemente (Voxel) aus. Jedes Pixel eines Schnittbildes wird als Voxel interpretiert. Die unterschiedliche Weiterverarbeitung der Voxel unterteilt die Methoden in zwei Klassen:

- Verfahren, die die Voxel in einer Zwischenstruktur ordnen; ausgehend von dieser Struktur werden Darstellungen erzeugt oder Manipulationen durchgeführt (Cuberille-Verfahren [13] und Rekonstruktion unter Verwendung der Octree-Struktur [14,15]).
- Verfahren, die für jede Darstellung auf die ursprüngliche Voxelstruktur zurückgreifen (z.B. Raytraycing [1]).

Die rekursive Datenstruktur Octree bietet die Möglichkeit zur Repräsentation einer 3-dimensionalen Szene, die durch diskrete Punkte gegeben ist. Jedes Voxel repräsentiert einen Bildpunkt aus der Schnittbildsequenz. Das einzelne Schnittbild besteht in der Regel aus 2^M x 2^M Bildpunkten und somit existiert ein Objektraum aus 2^M x 2^M x 2^M Voxeln. Dies entspricht einer Bildsequenz von 2^M Sequenzschnitten. Wenn in der dreidimensionalen Szene der Schnittbildabstand größer als die Kantenlänge der Pixel ist, werden durch lineare Interpolation Zwischenbilder erzeugt.

Für die im weiteren verwendeten Begriffe gilt folgende Definition:
Ein rekursiver Baum (t-ärer Baum) ist entweder leer oder besteht aus einem Knoten (der Wurzel) und t disjunkten t-ären Bäumen B_1, ..., B_t , den Unterbäumen der Wurzel.
Damit lassen sich rekursive Strukturen einfach und elegant durch Bäume beschreiben, wie hier eine 3-dimensionale, aus diskreten Volumenelementen bestehende Szene.

Die gesamte Voxelszene wird als Objektbaum bezeichnet, der als ein beschränktes, N-dimensionales Gebiet von N-orthogonalen Achsen aufgespannt wird. N sei die Ordnung des Objektraumes, das sowohl Objekte als auch umgebenden (leeren) Raum beinhaltet. Die kleinsten Einheiten dieses Gebietes sind von gleicher Ordnung wie der Objektraum und haben in jeder Richtung die Länge 1.
Ein Objekt im Objektraum ist definiert als eine nichtleere Menge von Volumenelementen mit einer vorgegebenen Eigenschaft E. Ein Raumelement, das nicht eindeutig einem Objekt oder dem leeren Hintergrund zuzuordnen ist, wird in disjunkte Oktanten gleicher Größe unterteilt (letztendlich kann auf Voxelebenen nicht weiter partitioniert werden).

Der Aufbau des Octrees erfolgt von den Blättern zur Wurzel. Mit dem Einlesen der einzelnen Bildpunkte aus der Schnittbildsequenz befindet man sich automatisch auf der untersten Baumebene, denn jedes Voxel wird durch einen Endknoten mit Niveau M beschrieben. Je 8 kubische benachbarte Volumenelemente werden überprüft, ob sie zum gleichen Objekt gehören. Trifft dies zu, wird auf nächsthöherer Ebene ein Endknoten gebildet, der das entsprechende Volumen eindeutig beschreibt. Haben die Voxel unterschiedliche Objekteigenschaften, dann werden 8 Blätter auf der unteren Ebene erzeugt. Auf der nächsthöheren Ebene wird ein innerer Knoten gebildet, der auf die Blätter verweist.

Nachdem alle Schnitte eingelesen wurden, existieren die beiden untersten Ebenen des Octrees. Die höheren Ebenen bis hin zur Wurzel werden nun sukzessive nach dem gleichen Prinzip aufgebaut. Das heißt, je 8 benachbarte Endknoten gleichen Niveaus werden eleminiert und durch ein Blatt in der darüberliegenden Baumebene ersetzt, falls sie Teilvolumina desselben Objektes beschreiben. Ist der Octree bis zur Wurzel aufgebaut, liegt er bei dieser Vorgehensweise in optimierter Form vor.

Der so entstandene Vielweg-Baum besitzt im Vergleich zu sonstigen Anwendungen, z.B. B-Bäume für die Datenspeicherung, einige besondere Eigenschaften: Die Vater-Sohn-Beziehung im Octree impliziert die hierarchische Ordnung der Volumenelemente. Ein Sohn oder Nachfolger eines Sohnes repräsentiert ein Teilvolumen des Vater-Knotens. Eine Serie von Knoten mit gleichem Niveau entspricht einer räumlichen Ordnung disjunkter, gleichgroßer Oktanten. Knoten mit unterschiedlichem Niveau repräsentieren Elemente, die nicht gleichrangig sind, weil ein untergeordneter Knoten eventuell ein Teilvolumen des übergeordneten Knotens darstellt.

Mit der Datenstruktur des Octrees lassen sich verschiedene Operationen auf der I-dimensionalen Szene effizient durchführen. Dies umfaßt einerseits die Rekonstruktion von Schnitten durch den Objektraum und andererseits die Darstellungsmöglichkeit einzelner Teilobjekte, wenn den Oktanten ein objektspezifischer Wert zugeordnet wurde. Auch unrealistische Ansichten wie die Darstellung verdeckter, nicht sichtbarer Objekte können auf diese Weise produziert werden. Eine explizite Definition und die konsistente Einhaltung einer Benennung der Oktanten ist Grundlage für die räumliche Ordnung der Raumelemente. So kann man bei beliebiger Betrachtungsrichtung direkt aus der Baumstruktur bestimmen, welche Volumenelemente näher zum Betrachter liegen und welche Voxel sich möglicherweise gegenseitig verdecken. Dadurch werden Such- und Sortiervorgänge bei der Bestimmung der Back-to-Front-Reihenfolge überflüssig.

Um die Voxelszene aus verschiedenen Richtungen betrachten zu können, muß der Objektraum um die drei Raumachsen gedreht werden. Mit den Rotationswinkeln a, b, c wird auch hier die Hidden-Surface-Sequenz für die Projektion der Oktanten festgelegt. Anschließend wird der Octree entsprechend der Back-to-Front-Reihenfolge traversiert und jeder durch ein Blatt beschriebene Oktant in die Bildebene projiziert. Die den Bildpunkten des Rasterschirmes zugewiesenen Farbwerte werden nach folgendem Beleuchtungsmodell berechnet.

In einer ersten Näherung wird die Szene von einer Lichtquelle beleuchtet, deren Beleuchtungsrichtung gleich der Betrachtungsrichtung ist. Der Abstand des Lichtes wird als unendlich angenommen, wodurch die Lichtstrahlen parallel verlaufen.

Abgebildet werden die Oberflächen der Objekte aus der 3-D-Szene, die von den Randflächen der äußeren Voxel approximiert werden. Mit dem hier realisierten Beleuchtungsmodell wird die Schattierung eines Oberflächenpunktes aus der Orientierung der Approximationsfläche zur Lichtquelle und der Distanz zum Betrachter berechnet (Kombination von Distance-only-Shading mit dem Constant-Shading). Der Intensitätswert I eines Oberflächenpunktes P ergibt sich demnach aus dem Einfallswinkel phi der Lichtstrahlen und der Distanz D:

$$I(P) = \cos(phi) \cdot (I_{max} - d)$$

$$\text{mit} \quad I_{max} = \text{maximale Lichtintensität eines Bildpunktes}$$

Durch die Erweiterung mit zwei Gewichtsfaktoren n, q [16] werden zu scharfe Kontraste in der Abbildung der Approximationsflächen verringert:

$$I(P) = (\cos(phi/n))^q \cdot (I_{max} - d)$$

$$\text{mit} \quad n = 1, 2$$

$$0 \leq q \leq 1$$

Mit geeigneten Werten für n und q können künstliche Voxelkanten in der Abbildung geglättet werden.

2.6   Die dreidimensionale Darstellung von Tumoren und Frakturen der Wirbelsäule

Die Computertomographie ermöglicht die exakte Erfassung knöcherner und weichteiliger Veränderungen im Bereich der Wirbelsäule. Oft läßt sich erstmals durch das Computertomogramm in Kombination mit konventionellen Röntgenaufnahmen das wahre Ausmaß der knöchernen und weichteiligen Veränderungen im Bereich der Wirbelsäule exakt darstellen. Insbesondere bei größeren traumatischen und tumurösen Prozessen ist hier jedoch die exakte präoperative Planung für das therapeutische und chirurgische Vorgehen essentiell. Die dreidimensionale Darstellung sequentierter Computertomographieschichten erlaubt hier die bildhafte Wiedergabe der räumlichen Ausbreitung tumuröser und traumatischer Veränderungen.

Dazu werden nach Übertragung der CT-Bilder zum Bildverarbeitungsrechner zunächst durch lineare Interpolation Zwischenschichtbilder generiert und zwar so, daß der endgültige Schnittbildabstand äquivalent zur Pixelkantenlänge ist. Danach werden die knöchernen Regionen und der Signalkanal gemäß dem in Abb. 2 geschilderten Segmentierungsprozeß automatisch definiert und diese sequentierten Flächen abgespeichert. Nachdem so die für die Rekonstruktion relevanten Objekte (Wirbelknochen und Spinalkanal) aus den Originaldaten extrahiert wurden, kann mit der Octree-Struktur das Volumenmodell aufgebaut werden. Dabei wird die Möglichkeit der Struktur genutzt, Voxel mit gleicher Objekteigenschaft zu größeren Raumelementen zusammenzufassen. Informationen über den Objektraum werden also zur Komprimierung und Strukturierung der Bildinformation genutzt. Die erzeugte räumliche und größenspezifische Ordnung ermöglicht die Diskriminierung und den schnellen Zugriff auf die einzelnen Objekte. Der Benutzer hat die Möglichkeit, eine Abbildung der Szene aus einer beliebigen Betrachtungsrichtung zu erzeugen. Mit den Rotationswinkeln wird die Hidden-Surface-Sequenz für die Projektion der Oktanten festgelegt. Entsprechend der Back-to-Front-Reihenfolge wird der Octree traversiert und jeder durch ein Blatt beschriebene Oktant in die Bildebene projiziert.

In den folgenden Abbildungen ist ein Lendenwirbel mit Fraktur des corpus vertebrae dargestellt. Die CT-Schnittbildsequenz wurde dazu im Abstand von 2 mm aufgenommen, segmentiert und mit dem beschriebenen Verfahren dargestellt.

 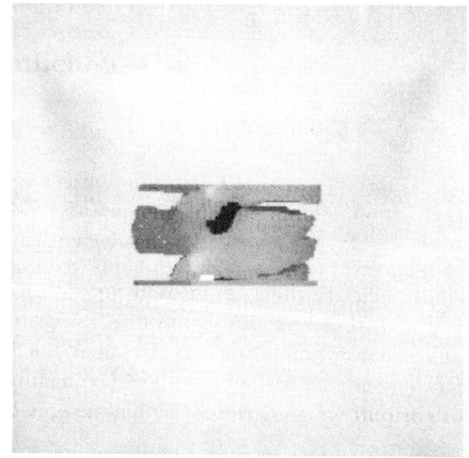

a   b

Abb. 9: Darstellung eines Lendenwirbels und des Spinalkanals aus frontaler Sicht (a) und rechtslateraler Betrachtungsweise (b)

Abb. 10: Schräg rechts-laterale Darstellung des Wirbels und der Dornfortsätze

Abb. 11: Rechts-laterale Darstellung des Wirbels nach Ausblenden der rechten Wirbelhälfte zur besseren Darstellung der Fraktur und der Verschiebung der knöchernen Anteile

3. Diskussion und Zusammenfassung

Die dreidimensionale Darstellung menschlicher Organe und Skeletteile gewinnt in der Medizin nicht nur aus didaktischen Gründen einen zunehmenden Stellenwert. Verstärkt wird sie sowohl zur Diagnosestellung als auch zur Therapieplanung herangezogen.

Dabei zeigt sich jedoch, daß gängige Verfahren aus der Computergraphik nicht ohne Änderungen übernommen werden können. Denn das unterschiedliche Bildmaterial erfordert einerseits adaptierte Vorverarbeitungsstrategien, andererseits müssen je nach Struktur des darzustellenden Objekts die Darstellungsverfahren gewählt werden.

Dazu wurde ein rein oberflächenorientiertes Verfahren sowie die Darstellung von Oberflächenvolumenelementen vorgestellt. Während Oberflächenverfahren schnell in der Berechnung sind und zufriedenstellende Ergebnisse bei den Schattierungsverfahren liefern, aber dafür falsche Resultate bei der Oberflächenapproximation komplizierter Strukturen darstellen, liefern volumenorientierte Verfahren zwar eine korrekte Wiedergabe von komplizierten Objekten wie in unserem Beispiel des Lendenwirbels, sind aber bei der Schattierung weniger komfortabel und ausgereift. Gänzlich fehlt auch die Möglichkeit der transparenten Wiedergabe verschiedener ineinanderliegender Objekte - ein Darstellungsmodus, der gerade in der medizinischen Therapieplanung eine außerordentlich große Rolle spielt (z.B. bei der Behandlung von Tumoren).

Sinnvoll erscheint daher die Kombination oberflächen- und volumenorientierter Verfahren sowie die Verbesserung der Darstellungsmöglichkeiten von volumenbezogenen Methoden hinsichtlich Schattierung, Beleuchtung und Transparenz.

LITERATUR:

[1] HÖHNE, K.H.: 3-D-Bildverarbeitung und Computergraphik in der Medizin. Informatik-Spektrum 10: 192-204 (1987)

[2] ENGLMEIER, K.-H., HECKER, R., HÖTZINGER, H., PÖPPL, S.J., THIEL, H.: Reconstruction and Pseudo-3-Dimensional Presentation of the Uterus from Automatic Segmented Transversal Ultrasound Slices - A Fundamental Precondition for Optimizing the Individually Adjusted Therapy Planning in Case of Carcinoma of the Body of the Uterus. Proceedings of the International Symposium Computer Assisted Radiology '85 (Ed.: H.U. Lemke, M.L. Rhodes, C.C. Jaffee and R. Felix), Springer-Verlag, Berlin-Heidelberg-New York-Tokyo, 358-370 (1985)

[3] ENGLMEIER, K.H., ECKSTEIN, W., HÖTZINGER, H., MILACHOWSKI, K.A., PÖPPL, S.J.: Pseudo-3-Dimensional Display and its Efficiency in Medical Treatment Planning. Proceedings of the Seventh International Congress "Medical Informatics Europe '87" (Ed.: A. Serio, R. O'Moore, A. Tardini, F.H. Roger), 806-813 (1987)

[4]   PEPPING, T.: Volumetrische Rekonstruktion und Darstellung von dreidimensionalen Szenen aus räum-lichen Schnittbildsequenzen. Diplomarbeit an der Technischen Universität München (1988)

[5]   CHRISTIANSEN, H.N., STEPHENSON, M.B.: Movie.byu - a General Purpose Computer Graphics Sys-tem. Proceedings of the Symposium on Application of Computer Methods in Engineering, University of Southern California, Los Angeles, 759-769 (1977)

[6]   GOURAUD, H.: Continous Shading of Curved Surfaces. IEEE Transactions on Computers, Vol. C-20, No. 6, 623-629 (1971)

[7]   SILICON GRAPHICS COMPUTER SYSTEMS: IRIS 4D/70 Workstation (1987)

[8]   SILICON GRAPHICS COMPUTER SYSTEMS: IRIS GT (1987)

[9]   ENCARNAÇAO, J.L.: Computer Graphics. Programmierung und Anwendung von graphischen Syste-men. Oldenburg-Verlag, München (1975)

[10]   MILACHOWSKI, K.A., WIRTH, C.J., ENGLMEIER, K.-H., PÖPPL, S.J.: Die dreidimensionale Dar-stellung des menschlichen Kniegelnkes - Rekonstruktion auf der Basis segmentierter Computertomo-graphieschichten. In: Der alloplastische Ersatz des Kniegelenkes, Ergebnisse praxisbezogener Grund-lagenforschung. 9. Münchener Symposium für experimentelle Orthopädie, (Hrsg.: H.J. Refior, M.H. Hackenbroch, C.J. Wirth), G. Thieme-Verlag, Stuttgart-New York, 21-24 (1987)

[11]   PHONG, B.T.: Illumination for Computer Generated Pictures. Communications of the ACM, Vol. 18, 6, 311-317 (1975)

[12]   ENGLMEIER, K.-H., PÖPPL, S.J.; A New Imaging Method and its Application in Gynecological Treat-ment Planning. Proceedings of the Fifth Conference on Medical Informatics, Washington/USA, 26.-30.10.1986 (Eds.: R. Salamon, B. Blum, M. Jørgensen), North-Holland, Amsterdam-New York-Oxford-Tokyo, 745-751 (1986)

[13]   HERMAN, G.T., LIN, H.K.: Three Dimensional Display of Human Organs from Computed Tomograms. Computer Graphics and Image Processing, Vol. 9, 1-21 (1979)

[14]   MEAGHER, D.: Geometric Modeling Using Octree Encoding. Computer Graphics and Image Process-ing, Vol. 19, 129-147 (1986)

[15]   DOCTOR, L.J., TORBORG, J.G.: Display Techniques for Octree-Encoded Objects. IEEE Computer Graphics & Applications, Vol. 1,3, 23-38 (1981)

[16]   CHEN, L.S., HERMAN, G.T., REYNOLDS, R.A., UPADA, J.K.: Surface Shading in the Cuberille Environment. IEEE Computer Graphics and Applications, Vol. 5, 33-43 (1985)

Wechselwirkungen zwischen Visualisierung und Bildanalyse

W. G. Kropatsch

Institut für Digitale Bildverarbeitung und Grafik

Wastiangasse 6

A-8010 GRAZ

1   Einleitung

Bilder der realen Umwelt entstehen dadurch, daß von Oberflächen reflektierte Lichtstrahlen auf eine Bildebene projiziert werden. Die zweidimensionale Anordnung von Helligkeits- bzw. Farbpunkten in der Bildebene wird Bild genannt. Beispiele dafür sind Fotos, wie sie von einer Kamera aufgenommen werden, oder auch das menschliche Sehen, wo die Netzhaut die Funktion der Überführung von optischer Information in Reize übernimmt.

Digitale Kameras tasten die Bildebene in Form von rechteckigen oder quadratischen Rastern ab und erzeugen ein im Computer verarbeitbares digitales Bild. Dieses besteht aus einem großen Feld von Intensitäts- oder Farbwerten, die auf einem Rasterdisplay wieder in optische Bilder rückgeführt werden können.

Gibt es Modelle im Computer, die die Oberflächen in der Realität beschreiben, so besteht die Möglichkeit, im Computer ein digitales Bild dieser Realität zu errechnen und über die zur Verfügung stehenden Ausgabemedien optisch darzustellen. *Visualisierung* bedeutet daher Sichtbarmachen von im Computer gespeicherten Beschreibungen. Das resultierende Computerbild soll dem Betrachter einen Eindruck der im Computer gespeicherten Realität vermitteln.

Dem Betrachter kommt dabei die wichtige Rolle des Empfängers der zu übertragenden (optischen) Information zu. Das ihm gezeigte Bild wird von ihm 'gesehen' und interpretiert, indem er die Bildinhalte mit ihm bekannten optischen Erscheinungsformen vergleicht und ihnen die entsprechenden Begriffe zuordnet. Einige Schlußfolgerungen für Visualisierung und Bildanalyse werden daraus in Kapitel 4 gezogen.

Derselbe Vorgang kann auch (in beschränktem Ausmaß) im Computer stattfinden. Das Fachgebiet, das sich mit den dafür notwendigen Methoden beschäftigt, wird *digitale Bildanalyse* genannt. Ihre Aufgabe ist die Umformung des gegebenen digitalen Bildes in eine Beschreibung, d.h. die erkannten Bildinhalte werden begrifflich geordnet und zueinander in räumliche Beziehungen gebracht.

In diesem Sinne sind die digitale Bildanalyse und die Visualisierung Prozesse, die in entgegengesetzter Richtung ablaufen, beim einen werden aus Bildern Beschreibungen erzeugt, beim anderen aus Beschreibungen Bilder (Abb. 1). Bei beiden ist eine direkte Überführung meist nicht möglich, sodaß die Information einige Zwischenstadien durchläuft. Kapitel 2 ordnet die Beschreibungssprachen dieser Zwischenstadien nach dem Grad der Abstraktion der verwendeten Begriffe. Gleiche Datenstrukturen für die Repräsentation bedingen gleiche Verarbeitungsprobleme. Daher werden

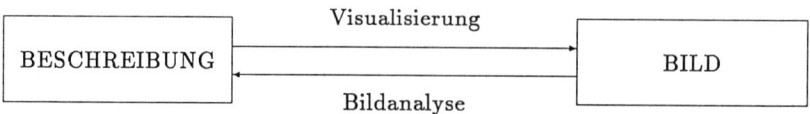

Abbildung 1: Umkehrprozesse

die wesentlichen Probleme, die beiden Fachgebieten gemeinsam sind, in Kapitel 3 kurz besprochen. Schließlich werden in Kapitel 5 vier Modelle behandelt, die die Rolle des Bildes bei der Übertragung visueller Information in verschiedenen Konfigurationen darstellen.

2   Beschreibungsebenen visueller Information

Beschreibungen visueller Information bilden die Grundlage für beide Übertragungsprozesse: Visualisierung und Bildanalyse. Bilder können auf vielfältige Arten beschrieben werden. Beide Übertragungsprozesse haben den Charakter einer Übersetzung von einer Beschreibungssprache in eine andere.

Da eine Bildbeschreibung in natürlicher Sprache nicht direkt in die Intensitäts- oder Farbwerte eines digitalen Bildes übersetzt werden kann, werden dazwischen weitere Beschreibungsebenen eingeführt, die eine schrittweise Übersetzung möglich machen. Die folgende Liste ordnet die üblichen Begriffe in Ebenen derart, daß sie für die Bildanalyse in aufsteigender und für die Visualisierung in absteigender Reihenfolge zu verwenden sind, wobei auch Ebenen ausgelassen werden können:

1. Ebene: 2D digitales Bild, Pixel, Meßwerte.

2. Ebene: Bildsegmente [12] wie Region, Kante (z.B. [1]), Texton (siehe Kapitel 4).

3. (lexikalische) Ebene: Muster, Komponenten [1] (das sind Bildsegmente mit spezifischen Eigenschaften), z.B. 3D Skelett [16], allgemeine Kegel [1].

4. Ebene: Fragment [12], (Objekt-) Teil [16], 'GEON' (**Biederman** [1] definiert ein GEON als Repräsentant einer Klasseneinteilung der allgemeinen Kegel, die von 'nicht-zufälligen' Relationen induziert wird. 'Nicht-zufällige' Relationen erlauben den logischen Schluß von 2D Bildmerkmalen auf den 3D Raum, Beispiele sind Kollinearität, Symmetrie, parallele Kurven.)

5. (Modell-)Ebene: Objekt [16]; **Biederman** reichen 2 - 3 GEONs, um die meisten Objekte eindeutig zu bestimmen [1].

6. Ebene: funktionaler Bereich [12] (Er faßt Objekte zusammen, die eine gemeinsame Funktion haben.)

7. Ebene: Natürliche Sprache [16].

Die Ordnung der Beschreibungsebenen wird durch den Umfang des jeweiligen Vokabulars und die Aussagekraft der verwendeten Begriffe charakterisiert. In den unteren Ebenen überwiegen numerische Repräsentationsformen, in den höheren Ebenen treten symbolisch codierte Begriffe in den Vordergrund.

Für die Übersetzung benachbarter Beschreibungsebenen kommen in den unteren Ebenen Methoden der Mustererkennung ($1 \rightarrow 2 \rightarrow 3 \rightarrow 4$) und der Computergrafik ($4 \rightarrow 3 \rightarrow 2 \rightarrow 1$) in Frage, Übersetzungen in den höheren Ebenen (Symbole) bedürfen zumeist Methoden aus dem Bereich der künstlichen Intelligenz (z.B. [12]).

3 Gemeinsame Probleme

Visualisierung und digitale Bildanalyse wurden bereits als Umkehroperationen erkannt (vgl. Abb. 1). Entsprechend benutzen sie zumindest als Eingabe- und als Ausgabevokabular dieselbe Beschreibungsebene und damit auch eine ähnliche bzw. identische Repräsentation im Computer. Diese wird gefördert durch einheitliche Datenformate (z.B. Pixelarrays) der verschiedenen Anzeigegeräte. Daraus ergeben sich aber auch die großen Probleme, die beide Fachbereiche zu lösen haben, und worin sie sich von anderen Bereichen der Informationsverarbeitung unterscheiden:

- Große Datenmengen,

- Extremer Rechenzeitbedarf.

Ein digitales Bild besteht heute meist aus 512×512 Bildpunkten mit 256 verschiedenen Grauwerten. Aber auch 1024×1024 große Bilder können bereits auf einigen Bildschirmen dargestellt werden. Die dazu benötigte Datenmenge umfaßt 1 Mbyte für ein Grauwertbild, 3 Mbyte für ein Echtfarbenbild (je ein Wert für Rot, Grün und Blau). Die Datenmengen steigen aber weiter an. Satellitenbilder erreichen bereits Formate größer als 4000×4000 Bildpunkte in 4 bis 24 Spektralkanälen (pro Kanal ein Wert!). Zur Herstellung von Filmen werden 16 bis 48 Bilder pro Sekunde (!) benötigt, um flimmerfreie und natürliche Bewegungen zu erzeugen.

Neben den Problemen der Speicherung dieser riesigen Datenmengen spielt auch die Bearbeitungszeit keine geringere Rolle. Alle Pixel eines Bildes müssen im einen Fall aus meist sehr komplexen Modellen berechnet werden, im anderen Fall müssen die abgetasteten Helligkeitswerte in kurzer Zeit zu Aussagen verknüpft werden, die den Bildinhalt beschreiben und gleichzeitig Entscheidungen (z.B. Qualitätskontrolle) ableiten. **Fischler** und **Bolles** haben auf die Bedeutung des Ziels der Auswertungsaufgabe für den Auswerteprozeß sehr eindrucksvoll anhand eines einfachen Experiments hingewiesen [5].

Diese globalen Probleme sind nur ein kleiner Teil von jenen, mit denen man in der Praxis bei der Lösung einer Visualisierungs- oder Bildanalyseaufgabe konfrontiert wird. Eine starke Motivation zur Lösung dieser Probleme stellt die Existenz eines 'Sehsystems' dar, das all diese Schwierigkeiten fast mühelos bewältigt: *der Mensch* . Daher soll nun auf die Rolle des menschlichen Sehens eingegangen und daraus Erkenntnisse für beide Fachgebiete abgeleitet werden.

4 Die Rolle des menschlichen Sehens

Das Wissen über Ablauf und Besonderheiten des menschlichen Sehens hat für beide Bereiche eine besondere Bedeutung. Generell kann angenommen werden, daß ein besseres Verständnis des menschlichen Sehvorganges für beide Fachgebiete Verbesserungen mit sich bringt.

Das durch Visualisierung erzeugte Bild wird von einem menschlichen Auge gesehen und interpretiert. Das Wissen um Funktionalität und Eigenschaften dieses Vorgangs schafft erst die Voraussetzungen, die visuelle Information im Computer so aufzubereiten, daß sie rasch und einfach vom Betrachter aufgenommen werden kann. So ist z.B. seit langem bekannt, daß das menschliche Auge Graustufen nur sehr begrenzt (im Bereich von etwa 20) unterscheiden vermag, während hingegen die Unterscheidungsfähigkeit für Farben weit größer ist (bis zu 1000).

In [8] wurden Erkenntnisse beschrieben, die die 'präattentive' Texturwahrnehmung beim Menschen erklären. In umfangreichen Testreihen konnten einfache Texturmerkmale, TEXTONs genannt, herausgefunden werden, die von Testpersonen sofort und ohne Anstrengung (d.h. präattentiv) wahrgenommen wurden. Textons sind

- längliche Flecken ('blobs'), Linien, Striche, mit spezifischen Eigenschaften wie z.B. Farbe, Richtung, Breite und Länge,

- Linien- und Strichenden und

- Kreuzungen von Linien oder Strichen.

Nur Unterschiede in den Textons, in ihrer lokalen Dichte und Anzahl werden sofort wahrgenommen, während die Analyse der räumlichen Anordnung benachbarter Textons, die Basis für Formerkennung, viel Zeit in Anspruch nimmt. Die präattentive Detektion dieser Unterschiede erlaubt die Konzentration der Aufmerksamkeit auf genau diese Stellen des Bildes. Die Datenmenge wird dadurch mit geringem Aufwand rasch um Größenordnungen reduziert. Dies bewirkt, daß nachfolgende zeitaufwendige Prozesse die Verarbeitungskapazität auf nur wenige Stellen konzentrieren können. Textons bieten sich daher als Vokabular einer der unteren Beschreibungsebenen an, da sie nach oben hin die Daten rasch reduzieren, und da sie nach unten hin die simultane Umsetzung in Grauwertmuster erlauben.

Datenreduktion auf einer höheren Beschreibungsebene zeigt das nächste Beispiel. **Biederman's** 3-GEON Theorie [1] erlaubt die Identifikation von komplexen Objekten mit nur zwei oder drei GEONs, was sowohl für den Erkennungsprozeß als auch für die Visualisierung Auswirkungen hat. Sie erklärt z.B., wieso Menschen in der Lage sind, nur teilweise sichtbare Objekte mit großer Sicherheit zu erkennen. Für die Visualisierung bedeutet dies auf der anderen Seite die Möglichkeit, den Aufwand für die Erzeugung eines Bildes in manchen Fällen enorm zu reduzieren, da das Bild auf die wesentliche visuelle Information eingeschränkt werden kann, ohne die Aussage des Bildes zu beeinträchtigen. Als praktisches Beispiel sei in diesem Zusammenhang an Karikaturen erinnert, die mit einem Minimum an Strichen ein Maximum an Aussagekraft erzielen.

Wegen der Ähnlichkeit der Aufgabenstellung gehen die Verfahren der Computer Vision sehr oft von der Sehleistung des Menschen aus und werden dann im Ergebnis mit ihr verglichen. Der Vergleich der Sehleistungen von Mensch und Computer war schon viermal Thema eines internationalen Workshops über 'Human and Machine Vision'. Die zitierten Beiträge [17], [1] und [16] wurden im Rahmen des letzten Workshops vorgetragen.

Tsotsos [17] kommt über die Analyse der Komplexität des Sehvorganges zu folgenden notwendigen Eigenschaften des Aufbaus eines Sehsystems, damit es mit den Sehleistungen des Menschen vergleichbar ist:

- Massive räumliche Parallelität der ablaufenden Prozesse.

- Hierarchische Organisation.

- Lokalisierung von rezeptiven Feldern.

- Visuelle Reize führen zu logisch trennbaren Funktionsbereichen.

- Abstraktion der Eingabesignale.

Diese Eigenschaften haben direkte Folgerungen für die Algorithmen und die Architektur eines Bildanalysesystems, aber auch in der Visualisierung ergeben sich daraus Konsequenzen. So sind die fraktalen Methoden [11] eng mit der Forderung nach einer parallelen Hierarchie verknüpft.

5 Die Rolle des Bildes

Es wurde schon eingangs darauf hingewiesen, daß die Erzeugung von Computerbildern nicht Selbstzweck ist, sondern die Aufgabe hat, optische Information über das Medium Bild vom Computer dem Betrachter zu übermitteln. Wir wollen hier auf einige Modelle eingehen und speziell untersuchen, wie sie sich für die Bewertung der Güte dieses Vorganges eignen.

5.1 Erstes Modell

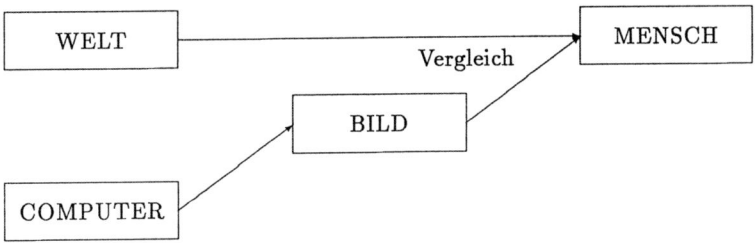

Abbildung 2: Menschliche Interpretation eines Computerbildes

Schon im einfachsten Fall (Abb. 2) stellt sich diese Informationsübertragung als Folge der zwei Prozesse Visualisierung (COMPUTER → BILD) und Bildanalyse (BILD → MENSCH) dar. Die Fähigkeit des Menschen, ein Bild zu interpretieren, setzt voraus, daß er die Zusammenhänge zwischen optischer Erscheinung und den zugehörigen Begriffen und räumlichen Beziehungen gelernt hat. Diese Erfahrung eignet sich der Mensch dadurch an, daß er durch die Rückkopplung seiner Aktionen mit der Umwelt die Bedeutung der Sinneseindrücke lernt [6].

Die gelernten Begriffe und Beziehungen bilden das Basisvokabular, mit dem jede (menschliche) Bildbeschreibung arbeitet. Der Mensch macht also aus dem ihm vom Computer gezeigten Bild wieder eine Beschreibung, die mit der Beschreibung des Bildes im Computer vor der Visualisierung verglichen werden soll. Die Güte der Übertragung ist nur dann gegeben, wenn es eine eindeutige Entsprechung zwischen der Computerbeschreibung und der Interpretation gibt.

Der Vergleich der beiden Beschreibungen stößt aber auf Probleme. Die Sprachen, in der die Beschreibungen formuliert sind, sind meist verschieden, da dem Meschen ein weit größeres Vokabular zur Verfügung steht als den besten zurzeit existierenden Computerprogrammen. Außerdem kann die menschliche Sprache ein und denselben Sachverhalt auf viele verschiedene Arten beschreiben, ohne daß formale Ähnlichkeiten auftreten. Schließlich fällt ein solcher Sprachvergleich auch von Mensch zu Mensch unterschiedlich aus, da die Ausdrucksweise und das verwendete Vokabular individuell verschieden sind und vom subjektiven Zustand des Betrachters abhängen. Subjektive Einflüsse auf die Interpretation können zwar durch Wiederholung in Versuchsserien mit demselben Bild großteils ausgeschaltet werden, es bleibt aber das Problem, die Übertragungsgüte durch Vergleich zweier Beschreibungen in zwei verschiedenen Sprachen zu beurteilen. Die Beschränkung der menschlichen Interpretation auf das Vokabular des Computers macht zwar einen formalen Vergleich möglich, sie schränkt aber den Beschreibungsraum stark ein, sodaß der visuelle Eindruck sprachlich oft nicht exakt wiedergegeben werden kann. Diese Methode läßt sich daher meist nur für sehr einfache Arten von Bildern (z.B. bestehend aus rein geometrischen Objekten wie Kugeln, Würfeln, usw.) anwenden, versagt aber im Fall von Bildern der realen Umwelt.

Weitere wichtige Kriterien zur Bewertung der Güte von Computerbildern stellen *Bewegung* und *Zeit* dar. Sie können dann wirksam eingesetzt werden, wenn es möglich ist, nicht nur ein Computerbild, sondern eine Serie von Bildern zu erzeugen, die als Film einer bewegten Szene gezeigt werden können. Dadurch bekommt der Betrachter auch einen Eindruck der dreidimensionalen räumlichen Verhältnisse in der dargestellten Szene.

Ein Beispiel dafür stellen die Ergebnisse des Projektes 'Färberplatz' dar, das zur Beurteilung von Varianten verschiedener Architekten für die Revitalisierung des Färberplatzes in Graz durchgeführt wurde [10]. Es wurden dabei die Häuser rund um den Platz aus Plänen digitalisiert und als 3D Grafik gespeichert. Die Vorschläge von 20 Architekten wurden auf dieselbe Art eingegeben. Für alle eingereichten Vorschläge wurden eine Reihe von Computerbildern errechnet, die die geplanten Bauten aus verschiedenen Perspektiven zeigten. Die Aneinanderreihung der einzeln erstellten Bildsequenzen auf einem Film erfolgte entlang einer fiktiven Bewegungslinie, sodaß der Eindruck einer Bewegung entstand. Die so entstandenen 20 kurzen Videofilme bildeten eine der Grundlagen für die Beurteilung der 20 Arbeiten.

5.2 Zweite Methode

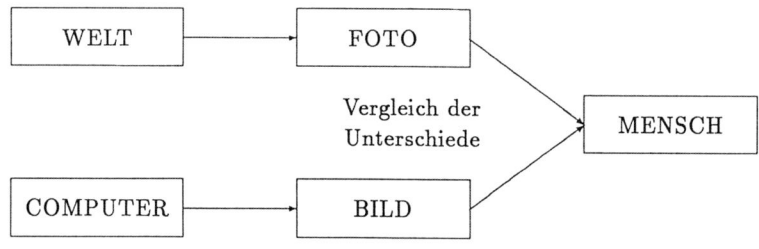

Abbildung 3: Vergleich des Computerbildes mit einem Foto

Um auch Bilder der realen Umwelt, die vom Computer erzeugt wurden, beurteilen zu können, kann man das Bewertungsmodell leicht modifizieren (Abb. 3). Das erste Modell scheiterte hauptsächlich daran, daß Beschreibungen in Begriffen der dreidimensionalen Wirklichkeit (z.B. Apfel, Tisch, Auto) miteinander zu vergleichen waren. Das zweite modifizierte Modell setzt dagegen den Vergleich eine Beschreibungsebene tiefer an.

In manchen Fällen ist es möglich, dem Computerbild ein reales Foto zur Seite zu stellen, das zumindest ausschnittsweise denselben Bildinhalt darstellt. Der optische Eindruck beider Bilder kann dann verglichen werden. Die Unterschiede stellen ein Maß für die Güte des Computerbildes und damit auch für die Informationsübertragung dar. Die formale Charakterisierung der Unterschiede erfolgt in diesem Fall in Begriffen, die die optische Erscheinung beschreiben (wie z.B.: 'Der Rand des runden Objekts in der Mitte des Bildes erscheint im Computerbild dunkler als im Foto'). Ein Problem dabei ist sicher die schwierige Quantifizierung von relativen Aussagen wie 'dunkler' oder 'weiter rechts', da sie vom Menschen getroffen werden und damit subjektiv sind.

5.3 Dritte Methode

Die dritte Methode vergleicht die digitalen Versionen eines mit einer Digitalkamera aufgenommenen Bildes der Wirklichkeit mit dem vom Computer erzeugten Bild (Abb. 4). Hier übernimmt

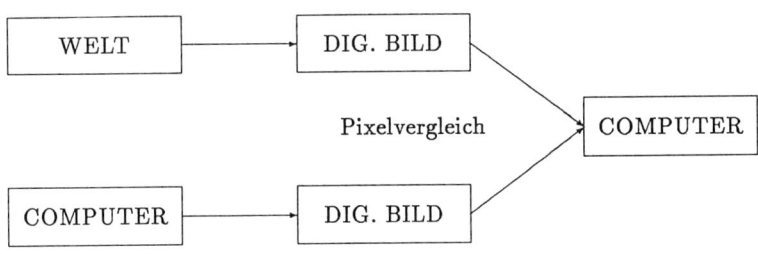

Abbildung 4: Vergleich digitaler Bilder mit dem Computer

der Computer den Vergleich der beiden Bilder. Die einfachste Möglichkeit bestimmt die Differenzen der Intensitätswerte von einander entsprechenden Bildelementen, sogenannten Pixeln. Auch Korrelation wird für den Vergleich der beiden Bildmatrizen eingesetzt.

Diese Methode ist einfach und objektiv, hängt aber sehr stark von den Aufnahmebedingungen wie der Helligkeit, dem kamerabedingten Rauschen, usw. ab. Die Erfassung von Zusammenhängen ist damit nicht möglich. Eine kleine Verschiebung oder Verzerrung des einen Bildes kann ein vollständiges Umschlagen des Gütemaßes bewirken. Die Methode ist daher sehr instabil bezüglich kleiner Veränderungen in den Bildparametern.

5.4 Vierte Methode

Diese Methode zieht ihren Vergleich durch Hintereinanderschalten von Visualisierung und Bildanalyse. Das von der Visualisierung erzeugte digitale Bild wird der Bildanalyse als Eingabe geliefert. Das Ergebnis der Bildanalyse ist wieder eine Beschreibung im Computer, die mit der Szenenbeschreibung am Eingang der Visualisierung verglichen wird (Abb. 5). Anders als bei Methode 1 läuft hier der ganze Prozeß im Computer ab. Die Vokabulare der zwei Beschreibungen können grundsätzlich aufeinander abgestimmt werden, sodaß ein formaler Vergleich prinzipiell möglich ist. Die Einschränkung bezieht sich dabei auf die Tatsache, daß nicht alle Begriffe, die zur Darstellung einer dreidimensionalen Welt verwendet werden, eine bildhafte Entsprechung haben. Man denke da z.B. an Verdeckungen, die es einer noch so guten Bildanalyse unmöglich machen, die ursprüngliche Beschreibung wieder vollständig zu rekonstruieren.

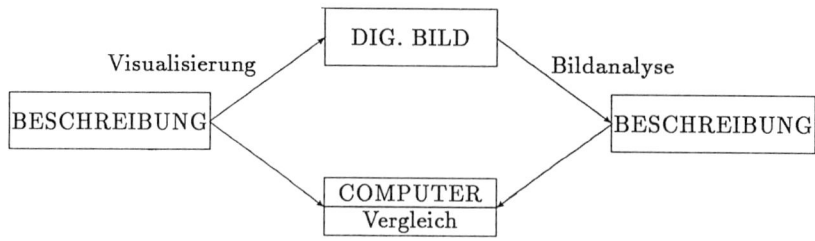

Abbildung 5: Vergleich durch Kombination von Visualisierung und Bildanalyse

6 Schluß

Die Bedingungen zur Lösung einiger gemeinsamer Probleme können wie folgt zusammengefaßt werden:

- Die Übersetzung in höhere Beschreibungsebenen bedingt eine (quantitative) Datenkompression.

- Vokabulare der höheren Ebenen müssen größere Aussagekraft haben, um den Informationsverlust bei der Datenreduktion durch Datenabstraktion (qualitativ) kompensieren zu können.

- Die notwendigen Prozesse müssen parallel ablaufen können.

Parallele Verarbeitung und hierarchische Organisation führen zu *Pyramiden-* [13] oder *Multigridstrukturen* [4]. Eine Bildpyramide ist eine Datenstruktur, die aus einer Sammlung von Bildern besteht, die denselben Bildinhalt in verschiedenen Auflösungen darstellen [15]. Sie kombiniert die Strukturen *Array* und *Baum* in effizienter Weise und erlaubt die Anwendung von Algorithmen wie Baumsuche und 'divide-and-conquer' auf digitalen Bildern. In [14] bildet eine Pyramidenstruktur die Grundlage eines Modells für den menschlichen Sehvorgang.

Auch Ansätze zur Verarbeitung symbolisch codierter (visueller) Information in Pyramiden gibt es bereits: **Crowley's** Gipfel- und Gratrepräsentation [3], **Hartmanns** hierarchischer Strukturcode [7] und das Konzept der Kurvenrelationen von **Kropatsch** [9]. Darauf aufbauend sollte es in Zukunft möglich sein, Bilder mit Hilfe der Struktur einer Pyramide rasch und effizient auch auf höheren Beschreibungsebenen darzustellen.

Die aus der digitalen Bildanalyse kommende Struktur hat aber auch Anwendungen in der Visualisierung gefunden. Fraktale [11] bedienen sich Verfeinerungsmechanismen auf ähnlichen hierarchischen Strukturen. **Burt** verwendete eine Bildpyramide [2], um Kollagen aus verschiedenen Bildsegmenten zu erzeugen, wobei einzelnen Segmente glatt zusammengefügt werden, ohne daß die Grenzen im Ergebnis sichtbar sind und ohne daß Muster aus beiden Segmenten in der Übergangszone auftreten (Doppelbelichtungseffekt). Die Lösung benutzt eine *Laplacepyramide*, die die Bildsegmente in Bilder ihrer Ortsfrequenzen zerlegt. Diese werden mit an die Wellenlänge angepaßten Übergangszonen interpoliert. Das Ergebnis wird als Summe der interpolierten Ortsfrequenzbilder erhalten.

Die hier angeführten Beispiele und Anregungen stellen keinen Anspruch auf Vollständigkeit. Sie sind vielmehr als Impulse für eine befruchtende Diskussion zwischen den Fachgebieten Visualisierung und Bildanalyse gedacht.

Literatur

[1] I. Biederman. Matching image edges to object memory. In *Proceedings of the First International Conference on Computer Vision*, pages 384–392, London, England, 1987.

[2] P. Burt and E. Adelson. A multiresolution spline with application to image mosaics. *ACM Transactions on Graphics*, Vol. 2(No.4):pp.217–236, October 1983.

[3] J. Crowley and A. Parker. A representation of shape based on peaks and ridges in the difference of low–pass transform. *IEEE Trans. Pattern Analysis and Machine Intelligence*, PAMI–6:pp.156–170, 1984.

[4] H. Ebner and D. Fritsch. The multigrid method and its application in photogrammetry. *International Archives of Photogrammetry and Remote Sensing*, Vol. 26, Part 3/3, 1986.

[5] M. Fischler and R. Bolles. Perceptual organization and curve partitioning. *IEEE Transactions on Pattern Analysis and Machine Intelligence*, PAMI–8(No.1):pp.100–105, January 1986.

[6] P. R. Gerke. *Wie denkt der Mensch? - Informationstechnik und Gehirn*. Springer-Verlag, New York, Heidelberg, Berlin, 1987.

[7] G. Hartmann. Recognition of hierarchically encoded images by technical and biological systems. *Biological Cybernetics*, Vol. 57:pp.73–84, 1987.

[8] B. Julesz and J. Bergen. Textons, the fundamental elements in preattentive vision and perception of textures. *The Bell System Technical Journal*, Vol. 62(No. 6):pp.1619–1645, July-August 1983.

[9] W. G. Kropatsch. Curve representations in multiple resolutions. *Pattern Recognition Letters*, Vol. 6(No. 3):pp.179–184, August 1987.

[10] H. Luser. Computerunterstützte Stadt-Raum-Animation. *Wettbewerbe*, Heft 60/61:pp.42–43, Jan./Feb. 1987.

[11] B. B. Mandelbrot. *The fractal geometry of nature*. W. H. Freeman and Company, New York, 1983.

[12] D. M. McKeown and J. McDermott. Toward expert systems for photo interpretation. In *Proc. of Trends and Applications*, pages 33–39, IEEE Comp.Soc., 1983.

[13] A. Rosenfeld, editor. *Multiresolution Image Processing and Analysis*. Springer, Berlin, 1984.

[14] A. Rosenfeld. Recognizing unexpected objects: a proposed approach. *International Journal of Pattern Recognition and Artificial Intelligence*, Vol. 1(No.1):pp.71–84, April 1987.

[15] S. L. Tanimoto. Paradigms for pyramid machine algorithms. In S. Levialdi and C. V., editors, *Pyramidal Systems for Image Processing and Computer Vision*, pages 173–194, Springer-Verlag Berlin, Heidelberg, 1986.

[16] S. Truvé and W. Richards. From Waltz to Winston (via the connection table). In *Proceedings of the First International Conference on Computer Vision*, pages 393–404, London, England, 1987.

[17] J. K. Tsotsos. A 'Complexity Level' Analysis of Vision. In *Proceedings of the First International Conference on Computer Vision*, pages 346–355, London, England, 1987.

Effizientes Anti–Aliasing für die Bilderzeugung auf Rastersichtgeräten

Claudia Romanova
Eberhard–Karls–Universität Tübingen
Wilhelm–Schickard–Institut für Informatik, GRIS
Auf der Morgenstelle 10, C9
D–7400 Tübingen

Zusammenfassung

Es wird ein Algorithmus zur Bestimmung der Subpixel-Maske beschrieben, der sich gut für eine Hardware–Realisierung eignet. Der Algorithmus verlangt nur Additionen, Subtraktionen und Schiebe–Operationen. Es werden die existierenden Ansätze zur Beseitigung von Alias–Effekten und die entsprechenden Implementierungen verglichen sowie die Vorteile des Algorithmus hinsichtlich seiner Anpassungsfähigkeit an das vorgestellte Pipeline-Konzept dargestellt.

1 Erklärung der Alias–Effekte

Der Begriff *Alias* stammt aus der Signaltheorie. Um eine Funktion fehlerfrei aus den abgetasteten Werten zurückgewinnen zu können, muß die Abtastfrequenz mindestens zweimal größer als die in der Funktion enthaltene höchste Frequenz sein [ES86]. Sonst überlappen sich die Spektra im Frequenzbereich, das Bild wird unterabgetastet und es treten Alias–Effekte auf. Wie Bild 1 zeigt, liefert die Abtastung eines hochfrequenten Signals (Bild 1b) die gleichen Werte wie die eines niederfrequenten Signals (Bild 1d). Man sagt, daß das niederfrequente Signal ein *Alias* des hochfrequenten Signals ist [Cro77]. Für Rastergeräte ist diese Erscheinung (**"Jaggies"**) typisch wegen des Unterschieds zwischen der externen (genauen) und der internen (approximierten) Darstellung. Wenn man ein Objekt auf dem Bildschirm darstellt, erwartet man, daß sich die Intensität entlang der Objektkanten plötzlich verändert. Das entspricht im Frequenzbereich einer Step–Funktion mit unendlich hohen Frequenzen. Praktisch treten Alias–Effekte in jedem Bild auf. Man kann sich

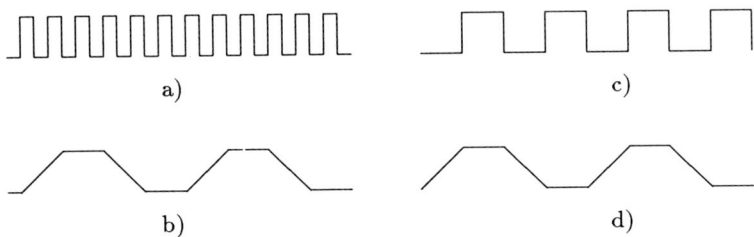

a)

c)

b)

d)

Bild 1. Verdeutlichung der Alias-Effekte

das Rasterdisplay als Mosaik aus Bildelementen (Pixels) vorstellen, denen ein Intensitätswert und Farbe zugewiesen werden. Das Pixel ist erkennbar, solange seine Fläche größer als das Auflösungsvermögen des Auges ist. Man muß zwischen räumlichem (*spatial*) und zeitlichem (*temporal*) Aliasing unterscheiden, weil das Bild sowohl im Raum– als auch im Zeitbereich abgetastet wird und deshalb verschiedene Methoden erforderlich sind. In dem Artikel werden nur Verfahren zur Beseitigung vom räumlichen Aliasing diskutiert.

2 Räumliches Anti–Aliasing

Es werden räumliche Alias–Effekte auf a) stehenden und b) bewegten Bildern unterschieden [Sza78]. Zu a) gehören:

Stairstepping: Kanten, die weder waagerecht noch senkrecht sind, erscheinen treppenförmig

Linebreakup: lange dünne Objekte (ein Pixel breit) werden in einer Form dargestellt, die an eine Perlenkette erinnert

Folgende Fälle bilden die Gruppe b):

Crawling gibt den Eindruck, daß sich die Objektform verändert; kleine Veränderungen der Objektposition können plötzliche Veränderungen der Objektform hervorrufen

Scintillation: kleine, sich bewegende Objekte sind nur auf solchen Bildern vorhanden, bei denen sie das Pixelzentrum verdecken, wodurch ein ständiges Aufblinken dieser Objekte verursacht wird.

2.1 Methoden zur Behebung der räumlichen Alias–Effekte

Grundsätzlich sind drei Ansätze zu erwähnen:

Erhöhung der Bildschirmauflösung entspricht einer Erhöhung der Abtastrate, wodurch weniger 'Alias'–Frequenzen auftreten, aber sie ist sehr kostspielig, da die anfallenden Berechnungen mit dem Quadrat der Bildschirmauflösung anwachsen.

Postfilterung: a) Das Bild wird mit einer höheren Auflösung berechnet, gefiltert (gleichmäßig oder gewichtet) und auf einen Bildschirm mit niedrigerer Auflösung ausgegeben; b) Das Kantenglättungverfahren wird angewandt – mittels Kantenverfolgungsmethoden werden Kanten abgesucht und diese Übergänge werden durch Einfügen von Farbzwischenstufen abgeschwächt [Blo83,Chr86]. *Nachteil* der Postfilterung ist, daß eine einmal verlorengegangene Information nicht wiedergewonnen werden kann.

Prefilterung: Das Pixel wird statt als mathematischer Punkt als kleine Fläche betrachtet und es wird ihm ein Intensitätswert zugewiesen, der dem von dem Objekt bedeckten Anteil entspricht.

In [Cro81] werden die drei Techniken verglichen und es zeigt sich, daß das letzte Verfahren die besten Ergebnisse liefert.

2.2 Prefilterung

Die Methode der Prefilterung entspricht der Faltung des Bildsignals $f(x, y)$ mit der $si(\frac{\pi x}{\Delta x}) \cdot si(\frac{\pi y}{\Delta y})$–Funktion, wobei Δx und Δy die Abtastintervalle in x– und y–Richtung sind. Bei den Anti-Aliasing–Algorithmen wird der Pixelfarbwert $I(i, j)$ durch den Wert der sog. *Blending Function* ersetzt. Diese läßt sich auf folgende Weise ausrechnen:

$$I(i, j) \leftarrow \alpha \cdot I_{obj} + (1 - \alpha) \cdot I(i, j),$$

wobei I_{obj} der Farbwert des darzustellenden Objektes, $\alpha \in [0, 1]$ der Tiefpass–Filterwert des Objekts am Punkt (i, j) ist. Die Methode, die im Filterungsprozeß anzuwenden ist, hängt sehr stark von der angegebenen Architektur zur Bilderzeugung ab. Es wurden mehrere Algorithmen zur genauen Bestimmung der von dem Pixel bedeckten Fläche entwickelt. Es wird auf die in [Fie84,Fie86,PO85,Ket85] beschriebenen Algorithmen verwiesen, bei denen die Berechnungen inkrementell stattfinden und die gute Aussichten auf eine eventuelle Hardware–Implementierung aufweisen. Man kann diese Algorithmen als **objektorientiert** bezeichnen. Üblicherweise wird die Filterfunktion in Look–up–Tabellen abgespeichert und mittels des Abstandes des Objektes zum Pixel adressiert [N*84,Cat84,AW85]. Eine andere Alternative zur Flächenbestimmung ist die sog. 'Bed Of Nails'–Methode [Yan85]. Der Pixelbereich wird in Subpixel unterteilt und jedem Subpixel wird ein Bit zugewiesen, das anzeigt, ob das Subpixel–Zentrum vom Objekt bedeckt ist oder nicht. Die Anzahl der Subpixel variiert gewöhnlich zwischen 4 und 64 und hängt von der gewünschten Genauigkeit ab. Die Pixelintensität ergibt sich als gewichteter Mittelwert der Intensitäten der zu dem Filterbereich gehörenden Subpixelbereiche. Im Gegensatz zu dem hier beschriebenen Ansatz zur Bestimmung der gesuchten Subpixel–Maske benötigen [Wei82,Sim87,Sch87] zusätzliche Informationen über die Schnittpunkte der Objektgeometrie mit dem Filterbereich.

3 Vorstellung des Pipeline–Konzepts

In [Str87] wird auf die verschiedenen Multi–Prozessor–Architekturen ausführlich eingegangen und die gesamte Computer–Image–Generation–Pipeline dargestellt (Bild 2). Im folgenden wird ein System beschrieben, das auf dem Prinzip der Objektraum–Aufteilung beruht. Die Idee stammt von [Coh80] und wurde von [Wei81,Str87] erweitert. Eine detailierte Beschreibung des Systems PROOF (**P**ipeline for **R**endering in an **O**bject **O**riented **F**ramework) und seiner Komponenten ist in [Schb] zu finden. Der prinzipielle Aufbau ist im Bild 3 zu sehen. Der Host–Rechner lädt die Objekt–Prozessoren mit den nötigen Angaben über Lage, Form und Farbe eines Objektes. Ihrerseits sind die Objekt–Prozessoren in einer Pipeline angeordnet. Jeder Prozessor führt die Scan–Konvertierung eines Objektes durch, vergleicht den berechneten Tiefenwert mit dem der Vorgänger im selben Pixel und aktualisiert die durch die Pipeline gesendete Liste von sichtbaren Objekten für das jeweilige Pixel. Die Filterstufe berechnet aus den Angaben dieser Liste die Mischfarbe des Pixels. Um Bilder in Echtzeit erzeugen zu können (in einem *Frame* soll die Szene neu berechnet und ausgegeben werden), werden durch die Pipeline nur die Adressen der zu dem Pixel beitragenden Objekte übertragen. Die Adressen dienen als Indizes einer Look–up–Tabelle, in der die Objektdaten abgespeichert sind. Wir nehmen an, daß sich unsere Objekte durch konvexe Polygone (Dreiecke) beschreiben lassen. Jede Kante eines Dreiecks ist durch eine Gerade (g) in ihrer HESSEschen Normalform–Darstellung angegeben:

$$g \quad : \quad x \cdot \cos \alpha + y \cdot \sin \alpha - p = 0$$

Während in der Objekt–Prozessor–Pipeline die Visibilitätsrechnung auf Pixel–Niveau durchgeführt wird, müssen für das Anti–Aliasing die Objektdaten auf Subpixel–Niveau vorliegen. Für das durch

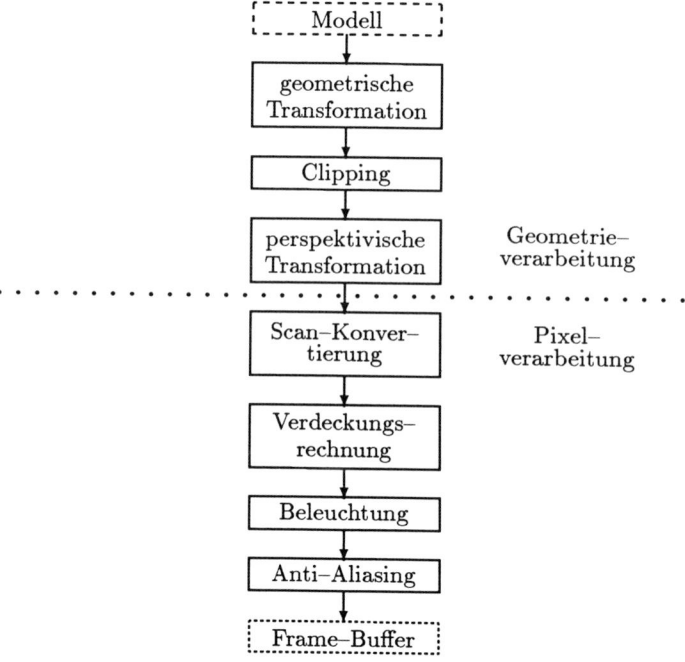

Bild 2. CIG – Pipeline

die Pipeline geschobene Pixel *(x,y)* wird der Abstand *d(x,y)* vom Pixel–Zentrum zu dem Objekt berechnet:

$$d \;=\; x \cdot \cos \alpha + y \cdot \sin \alpha - p \tag{1}$$

Das Vorzeichen von d ergibt, ob sich das Pixel links, rechts oder auf der Geraden befindet. Den Wert von $d(x,y)$ für einen beliebigen Bildschirmpunkt $P(x,y)$ erhält man durch Aufaddieren von $\cos \alpha$ (beim Übergang von einem Pixel zum nächsten innerhalb einer Scan–Zeile) und $\sin \alpha$ (beim Scan–Zeile–Wechsel) auf den Wert für das Pixel $P(x-1,y)$ bzw. $P(0,y-1)$.

4 Integration der Filterstufe in die Pipeline

In [Cla88] ist eine Möglichkeit zur parallelen Ausführung der Filterung und ihrer Integration in die Objekt–Prozessor–Pipeline dargestellt. Wir wollen aber eine andere Anordnung der Filterstufe beschreiben, die sich auch ganz gut für das *Pixel–Seriell*-Konzept der Objekt–Prozessor–Pipeline eignet. Eine mögliche Hardware–Architektur der Filterstufe wurde von [Wei82] vorgeschlagen: für jede Subpixel–Scan–Zeile im Pixelbereich ist ein Filter–Prozessor zuständig und alle Filter–Prozessoren sind in Pipeline zusammengeschlossen. Diesen Ansatz zum Aufbau der Filterstufe wollen wir in diesem Artikel verfolgen, wobei das neue Element die Bestimmung der Subpixel-Maske ist. Als Eingang erhält die Filterstufe von der Objekt–Prozessor–Pipeline neben Steuer-Information eine Liste mit Objekten, die nach der Tiefe sortiert sind und einen potentiellen Beitrag zu dem entsprechenden Pixel liefern. Für jedes Objekt in der Liste bestimmt der Filter–Prozessor die von dem Objekt bedeckten Subpixel, gewichtet sie entsprechend einer vorgegebenen Gewichts-funktion und summiert die so erhaltenen Teilsummen (r,g,b) zu den Teilsummen des vorigen

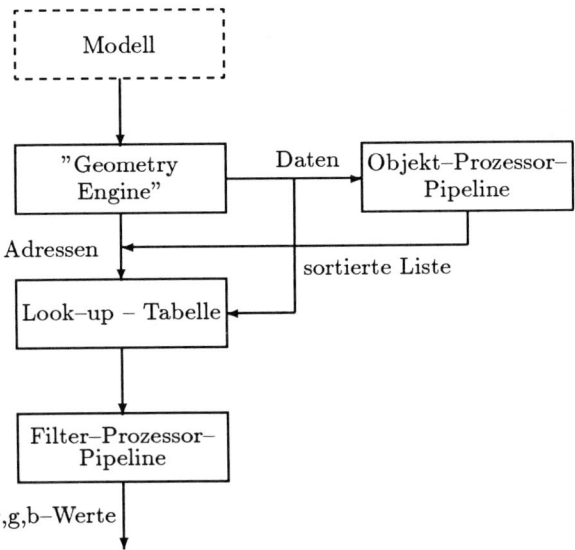

Bild 3. System – Architektur

Objekts in der Liste. Die Aufgabe jedes Filter–Prozessors ist in [Wei82] ausführlich beschrieben worden und läßt sich im Kontext von PROOF folgendermaßen algorithmisch angeben:

```
for each pixel(x,y) do
   { null already_covered_mask and partial_sum;
     for every object in object_list do
       { determine subpixel_mask;
         determine newsubpixels;
         look-up the filterfunction;
         partial_sum = partial_sum + filterfunction;
         already_covered_mask = already_covered_mask OR subpixelmask; }
   }
```

Alle Filter–Prozessoren haben den gleichen Aufbau bis auf die Filterfunktion–Look–up–Tabelle, deren Einträge für die Gewichtsfunktionswerte stehen. Es scheint, daß nicht die genaue Filterform wichtig ist, sondern das Erfüllen des Kriteriums für die konstante Energie (Constant Energy Criterion) [Yan85]. Weitere Untersuchungen über die verschiedenen Filterarten sind in [Bun82,Lin85] zu finden. Der Ausgang der Filter–Prozessor–Pipeline sind die drei Pixel–Farbkomponenten $(r_{final}, g_{final}, b_{final})$ unter der Annahme, daß der Farb– und der z–Wert des Objektes im Pixelbereich konstant bleiben:

$$\begin{pmatrix} r_{final} \\ g_{final} \\ b_{final} \end{pmatrix} = \sum_k \begin{pmatrix} r_{obj}[k] \\ g_{obj}[k] \\ b_{obj}[k] \end{pmatrix} \sum_i \sum_j \left(mask[k][i,j]\, filt[i,j] \right)$$

Dabei ist k der Index für die auf dem Pixel (x, y) sichtbaren Objekte, r_{obj}, g_{obj}, b_{obj} die Farbkomponenten des jeweiligen Objektes, $mask[k][i, j]$ das Bit in der Subpixel–Maske, das anzeigt, ob das Subpixel $[i, j]$ vom Objekt $[k]$ bedeckt ist oder nicht und $filt[i, j]$ das Gewicht des Subpixels $[i, j]$ im Pixelbereich. Die Farbwerte können direkt in den Bildspeicher eines Rastergerätes geschrieben werden. Weil die Filter–Prozessoren gleiche Struktur haben, sind sie für eine VLSI–Realisierung geeignet.

Vom Interesse ist der Algorithmus zur Generierung der Bedeckungsmaske eines Objektes. Die Gleichung (1) kann man auf Subpixel–Niveau in folgender Form schreiben

$$d_{sp_{ij}} = (x \cdot sp + x_i) \cdot \cos \alpha_{sp} + (y \cdot sp + y_j) \cdot \sin \alpha_{sp} - p_{sp}, \tag{2}$$

wobei:

x, y : x– , y–Koordinaten des Pixels auf Pixel–Niveau

sp : Subpixel–Auflösung

x_i, y_j : Abweichungen vom Pixelzentrum in x– , y–Richtung im Pixelbereich bezüglich des Subpixelgitters

α_{sp}, p_{sp} : Parameter der Geraden in HESSEscher Normalform auf Subpixel–Niveau

$d_{sp_{ij}}$: Abstand vom Subpixel–Zentrum (x_i, y_j) zu der Geraden

bedeuten. Die Gleichung (2) kann vereinfacht werden:

$$d_{sp_{ij}} = \underbrace{x \cdot sp \cdot \cos \alpha_{sp} + y \cdot sp \cdot \sin \alpha_{sp} - p_{sp}}_{d_{pipeline}} + x_i \cdot \cos \alpha_{sp} + y_j \cdot \sin \alpha_{sp} \tag{3}$$

$$= d_{pipeline} + x_i \cdot \cos \alpha_{sp} + y_j \cdot \sin \alpha_{sp} \tag{4}$$

Der Wert von $d_{pipeline}$ ist der in der Objekt–Prozessor–Pipeline für das Pixel (x, y) berechnete Abstand. Mit Hilfe eines Systems von Gleichungen wie (4) läßt sich die Subpixel–Maske bestimmen. Die Koeffizienten x_i und y_j sind **feste** Zahlen, die nur von der Subpixel–Auflösung und dem Filterbereich abhängen. Wenn wir eine 4×4 Subpixel–Auflösung und einen 2×2 Pixel Filterbereich haben, gilt : $x_i, y_j \in [-3.5, -2.5, ..., +2.5, +3.5]$ (Bild 4). Die Terme $x_i \cdot \cos \alpha_{sp}$ und $y_j \cdot \sin \alpha_{sp}$ der Gleichung (4) lassen sich mit Schiebe–Operationen, Additionen und Negationen realisieren. Aus der Filterstufe–Architektur ergibt sich folgende Aussage: für jeden Filter–Prozessor ist der

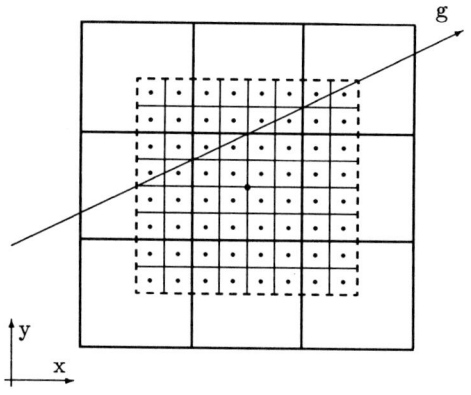

Bild 4. Filterbereich des Pixels (x, y)

Term $y_j \cdot \sin \alpha$ der Gleichung (4) konstant, während $x_i \cdot \cos \alpha$ alle zulässigen Werte des o.g. Bereichs annimmt. Das jeweilige Bit in der Subpixel–Maske wird gesetzt, wenn $d_{sp_{ij}} \geq 0$. Durch die

Möglichhkeit der Subpixel–Adressierbarkeit wird eine hohe visuelle Auflösung erreicht (*sp*–fach). Der Algorithmus eignet sich sowohl für Polygonkanten, als auch für Drahtmodell–Darstellung (*wire-frame*). Die im Bild 7 dargestellten Polygone sind mittels des im Artikel beschriebenen Algorithmus mit 16×16 Subpixel–Auflösung und 1×1 Pixelbereich (Box Filter) berechnet.

5 Umsetzung in Hardware

5.1 Aufbau eines Filter–Prozessors

Um $d_{sp_{ij}}$ auswerten zu können, benötigen wir die x_i- , y_j–Koeffizienten der Gleichung (4). Diese sind z.B. mit einer Baumstruktur zu berechnen, wie es im Pixel–Planes–System [F*82] eingesctzt wird und dessen Architektur parallele Ausführung zulässt. Der linke Ausgang in jedem Knoten stellt den um eine bestimmte Zeit verzögerten Haupteingang dar, während der rechte Ausgang die Summe der Haupt– und Seiteneingänge repräsentiert. Nur die Knoten der letzten Baumebene reichen die Haupt– und negierten Eingänge weiter. Der Wert des Seiteneingangs jedes Knotens hängt von der Lage des Knotens im Baum ab und läßt sich als Produkt von $\cos \alpha$ (beim x–Baum) bzw. $\sin \alpha$ (beim y–Baum) mit der entsprechenden 2–er Potenz ausrechnen. Die beiden Bäume weisen den gleichen Aufbau auf. Das Bild 5 zeigt den x–Baum für eine 4×4 Subpixel–Auflösung und einen 2×2 Pixelbereich. Eine Möglichkeit für den Aufbau eines Filter–Prozessors wäre diese, bei der jedem Filter–Prozessor ein x–Baum zugeordnet wird und alle Filter–Prozessoren auf die Ergebnisse eines einzigen y–Baumes zugreifen. Im Bild 6 ist ein Vorschlag zum Aufbau des Filter–Prozessors wiedergegeben. Dessen *ALU* addiert die jeweiligen Ausgänge der beiden Bäume und setzt das entsprechende Bit im Maskenregister, wenn $d_{sp_{ij}} \geq 0$ ist. Die Berechnungen für die drei Farbwertkomponenten lassen sich parallel realisieren.

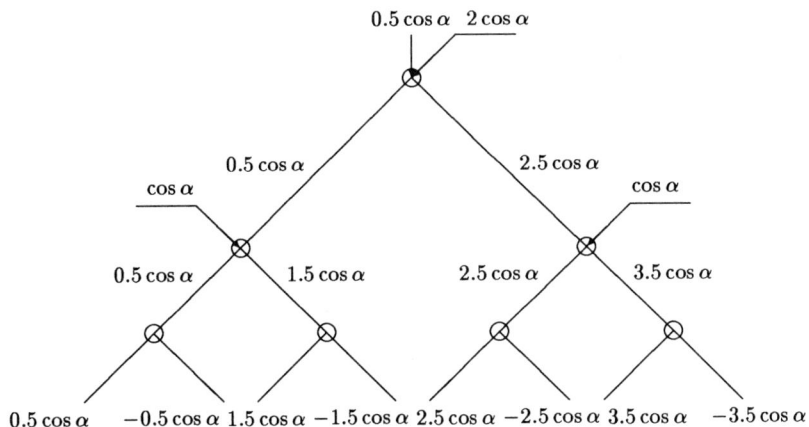

Bild 5. Der x – Baum

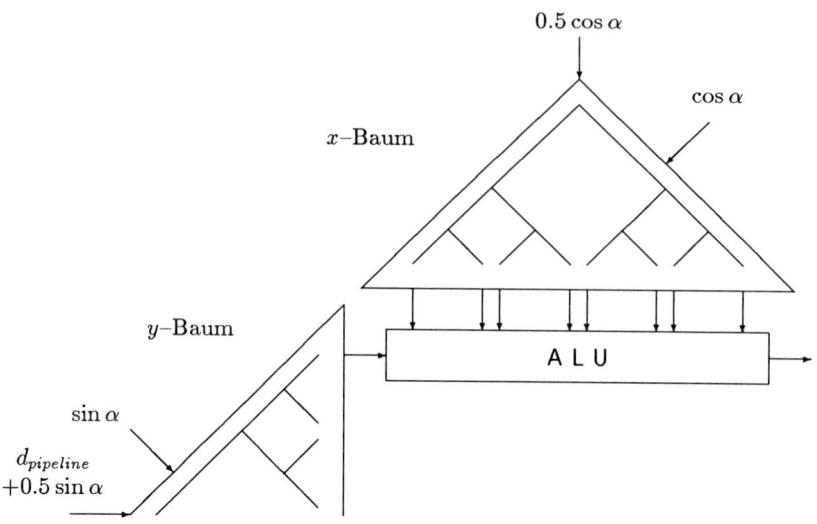

Bild 6. Prinzipieller Aufbau eines Filter–Prozessors

5.2 Datentranfer und Zeitanforderungen

Die Breite der Daten, mit denen man in der Filter–Prozessor–Pipeline rechnet, ist der Tabelle 1 zu entnehmen für eine 2^n Pixel– und $2^m (m = 3)$ Subpixel–Auflösung [Scha]. Die Berechnungen werden sowohl in der Objekt–Prozessor–Pipeline, als auch in der Filter–Prozessor–Pipeline mit Integer–Zahlen ausgeführt. Die zur Bearbeitung eines Pixels verfügbare Zeit ergibt sich aus der Echtzeit–Forderung und der gewählten Bildschirmauflösung [ES86]. Anti–Aliasing in Echtzeit läßt sich nur durch Ausnutzung schneller Technologien in einer leistungsfähigen Architektur verwirklichen.

	$\cos \alpha_{sp}, \sin \alpha_{sp}$	p_{sp}	$d_{pipeline}$
	$n + m + 3$	$2 \cdot (n + m + 2)$	$2 \cdot (n + m + 2)$
n= 9 (512 $\times$ 512)	15	28	28
n=10 (1024 $\times$ 1024)	16	30	30

Tabelle 1

6 Abschließende Bemerkungen

Die meisten Anti–Aliasing–Algorithmen sind **objektorientiert**: sie verlangen eine von dem darzustellenden Objekt abhängige Initialisierung und berechnen inkrementell den Pixel–Intensitätswert. In diesem Artikel wurde ein **pixelorientierter** Algorithmus zur Bestimmung der Subpixel–Maske vorgestellt, der keine Multiplikation oder Divison (außer mit Potenzen von 2) verlangt.

Literaturverzeichnis

[AW85]   Gred Abram and Lee Westover: *Efficient Alias-free Rendering using Bit-masks and Look-up Tables.* Computer Graphics, 19(3):53–59, July 1985.

[Blo83]   Jules Bloomenthal: *Edge Inference with Applications to Anti-Aliasing.* Computer Graphics, 17(3):157–162, July 1983.

[Bun82]   W. M. Bunker: *Filtering Simulated Visual Scenes – Spatial And Temporal Effects.* Proceedings Fourth Interservice/Industry Training Equipment Conference, 531–540, November 1982.

[Cat84]   Edwin Catmull: *An Analytic Visible Surface Algorithm for Independent Pixel Processing.* Computer Graphics, 18(3):109–115, July 1984.

[Chr86]   A. Chryssafis: *Anti-Aliasing of Computer – Generated Images: A Picture Independent Approach.* Computer Graphics Forum, 5:125–129, June 1986.

[Cla88]   Ute Claussen: *Parallel Subpixel Scanconversion.* In Fons Kuijk and Wolfgang Straßer, editors, *Advances in Graphics Hardware II*, Eurographics, Springer-Verlag, Berlin, Heidelberg, New York, Tokyo, 1988. To appear in 1988.

[Coh80]   Danny Cohen: *A VLSI Approach to the CIG Problem.* 1980. Presentation at SIGGRAPH 1980.

[Cro77]   Franklin C. Crow: *The Aliasing Problem in Computer-Generated Shaded Images.* Communications of the ACM, 20(11):799–805, November 1977.

[Cro81]   Franklin C. Crow: *A Comparison of Anti-Aliasing Techniques.* IEEE Computer Graphics & Applications, 40–48, January 1981.

[ES86]   J. Encarnação and W. Straßer: *Computer Graphics.* R. Oldenbourg Verlag München Wien, 1986.

[F*82]   H. Fuchs et al.: *Developing Pixel-Planes: A Smart Memory-Based Raster Graphics System.* In Paul Penfield, editor, *Proceedings of the Conference on Advanced Research in VLSI*, pages 137–146, 1982.

[Fie84]   Daniel Field: *Two Algorithms for Drawing Anti-Aliased Lines.* Graphics Interface, 87–95, 1984.

[Fie86]   Daniel Field: *Algorithms for Drawing Anti-Aliased Circles and Ellipses.* Computer Vision, Graphics and Image Processing, 33:1–15, 1986.

[Ket85]   R. L. Ketcham: *A High-Speed Algorithm for Generating Anti-Aliased Lines.* Proceedings of the SID, 26(4):329–336, 1985.

[Lin85]   Rolf Lindner: *Präfix – Ein Präfilterungs-Rasterscan-Algorithmus.*   Technical Report GRIS 85-2, Technische Hochschule Darmstadt, Alexanderstr. 24, D-6100 Darmstadt, Februar 1985.

[N*84]   H. Niimi et al.: *A Parallel Processor System for Three-Dimensional Color Graphics.* Computer Graphics, 18(3):67–76, July 1984.

[PO85]   M. L. V. Pitteway and P. M. Olive: *Filtering Edges by Pixel Integration.* Computer Graphics Forum, 4:111–116, 1985.

[Scha]   B.-O. Schneider: *A Processor for an Object-oriented Rendering System.*   zur Veröffentlichung eingereicht.

[Schb]   B.-O. Schneider: *PROOF: An Object-oriented System For High Speed Image Generation.* zur Veröffentlichung eingereicht.

[Sch87] Th. Schnell: *Entwurf eines Filterkonzepts für ein Real-Time-Raster- Scan-System.* Master's thesis, Technische Hochschule Darmstadt, FG GRIS, Alexanderstr. 24, D-6100 Darmstadt, Januar 1987.

[Sim87] Alan Simmonds: *A High Performance Scan Line Rendering System Using Line Processors.* September 1987. Internal Report – School of Engineering, University of Sussex, Brighton, UK.

[Str87] W. Straßer: *A VLSI-oriented Architecture for Parallel Processing Image Generation.* In G.L. Rejins and M.H. Barton, editors, *Highly Parallel Computers*, pages 247–258, Elsevier Science Publishers B.V. (North-Holland), 1987.

[Sza78] Nicholas S. Szabo: *Digital Image Anomalies: Static And Dynamic.* Journal SPIE (Society of Photo–optical Instrumentation Engineers) – Visual Simulation & Image Realism, 162:11–15, August 1978.

[Wei81] Richard Weinberg: *Parallel Processing Image Synthesis and Anti-Aliasing.* Computer Graphics, 15(3):55–61, August 1981.

[Wei82] Richard Weinberg: *An Architecture for Parallel Processing Image Synthesis with Anti-Aliasing.* PhD thesis, University of Minnesota, December 1982.

[Yan85] J. K. Yan: *Advances in Computer-Generated Imagery for Flight Simulation.* IEEE Computer Graphics & Applications, 5(8):37–51, August 1985.

Bild 7

Blocktransferprozessor:
Echtzeitdarstellung alphanumerischer
Bilder in CEPT-Kodierung

von Karl C. Posch[*]

Kurzfassung

Ein wesentlicher Teil der Datenmanipulation bei Rastergrafiksystemen besteht im Transfer von Datenblöcken innerhalb des Speichers. Dabei sind vorallem rechteckige Blöcke von Bilddaten von Bedeutung. Diese Arbeit beschreibt einen Prozessor, der diesen Transfer mit speziell kodierten Datenblöcken vornimmt. Die Kodierungsform entspricht den von der CEPT genormten Bestimmungen bezüglich alphanumerischer Zeichen. Der Prozessor arbeitet als Koprozessor im Bildschirmtextcomputer Mupid. Innerhalb dieses Systems sind Bildaufbauraten von 40 Bildern pro Sekunde und mehr möglich.

Schlagwörter

Computerbildgenerierung, Grafik-Hardware für Rastergeräte, Bitmap-Blocktransfer

---

*   Institute für Informationsverarbeitung der Technischen Universität Graz und der Österreichischen Computergesellschaft, Schießstattgasse 4a, A-8010 Graz, Österreich.

1 Einleitung

Der Transfer von Datenblöcken von einem Speicherbereich zu einem anderen zählt schon seit jeher zu den Standardaufgaben von Rechnern. Will man dies mit relativ hoher Geschwindigkeit durchführen, so hilft dabei die Methode des direkten Speicherzugriffs (Direct Memory Access, DMA). Da der Hauptprozessor die Zugriffs-bandbreite des Speichers oft nicht voll ausnützt, überläßt man den DMA-Prozeß einem eigenen DMA-Kontroller. Diesem werden z.B. die Quelladresse und Zieladresse sowie die Größe des zu übertragenden Blocks vom Hauptprozessor bereitgestellt. Danach wird der DMA-Kontroller gestartet. Dieser transferiert den Block unter Ausnutzung der vollen Speicherbandbreite in kürzest möglicher Zeit.

Das Beschreiben eines Bildspeichers bietet eine Reihe von Aufgaben, welche mit dem DMA-Konzept sinnvoll gelöst werden können. Einerseits will man die Daten meist so rasch wie möglich in den Bildspeicher laden bzw. aus diesem lesen und andererseits handelt es sich oft um Daten in Blockform. Man denke nur an das Manipulieren von Pixeldaten, welche ein Fenster beschreiben. Das Verschieben des Fensters auf einen anderen Platz löst einen Transfer großer Datenmengen aus.

Diese Arbeit beschreibt einen speziellen Blocktransferprozessor (BTP), welcher im DMA-Modus Zeichendaten in einen Bildspeicher lädt. Die Zeichen entsprechen den in [CEPT83] genormten Darstellungsmöglichkeiten. Der Prozessor arbeitet unter der Kontrolle eines Hauptprozessors und kommuniziert mit diesem über Interrupts. Die verwendete Bildspeicherarchitektur entspricht der des Bildschirmtext-Computers Mupid [Fellner85, Maurer84, Posch84]. Bei Einsatz des BTP in einem Mupid können Alphamosaik-Bilder in etwa 25 Millisekunden dargestellt werden; dies entspricht einer Rate von 40 Bildern pro Sekunde.

2 Direkter Speicherzugriff bei Grafiksystemen

Eine der einfachsten Aufgaben bei einem direkten Speicherzugriff ist der Transfer eines Datenblocks. Es genügen hiezu die Angaben von Startadressen für Quelle und Ziel sowie die Größe des Blocks. Abwechselnde Lese- und Schreibzyklen werden von einem DMA-Kontroller gesteuert. Da der Datenblock eine lineare Adreßfolge aufweist, gestaltet sich die Berechnung der Adressen sehr einfach. Es genügt der Einsatz von Zählern für Quelladresse und Zieladresse.

Um eine Dimension komplizierter gestaltet sich der Transfer eines zweidimensionalen Blocks (Abb.1). Dieser Fall ist bei Blocktransfers im Grafikbereich oft anzutreffen, sodaß ihm in diesem Genre ein eigener Name gegeben wurde. Man spricht von RasterOps [Bennett85] oder auch von BitBlt [Foley82, Newman79]. Aufgrund der heute üblichen hohen Bildauflösungen und der damit verbundenen großen Bildspeicher ist bei fenster-orientierten Benutzeroberflächen der Transfer und die Manipulation großer Datenblöcke eine häufig vorkommende Operation [Carinalli86]. An sich handelt es sich bei der Operation BitBlt um eine ähnliche Funktion wie die vorher beschriebene Block-Move-Operation, die man auch in vielen Mikroprozessoren findet. Drei Hauptunterscheidungsmerkmale sind festzustellen:

- Bei BitBlt werden "rechteckige" Bereiche eines Bildspeichers manipuliert.

- BitBlt beschränkt sich nicht nur auf Operationen mit Datenworten, sondern arbeitet mit Bildpunkten. Dies ist besonders bei ebenen-orientierten Bildspeicherarchitekturen zu beachten [Carinalli86]; in einem Datenwort werden jeweils mehrere nebeneinander liegende Pixel gespeichert. Der Einsatz eines Barrel Shifter ermöglicht die variable Positionierung der Blöcke unabhängig von Wortgrenzen.

- BitBlt erlaubt neben dem Transfer von Pixeldaten auch logische Funktionen zwi-schen Quelldaten und "alten" Zieldaten.

Die Operation BitBlt eignet sich besonders für Anwendungen, welche eine Mischung von Text und Grafik in einer fenster-orientierten Umgebung verwenden. Sie bildet eine gute Basis für Benutzeroberflächen mit

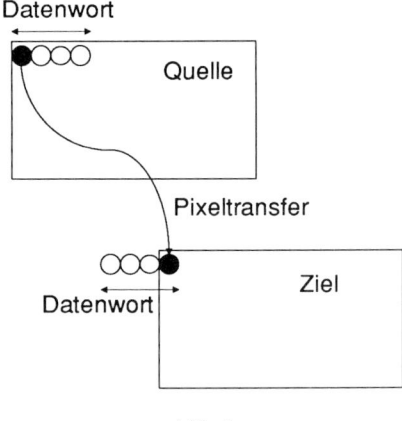

Abb. 1

Pop-Up-Menüs, für schnelles Füllen von Flächen und für einen raschen Textaufbau. Diese Operation ist deswegen mittlerweile Bestandteil vieler Grafikprozessoren.

Bei Schwarz/Weiß-Grafik wird jeder Bildpunkt durch ein Bit repräsentiert. Eine Eins-zu-Eins-Zuordnung zwischen der Datengröße des Quellbereichs und der des Zielbereichs ist gegeben. Bei Farbgrafiksystemen ergibt sich jedoch eine mögliche Schwierigkeit. Jeder Bildpunkt wird durch eine Reihe von Bits repräsentiert. Verwendet man den Blocktransfer auch zur Generierung von Schriftzeichen am Schirm, so ist eine Eins-zu-Eins-Zuordnung der Datenmengen des Quellbereichs und des Zielbereichs nicht mehr sinn-voll. Einfache Schriftzeichen haben meist nur zwei Farben, nämlich die Zeichenfarbe und die Farbe der Umgebung; die Kodierung mit nur einem Bit pro Pixel ist möglich. Auf dem Schirm kann ein Zeichen jedoch in allen möglichen Farben des Systems erscheinen. Das Speichern jedes einzelnen Zeichens in allen Farbvarianten ist jedoch nicht angebracht. Deswegen stellt die Möglichkeit der Kompression und Expansion von Daten (Abb. 2) eine wichtige Forderung an Blocktransferprozessoren für Farbgrafiksysteme dar [Asal86, Carinalli86]. Den Forderungen nach Kompression/Expansion von Daten sowie nach - unabhängig von Wortgrenzen - sich an Pixel orientierenden Blockgrenzen wird bei herkömmlichen DMA-Kontrollern nicht Rechnung getragen.

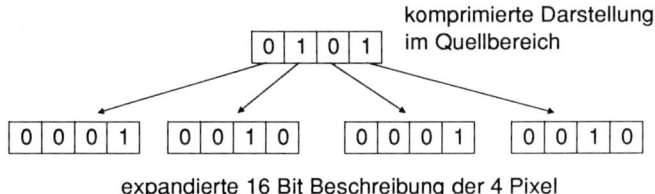

expandierte 16 Bit Beschreibung der 4 Pixel

Abb. 2

Der in der Folge beschriebene Blocktransferprozessor stellt einen Spezialfall des oben beschriebenen Transfers von Blöcken dar. Er eignet sich zur Darstellung von zeichen-orientierten Bildern im Alphamosaik-Modus. Gemäß der Norm aus [FTZ83] können eine Vielzahl von Zeichenvarianten dargestellt werden, wobei das Prinzip der Kompression/Expansion beim Speichern der Zeichen in mehrfacher Hinsicht ausgenutzt wird. Die Folge der Zielkoordinaten entspricht einer zweistufigen Hierarchie von Blöcken. Ein Block besteht aus einer Matrix von Sub-Blöcken, die jeweils einzelne Zeichen darstellen. Jedes Zeichen für sich wird entsprechend der oben beschriebenen BitBlt-Operation unter Ausnutzung von Kompression/Expansion behandelt.

Die hier beschriebene Implementierung des Blocktransferprozessors arbeitet in Zusammenhang mit dem Bildschirmtext-Computer Mupid. Der BTP entlastet den Hauptprozessor, indem er alle zeichenorientierten Aufgaben bei der Schirmmanipulation übernimmt. Die Beendigung eines Blocktransfers wird mittels Interrupt an den Hauptprozessor gemeldet. Der BTP hängt zusammen mit anderen Koprozessoren in einer Daisy-Chain-Interrupt-Kette, womit alle Interrupt-Prioritäten geregelt werden. Da sich der Blocktransferprozessor auf die Rahmenbedingungen für Bildschirmtext-Terminals [FTZ83] einerseits sowie auf den Bildschirmtext-Computer Mupid andererseits bezieht, werden in den beiden folgenden Abschnitten diese beiden Themen kurz erläutert.

3 Charakteristika der Alphamosaik-Darstellung

Die zugrunde liegende Norm des Blocktransferprozessors ist in [CEPT83] beschrieben. Eine Untermenge daraus wird in den Rahmenbedingungen für Bildschirmtext-Terminals der Deutschen Bundespost festgehalten [FTZ83]. Neben diesen Spezifikationen gibt es von Ainhirn und Fellner eine Zusammenfassung der Präsentationsebene dieses Standards [Ainhirn85]. Aus den umfangreichen Darstellungsvarianten der CEPT-Norm sei nur ein Teil, nämlich der Alphamosaik-Modus, herausgegriffen. Dieser Modus bildet die Grundlage für die zeichen-orientierte Darstellung auf Rasterschirmen. Neben diesem Modus sieht das Darstellungsprotokoll auch einen Geometrie-Modus und einen Photografik-Modus vor. Diese beiden Modi liegen außerhalb der Darstellungsmöglichkeiten des Blocktransferprozessors.

Außer den Kodes der darzustellenden Zeichen und Attribute kommen zur Beschreibung eines Alphamosaik-Bildes auch noch

- die Definition von frei definierbaren Zeichen (Dynamically Redefinable Characters, DRC),
- die Definition von Farben,
- die Definition des Bildformats und
- die Definition von Reset-Zuständen

hinzu.

Um die Fülle aller im europäischen Sprachraum verwendeten lateinischen Zeichen unterzubringen, stehen 335 Schriftzeichen zur Verfügung. Hiezu kommen 151 Mosaikzeichen zur Darstellung allgemeiner Bildinformationen. Die Standardauflösung der Zeichen beträgt 12*10 bzw. 12*12 Bildpunkte. Darüber hinaus sind Zeichen auch frei definierbar (DRC). Je nach Kodierungsaufwand stehen bis zu 94 solcher DRC pro Bild zur Verfügung.

Pro Bild können maximal 32 Farben verwendet werden. Diese sind in vier Farbtafeln zu je 8 Farben unterteilt. Zwei Farbtafeln sind mit fixen Farben belegt, die anderen 16 Farben sind aus einer Anzahl von 4096 Möglichkeiten frei wählbar.

Einem Zeichen ist eine Vordergrundfarbe und eine Hintergrundfarbe zugeordnet, wovon jede aus 32 Farben wählbar ist. Dazu kommen

- 18 verschiedene Blinkmodi,
- Unterstreichen des Zeichens,
- Separierte Grafik,
- Conceal   (Verdecken),
- 4 verschiedene Größen (normal, doppelt hoch, doppelt breit und doppelt groß),
- Window (darunterliegendes Videobild kann durchscheinen),
- invertierte Darstellung (Vordergrund und Hintergrund werden vertauscht),
- geschützte Bildteile (nur jeweils ganze Zeilen) und
- markierte Teile des Bildes.

Ein Bild setzt sich aus 4 Ebenen zusammen. Die vom Betrachter am "weitesten weg" liegende Ebene ist die "Video-Ebene". Diese kann eventuell ein Videobild beinhalten, welches dann bei "transparenten" Teilen des darüberliegenden Bildes sichtbar wird (Abbildung 3).

Auf dieser liegt eine den ganzen Bildschirm überdeckende Farbebene, die zeilenweise (Full Row Color) bzw. für den ganzen Schirm (Full Screen Color) definiert ist.

Die dritte Schicht ist zeichenweise definierbar. Pro Zeile sind 40 Zeichenpositionen vorgesehen, sodaß je nach Anzahl der Zeilen (20 oder 24) 800 oder 960 Zeichenpositionen auf dem Schirm Platz finden. Die Gesamtheit dieser Zeichen füllt den Schirm nicht ganz aus, sodaß Randzonen übrig bleiben; diese sind durch die zweite Farbebene bestimmt oder beinhalten auch ein oder zwei weitere Zeichenzeilen, welche für verschiedene Zwecke, wie z.B. Informationen über den Status des Bildschirmtext-Terminals, verwendet werden können. Die dritte Schicht wird oft als Hintergrundfarbe bezeichnet. Die vierte Schicht ist die dem Betrachter am nächsten gelegene. Sie beinhaltet im Gegensatz zu der eben erwähnten Hintergrundfarbe die Vordergrundfarben. Diese Schicht wird für jeden einzelnen Bildpunkt definiert. Je nach Art des Zeichens sind bis zu 16 Vordergrundfarben pro Zeichen möglich.

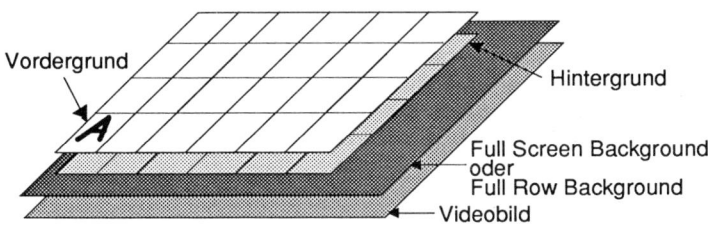

Abb. 3: Farbschichten

Wie bereits erwähnt beträgt die Standardauflösung eines Zeichens 12*10 im 24-Zeilen-Modus und 12*12 im 20-Zeilen-Modus, sodaß pro Zeichen bei zwei Farben maximal 120 bzw. 144 Bits zur Kodierung verwendet werden. Die verschiedenen Arten der frei definierbaren Zeichen differieren

(1) in der verwendeten Bildpunktauflösung und
(2) in der maximalen Anzahl der Farben.

In Tabelle 1 sind alle Möglichkeiten zusammengestellt.

Die Beschreibung eines DRC besteht aus einem Header-Byte, welches die Art des DRC definiert, und einer nachfolgenden Beschreibung des Pixelmusters. Das Pixelmuster ist in ein bis vier Blöcke unterteilt, wobei jeder Block die Beschreibung einer Bitposition der Pixel darstellt.

An dieser Stelle sollen die etwas kurz gehaltenen Ausführungen über die Rahmenbedingungen für Bildschirmtext-Terminals abgebrochen werden. Die Beschreibung ist in keiner Weise vollständig; es wurde vielmehr nur auf jene Ausprägungen Rücksicht genommen, welche sich im Blocktransferprozessor auswirken. Der nächste Abschnitt beschreibt in grober Form den Mupid-Computer und vor allem dessen Bildspeicherarchitektur. Diese ist durch die in den Rahmenbedingungen festgelegten Anforderungen stark geprägt.

4 Mupid

Beschreibungen des Bildschirmtextdecoders Mupid gibt es in zahlreichen Ausführungen. Eine allgemeine Übersicht über Bildschirmtext mit Mupid findet man in [Maurer84]. Die Schnittstellen der Systemsoftware sind in [Fellner85] beschrieben und eine grobe Hardwarebeschreibung gibt es in [Posch84].

Der Mupid ist ein Mikrocomputer auf 8-Bit-Basis und arbeitet mit einem Z80A-Prozessor. Zur seriellen Kommunikation steht der Baustein Z80-SIO zur Verfügung. Der Speicher ist logisch unterteilt in

- PROM,
- Attributspeicher,
- Pixelspeicher und
- sonstiger freier Speicher.

Der Inhalt des Pixelspeichers und des zeichen-orientierten Attributspeichers wird durch einen Video-Kontroller interpretiert und in der Form Rot-Grün-Blau-Blank dem Schirm dargeboten.

Für den zusätzlichen Einsatz des Blocktransferprozessors sind folgende Systemeigenschaften wichtig:

- Die Prioritätssteuerung auf dem Bus zwischen dem Z80-Prozessor, dem seriellen Interface-Baustein und dem Blocktransferprozessor auf der einen Seite und dem Video-Kontroller auf der anderen. Erstere drei sind zu diesem Zwecke in einer Interrupt-Kette (Daisy Chain) zusammengefaßt, welche bei Z80-Systemen üblich ist. Diesem Thema ist ein eigener Abschnitt gewidmet.

- Die Architektur des Pixelspeichers und Attributspeichers; Diese ist eine Folge aus den vielfältigen Darstellungsformen, die in den Rahmenbedingungen für Bildschirmtext-Terminals [FTZ83] definiert sind. Diese Architektur steht im Mittelpunkt der folgenden Ausführungen.

Die horizontale Auflösung des Bildes am Schirm ist zeichenweise umschaltbar zwischen 240, 320 und 480 Punkten. Hiezu kommt ein weiterer Modus mit 640 Punkten für Zwecke, die außerhalb der Bildschirmtextnorm fallen. Die vertikale Auflösung beträgt 240 Bildpunkte (FTZ-Norm) und zusätzlich bis zu etwa 16 verschiedenen Zeilen. Für eine Zeile von Bildpunkten stehen 40 Mikrosekunden zur Verfügung. Diese Größe resultiert aus der CCITT-Fernsehnorm von 64 Mikrosekunden Zeilendauer.

Je nach Horizontalauflösung werden verschiedene Bildpunktkodierungen verwendet. Pro Zeichenposition gibt es in der horizontalen Richtung 4 Bytes. Die Anzahl in vertikaler Richtung hängt von der Art der Zeichen ab. Diese beträgt in Normalfall 10 oder 12. Mit dieser Vorgabe berechnet man die Speichergröße mit

$$4 \text{ Bytes} * 40 \text{ Zeichen/Zeile} = 160 \text{ Bytes/Zeile}$$

bei maximal 256 Zeilen, sodaß sich 40 KBytes (= 160 * 256 Bytes) ergeben. Die binären Adressen bestehen aus 8 Bit Horizontal- und 8 Bit Vertikaladresse. Für den Prozessor ist der Bildspeicher in zwei Speicherbänke von 32 KByte und 8 KByte unterteilt.

5 Beschreibung des Blocktransferprozessors

Der Blocktransferprozessor (BTP) dient als Koprozessor in einer Mupid-Hardware-Umgebung, wie sie im vorigen Abschnitt charakterisiert wurde. Es bleibt jedoch anzumerken, daß neben dieser Ausrichtung auf ein 8-Bit-System mit einer ganz speziellen Bildspeicherarchitektur das Konzept des BTP auf relativ einfache Weise auch andere Prozessoren mit 16-Bit-Datenbus und anderen Speicherorganisationen unterstützen kann. Die folgende Beschreibung konzentriert sich aber nur auf den Einsatz des BTP im Mupid-System.

Der BTP ermöglicht den Aufbau von Alphamosaik-Bildern. Hiezu bedient er sich eines Kommando-Files, der im wesentlichen - neben der Größe des Blocks - die Kodes für die darzustellenden Zeichen und die

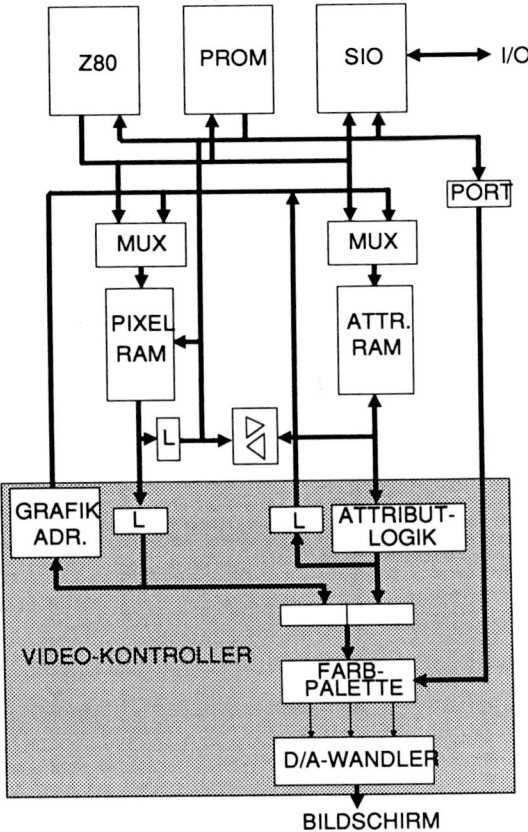

Abb. 4: Mupid

zugehörigen Attribute enthält. Aus den Kodes werden Quelladressen ermittelt, welche auf eine komprimierte Beschreibung der Zeichenmatrizen zeigen.

Der Source-Prozessor liest die Quelldaten. Diese werden entsprechend der zugehörigen Attribute im Daten-Prozessor expandiert. Der Destination-Prozessor ermittelt die Folge der Zieladressen und speichert die expandierten Daten dorthin. Der Kommando-Prozessor steuert den Ablauf und das Zusammenspiel der drei Sub-Prozessoren (Source-, Daten- und Destination-Prozessor). Ihm obliegt auch die Kommunikation mit dem Hauptprozessor.

Signale des BTP:
Eingänge des BTP:

CE	*Chip-Enable*; im passiven Zustand kann der Hauptprozessor durch Aktivieren dieses Signals den BTP ansprechen und sich Zugang zu den Registern des BTP verschaffen;
IORQ	*Input/Output-Request*;
M1	Maschinenzyklus 1; dieses Signal wird vom Hauptprozessor generiert und zeigt den ersten Zyklus eines Maschinenprogrammschrittes an;
RESET	Resetleitung;

WAIT		Warte-Signal; ein langsamer Speicher kann dem BTP mitteilen, daß ein Speicherzyklus noch nicht zu Ende gehen darf;
IEI		*Interrupt Enable Input*; ein höherwertiger Interrupt wird dem BTPan diesem Signal angezeigt;
BAI		*Bus Acknowledge Input* Signal;
CLOCK		Takteingang;
VDD, VSS		Versorgungsspannung;

Ausgänge des BTP:

INT		*Interrupt*-Leitung; dieses Signal ist ein Open-Collector-Signal und kann mit Interrupt-Signalen anderer Quellen zusammengehängt werden;
BUSREQ		*Bus Request*;
IEO		*Interrupt Enable Output*
A2 bis A15		Adreßleitungen, tristate-fähig;
MREQ		*Memory Request*;

Bidirektionale Signale (mit *Tristate*-Fähigkeit):

R/W		*Read/Write*-Signal;
D7 bis D0		Datenbus;
A0, A1		bidirektionale Adreßleitungen;

Tabelle 1 führt alle Zeichenmodi auf, die vom BTP unterstützt werden. Weiters findet man darin auch alle Alphamosaik-Attribute, welche eine Auswirkung auf den Pixelspeicher haben.

Tabelle 1:

Zeichenmodi:

	Auflösung	Farben
DRC	6*5	2 oder 4
DRC	6*10	2 oder 4
DRC	6*6	2 oder 4
DRC	6*12	2 oder 4
DRC	12*5	2 oder 4
DRC	12*10	2 oder 4
DRC	12*6	2 oder 4
DRC	12*12	2 oder 4
DRC	6*5	16
DRC	6*10	16
DRC	6*6	16
DRC	6*12	16
CH80	8*10	2 oder 4 (80 Zeichen/Zeile)

Attribute:

Normale Größe
Doppelte Breite
Doppelte Höhe
Doppelte Größe
Unterstreichen
Separierte Grafik
Window (Boxing)

Nach dem Einschalten (bzw. Rücksetzen mit Hilfe des RESET-Signals) befindet sich der BTP im IDLE-Zustand. Daten- und Adreßleitungen sowie einige Steuerleitungen sind im hochohmigen Zustand. Der Hauptprozessor hat Zugang zum Command File Base Address Register (CFBA) und beschreibt dieses mit der Adresse, ab welcher der Kommando-File für den BTP liegt. Weiters besitzt er Zugang zu einem weiteren MODE-Register, über das dem BTP unter anderem folgende Mitteilungen gemacht werden können:

- "weicher" Reset
- verschiedene Modi der Interrupt-Auslösung (Mode0 und Mode1)
- Beginn der BTP-Operation (Enable DMA, ENDMA)

Schließlich besitzt der BTP einen 8-Bit-Interrupt-Vektor, welcher ebenfalls vom Hauptprozessor geladen werden kann. Der Kommando-File beinhaltet Informationen über

(1)   die Zielkoordinaten der linken oberen Ecke des zu schreibenden Blocks,
(2)   die Größe des Blocks in x- und y-Richtung,
(3)   Startadresse der Beschreibung des Blockinhalts (Matrix File Base Address, MFBA) und
(4)   Zeilenhöhe der Zeichen bei Normalgröße (meistens 10 oder 12, jedoch zwischen 0 und 15 wählbar).

Über das Bit ENDMA (Enable DMA) im MODE-Register wird der BTP vom Hauptprozessor angestoßen. Der BTP setzt daraufhin als erstes das Signal BUSREQ aktiv und wartet auf das Freiwerden des Mupid-Busses (BUSACK vom Z80). Daraufhin liest der BTP zuerst den Kommando-File und ladet seine entsprechenden Register.

Im Matrix File Base Address Register befindet sich jetzt die Startadresse der Beschreibung des Blockinhalts. Dieser File besteht aus drei Bytes pro Zeichen:

(1)   Attributbyte mit Angaben über Zeichengröße, Art des Zeichens (40 oder 80 Zeichen pro Zeile),
        Unterstreichen, Separieren, Boxing und außerdem über die Art der Beschreibung des Zeichens (mit oder
        ohne Header-Byte),
(2)   obere Hälfte der Startadresse der Zeichenbeschreibung (SBADHI);
(3)   untere Hälfte der Startadresse der Zeichenbeschreibung (SBADLO).

Pro Zeichen werden jeweils diese drei Bytes gelesen und daraufhin wird das Zeichen generiert. Dieser Vorgang besteht abwechselnd aus dem Lesen eines Teils der Zeichenbeschreibung (Zeichenmatrix) durch den Source-Prozessor und dem nachfolgenden Schreiben der im Datenprozessor konvertierten Daten auf die Zieladressen.

Je nach Interrupt-Modus beendet der BTP seine Aktionen

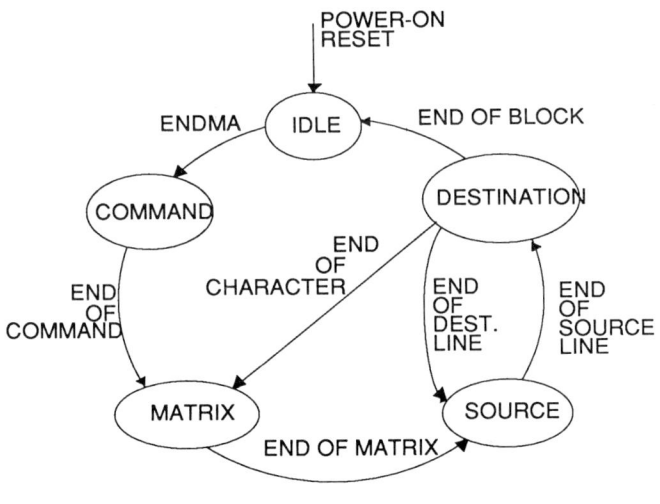

Abb. 5

(1)   nach dem Schreiben einer Bildzeile eines Zeichens (Mode0) oder
(2)   nach Beendigung des gesamten Blocks (Mode1).

In beiden Fällen wird ein Interrupt ausgelöst und der Bus an den Hauptprozessor zurückgegeben. Im Fall (1) verlangt der BTP kurz nach Rückgabe des Busses erneut den Bus, um seine Aktionen fortzusetzen.

Nach Beendigung jedes Zeichens wird aus dem Matrix-File das nächste Zeichen geholt. Abbildung 5 zeigt ein grobes Zustandsdiagramm des Gesamtverhaltens des BTP. Im IDLE-Zustand verhält sich der BTP passiv und steht dem Hauptprozessor über Input/Output-Adressen zur Verfügung. Im COMMAND-Zustand bearbeitet er den Kommando-File, welcher Angaben über den Block enthält.

Im MATRIX-Zustand liest er jeweils drei Bytes aus dem Matrix-File. Diese definieren jeweils ein zu generierendes Zeichen am Schirm. Der SOURCE-Zustand und der DEST-Zustand wechseln sich in der Folge ab. Lese- und Schreibzyklen generieren das Zeichen im Bildspeicher. Nach Beendigung eines Zeichens kehrt der BTP zum MATRIX-Zustand zurück. Nach Beendigung des gesamten Blocks kehrt er in den IDLE-Zustand zurück. Das Zustandsdiagramm geht in dieser einfachen Form der Übersichtlichkeit wegen nicht auf das eventuelle Auslösen eines Interrupt nach Beendigung einer Bildzeile eines Zeichens ein.

6 Kommando-Prozessor

Der Kommando-Prozessor läßt sich in drei hierarchische Ebenen unterteilen. Die oberste Ebene stellt die äußere Schale des BTP dar und leitet die Kommunikation mit der Umgebung. Dazu gehören die Generierung der Steuersignale zum Lesen und Schreiben, das Auslösen von Interrupts, die Behandlung von Interrupt-Acknowledge-Zyklen, das Überwachen der Interrupt-Prioritätskette usw. Außerdem steuert er die tiefer liegenden Schichten des BTP. Diese Schicht ist für das Gesamtverhalten des BTP als Koprozessor in einem Mehrprozessorsystem ausschlaggebend. Eine detaillierte Beschreibung dieser äußeren Hülle gibt es in Abschnitt 10.

Die mittlere Ebene sorgt für den geordneten Ablauf der Zustände entsprechend dem Diagramm aus Abbildung 5. Ein synchroner, endlicher Automat berechnet aus seinem Zustand und einigen Eingangssignalen den Folgezustand.

Zustände:

IDLE	Warten auf den Start der Aktionen; dieser wird von der übergeordneten Schicht angeordnet,
COM	Lesen des Kommando-Files,
MATRIX	Lesen von Attributbyte und Matrixadresse,
SOURCE	*Source*-Prozessor aktiv,
DEST	*Destination*-Prozessor aktiv.

Neben diesen gibt es noch weitere Zustandssignale, welche das Hin- und Herschalten zwischen Source-Prozessor und Destination-Prozessor bei Vorhandensein von Kurzkodes, sogenannten S-Bytes (siehe Source-Prozessor, Abschnitt 7) regelt.

In der untersten Hierarchieebene bearbeitet der Kommando-Prozessor die Aktionen während der beiden Zustände COM und MA.

Der COM-Zustand besteht aus 7 Lesezyklen. Als Adresse werden die Registerinhalte von CFBAHI und CFBALO verwendet. CFBAHI und CFBALO ergeben zusammen einen 16-Bit-Zähler, der nach jedem Lesezyklus inkrementiert wird. Die gelesenen Daten werden in die entsprechenden Register (RXSTART, RYSTART, RNX, RNY, MFBAHI, MFBALO, RTEN) geladen.

RXSTART	x-Komponente der Adresse des linken oberen Eckpunktes des Blocks;
RYSTART	y-Komponente der Adresse des linken oberen Eckpunktes des Blocks;
RNX	Anzahl der Zeichen des Blocks pro Zeile;
RNY	Anzahl der Zeilen eines Blocks;

MFBAHI und
MFBALO   *Matrix File Base Address* (*High* und *Low*); 16-Bit-Adresse
als Zeiger zum Beginn des Matrix-Files, der die Kodes und Attribute
für die darzustellenden Zeichen enthält;
RTEN   gibt die Größe der Zeichen in y-Richtung an; diese ist in den
meisten Fällen entweder 10 oder 12 Bildpunkte;

Während des MA-Zustands werden jeweils 3 Bytes gelesen. Die Register MFBAHI und MFBALO bilden ebenfalls zusammen einen 16-Bit-Zähler, der nach jedem Zyklus inkrementiert wird. Die unter dieser 16-Bit-Adresse gelesenen Daten werden in den drei Registern ATTR (= Attribut), SBADHI und SBADLO (Source Base Address High und Source Base Address Low) gespeichert.

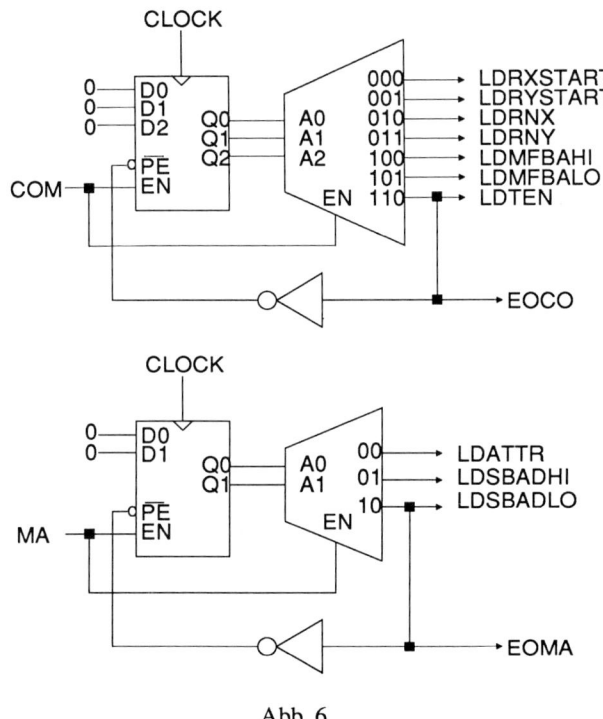

Abb. 6

7 Source-Prozessor

Der Source-Prozessor liest jeweils eine Zeile der Zeichenbeschreibung (Zeichenmatrix). Die aktuelle Adresse dieser Beschreibung bestimmen die Register SBADHI und SBADLO. Folgende Matrixvarianten werden unterstützt:

- mit und ohne Header-Byte,
- alle 2-Farben-DRC ("normale Zeichen" aus den Zeichensätzen G0-G3) mit Wiederholungskodes (S-Bytes),
- alle DRC-Varianten gemäß der Alphamosaik-Norm aus [FTZ83] ohne Wiederholungskodes (S-Bytes),
- MUPID-spezifische Wiederholungskodes.

Je nach Header-Byte und Wiederholungskode werden zwischen 0 und 4 Bytes pro Zeile eines Zeichens geladen. Für diese Bytes stehen 4 Register zur Verfügung. Dabei kommen den 3 höchstwertigen Bits der

Matrix-Bytes folgende Bedeutung zu:

HEAD	D7	D6	D5	Bedeutung
1	1	X	X	Header-Byte
0	1	0	1	S-Byte (Wiederholungskode)
1	0	0	1	S-Byte (Wiederholungskode)
0	1	1	X	D-Byte (Pixeldaten)
1	0	1	X	D-Byte (Pixeldaten)

Der Status HEAD kommt aus dem Attributregister ATTR und gibt an, ob die Matrix ein eigenes Header-Byte hat (HEAD = 1) oder kein Header-Byte besitzt (HEAD = 0) und demzufolge Default-Zustände eingesetzt werden.

Das Header-Byte beschreibt die Art des Zeichens, die sich aus der Bildpunktauflösung des Zeichens in x und y sowie aus den Farbmöglichkeiten zusammensetzt. Im einfachsten Fall ist das Zeichen durch D-Bytes (Daten-Bytes) beschrieben. Die sechs niederwertigsten Bits eines D-Bytes geben dabei die Beschreibung von 6 Pixel einer Bildzeile eines Zeichens wieder. Je nach Art des Zeichens werden bis zu 4 D-Bytes zur vollständigen Beschreibung einer Bildzeile eines Zeichens benötigt. Um Speicherplatz zu sparen, wurden in [FTZ83] Kurzkodes, sogenannte S-Bytes, definiert. Der Blocktransferprozessor behandelt auch diese.

Abbildung 7 zeigt ein Blockdiagramm des Source-Prozessors. SBADHI und SBADLO liefern die Basisadresse der Matrix. Es gibt ein Register für das Header-Byte und ein Register für S-Bytes. Im Falle

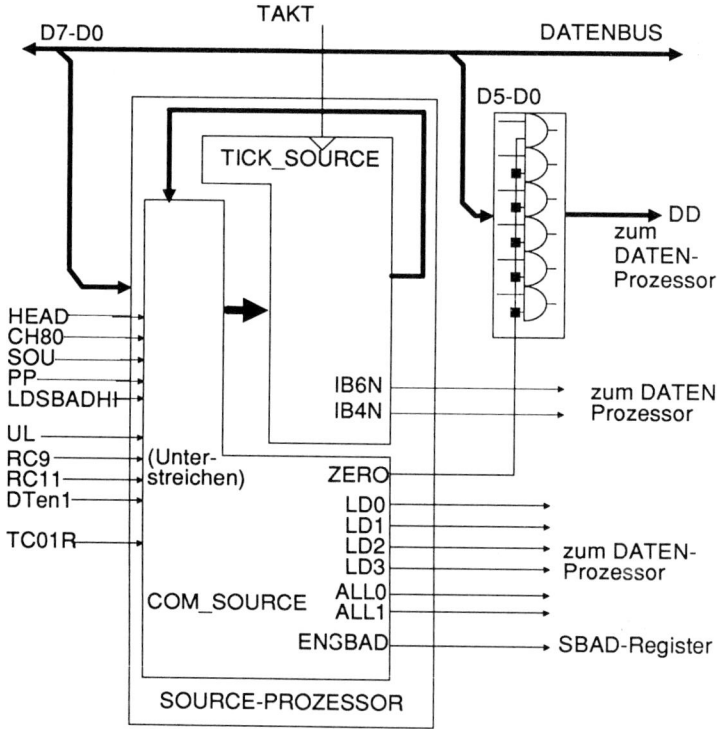

Abb. 7: Source-Prozessor

von Zeilenwiederholungen von 1- bis 10-mal werden die unteren vier Bits des S-Bytes in einen eigenen Zähler (Repetition Counter) geladen.

Aus dem Header-Byte gewinnt man die Informationen über

- Anzahl der Bytes pro Zeile eines Zeichens,
- Steuersignale für den Kommandoprozessor (Übergang zwischen Source-Prozessor und Destination-Prozessor),
- Enable-Signal für das Zählerregister SBADLO

Die Inhalte der beiden Logikblöcke COM_SOURCE und TICK_SOURCE werden in Pascal-ähnlicher Notation in [Posch88] beschrieben.

8 Destination-Prozessor

Dem Destination-Prozessor obliegt die Generierung der richtigen Reihenfolge der x- und y-Koordinaten zum Beschreiben des Pixelspeichers. Zu diesem Zwecke stehen zu Beginn folgende Informationen zur Verfügung:

aus der Kommandophase (COM = 1) die Registerinhalte von:

RXSTART	x-Koordinate zu Beginn eines Blocks
RYSTART	y-Koordinate zu Beginn eines Blocks
RNX	Anzahl der Zeichen pro Blockzeile
RNY	Anzahl der Zeilen eines Blocks
RTEN	Höhe der Zeichen in Pixelzeilen

aus der Matrixphase (MA = 1):

DW	doppelt oder normal breit
DH	doppelt oder normal hoch
CH80	40 Zeichen oder 80 Zeichen pro Zeile

vom Header-Byte:

Auflösung des Zeichens in y-Richtung (5, 6, 10 oder 12)

Die Anzahl der zu schreibenden Bytes pro Zeichenzeile hängt von der Art und Größe des Zeichens ab und variiert zwischen 2, 4 oder 8 Bytes pro Zeichen mit y = const. Neben den verschiedenen Zeilenhöhen der Zeichen gibt es auch mehrere logische Auflösungen in y. Demzufolge können mehrere Zeilen übereinander dieselbe Datenfolge haben. Zur Behandlung des Attributs "Separierte Grafik" (SEP) wird ein logi-scher Zeilenzähler eingesetzt. Dieser zählt erst bei Änderung des Zeileninhalts weiter. Dies geschieht je nach Art und Größe des Zeichens nach 1, 2 oder 4 Zeilen.

9 Daten-Prozessor

Der Source-Prozessor liest - sofern kein S-Byte vorliegt - jeweils die Daten einer Zeile eines Zeichens (1, 2 oder 4 Bytes) und speichert diese in vier Registern mit je 6 Bit.

Diese Bits werden unter Zuhilfenahme der Attribute "Separierte Grafik" (SEP) und "Invertieren" (INV) und weiters durch Signale aus der "S-Byte-Behandlung" (ganze Zeile Null oder ganze Zeile Eins usf.) modifiziert.

Der Datenprozessor verwendet diese Information und generiert daraus unter Rücksichtnahme auf den Zustand

-   des Destination-Prozessors (niederwertigste Bits in x: X2, X1, X0) und
-   des Source-Prozessors (je nach Art des Zeichens) und auf
-   das eventuelle Vorhandensein des Größenattributs "Doppelte Breite"

die in den Bildspeicher zu schreibenden Datenworte. Eine detaillierte Beschreibung findet man in [Posch88].

10 Kommunikation mit Hauptprozessor

Die Kommunikation mit Prozessor und Speicher wird in der äußersten Schale des BTP bearbeitet. Um eine Interrupt-orientierte Organisation des Gesamtsystems zu gewährleisten, besitzt der BTP Signale, mit denen er sich in einer Interrupt-Kette (Daisy Chain) von mehreren Interrupt-Quellen einordnen läßt.. Diese Kette wird über die Signale Interrupt Enable Input (IEI) und Interrupt Enable Output (IEO) gebildet. Je nach Anordnung in dieser Kette besitzen die Koprozessoren fixe Interrupt-Prioritäten. In [Nichols79] wird die Daisy Chain der Z80-Familie eingehend behandelt.

Das Zustandsdiagramm in Abbildung 8 zeigt die Grundoperation des BTP. Im Zustand PASSIV wartet der BTP auf eine Aktivierung. Dies geschieht mit dem Setzen des Bits ENDMA (Enable Direct Memory Access). Im Zustand WARTE signalisiert der BTP mit BUSREQ = 0, daß er den Bus benötigt. Sobald das Signal BAI (Bus Acknowledge Input) eine Freigabe des Busses anzeigt (BAI = 0), startet der BTP den Transfer von Daten. In diesem einfachen Fall wird der gesamte Block bis zum Ende bearbeitet. Hierauf wird ein Interrupt ausgelöst. Über die Signale M1 und IORQ, beide gleich 0, erkennt der BTP einen Interrupt Acknowledge-Zyklus (INTA) und legt seinen Interrupt-Vektor auf den Datenbus. Mit dem Erkennen der Z80-Instruktion RETI kehrt er wieder in den passiven Zustand zurück.

Um bei großen Blöcken zwischendurch auch dem Z80 die Möglichkeit der Arbeitsfortsetzung zu geben, gibt es zwei programmierbare Modi des BTP. Beim ersten (Mode1) löst er nach Aktivierung erst am Ende

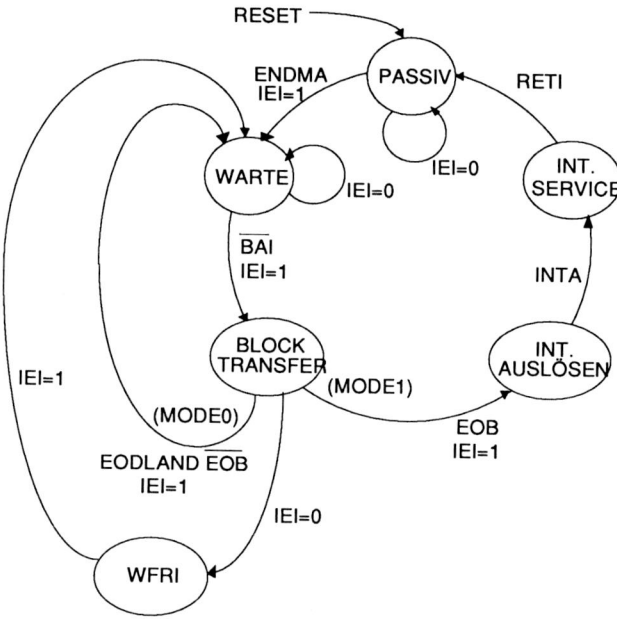

Abb. 8

des Blocks einen Interrupt aus. Dieser Fall wurde oben beschrieben. Im anderen Modus (Mode0) wird der Bus nach jedem in sich geschlossenen Lese-Schreib-Vorgang einer Bildzeile eines Zeichens an den Z80-Prozessor zurückgegeben. Der BTP verlangt aber sofort nach Rückgabe des Busses erneut den Bus, um den Blocktransfer fortsetzen zu können.

Um auch höherwertige Interrupts zu ermöglichen, wird zusätzlich noch ein weiterer Zustand benötigt. Dieser WFRI-Zustand (Wait For Return from Interrupt) wird angesprungen, wenn während der Transfers von Daten ein höherwertiger Interrupt am Signal IEI angezeigt wird. Die Busaktivitäten werden in diesem Fall sofort eingestellt (BUSREQ = 1); erst bei IEI = 1 verlangt der BTP wieder nach dem Bus (BUSREQ = 0).

11 Zusammenfassung und Resultate

Die Geschwindigkeit des BTP orientiert sich an den Möglichkeiten des Mupid-Systems. Die synchrone Logik arbeitet mit einer Taktfrequenz von 4 Megahertz. Speicherzyklen dauern 250 Nanosekunden. Da zwischen verschiedenen Speicherzyklen keine zusätzlichen Zyklen gebraucht werden, wird die Bandbreite des Speichers voll augenützt. Bei Zugriff auf den Bildspeicher können Konflikte mit dem Video-Kontroller eintreten. Diese werden durch die Mupid-Logik mit Hilfe eines WAIT-Signals gelöst. Im Falle von WAIT = 0 hält der BTP an und wartet auf die Auflösung dieses Signals. Es entsteht dadurch ein längerer Speicherzyklus.

Anhand eines Beispiels soll die Dauer eines Blocktransfers diskutiert werden. Man betrachte ein Bild mit 40 mal 24 Zeilen, das aus lauter 2-Farben-Zeichen im Character-Modus besteht. Die Matrix jedes Zeichens wird durch höchstens 2 mal 10 Bytes beschrieben. Bei Verwendung von Kurzkodes (S-Bytes) kann diese auch kürzer sein. Zu schreiben sind 4 mal 10 Bytes pro Zeichenposition. Außerdem gibt es 3 Lesezyklen pro Zeichenposition, um den Matrix-File zu lesen.

Die gesamte Übertragungsdauer berechnet man mit einer Zykluszeit von 250 Nanosekunden zu

$$((3 + ((2 + 4) * 10)) * 40 * 24) * 250 \text{ Nanosekunden} = 15,12 \text{ Millisekunden}.$$

Diese Zeit verlängert sich durch die Zugriffskonflikte auf den Bildspeicher, welche durch den Videokontroller verursacht werden. Daher ist eine geschlossene Darstellung der Blocktransferdauer nicht mehr möglich. Die Schreibzyklen verlängern sich höchstens auf das Doppelte, sodaß das Bild aus dem vorigen Beispiel etwa maximal 25 Millisekunden zur Generierung benötigt. Dies entspricht 40 Bildern pro Sekunde. Ein interaktiver Betrieb ohne Wartezeiten beim Bildaufbau mit Pop-Up-Menüs ist mit dieser Methode erreichbar.

12 Literaturverzeichnis

Ainhirn85   Ainhirn W., Fellner W.-D.: **CEPT-Bildschirmtext und Editieren mit Mupid**; Bibliographisches Institut, Mannheim, 1985.

Asal86   Asal M., Short G., Preston T., Simpson R,. Roskell D., Guttag K.: **The Texas Instruments 34010 Graphics System Processor**; IEEE CG&A, October 1986, 24-39.

Bennett85   Bennett J.: **Raster Operations**; Byte, November 1985, 187-203.

Carinalli86   Carinalli C., Blair J.: **National's Advanced Graphics Chip Set for High-Performance Graphics; IEEE CG&A, October 1986, 40-48.**

CEPT83   Conference of European Post and Telecommunication Administration: **Videotex Presentation Layer Data Syntax**; Issue 2, Recommendation T/CD 6, September 1983.

Fellner85 Fellner W.-D., Pennenkamp H., Pongratz J., Schinnerl W.: **CEPT Mupid - Schnittstellenbeschreibung der Decoder-Software**; Berichte der Institute für Informationsverarbeitung, Technische Universität Graz, Report 188, Mai 1985.

Foley82 Foley J.D., van Dam A.: **Fundamentals of Interactive Computer Graphics**; Addison-Wesley Publishing Co., Reading, Mass. 1982.

FTZ83 Deutsche Bundespost Fernmeldetechnisches Zentralamt Referat T25: **Rahmenbedingungen für Bildschirmtext-Terminals (functional objectives)**; FTZ 157 D 2, Februar 1983;G., Grave M., and Lillehagen F.; Springer-Verlag, Berlin, 1986, 145-149.

Maurer84 Maurer H., Posch R.: **Mupid 2: Durchbruch für Bildschirmtext**; Berichte der Institute für Informationsverarbeitung, Technische Universität Graz, Bericht B 43, Februar 1984.

Newman79 Newman W.M., Sproull R.F.: **Principles of Interactive Computer Graphics**; 2nd ed., McGraw-Hill, New York, 1979.

Nichols79 Nichols J.C., Nichols E.A., Rony P.R.: **Z-80 Microprocessor Programming & Interfacing, Book 2**; Howard W. Sams & Co., Inc., Indianapolis, 1979.

Posch84 Posch K.C., Posch R.: **Die Hardware des Mupid 2**; in: Mupid 2 - Eine Übersicht; herausgegeben von Fellner W.-D., Maurer H.; Berichte der Institute für Informationsverarbeitung, Technische Universität Graz, Bericht B 47, Juni 1984.

Posch88 Posch K.C.: **Blocktransferprozessor: Echtzeitdarstellaung alphanumerischer Bilder in CEPT-Kodierung**; Berichte der Institute für Informationsverarbeitung, Technische Universität Graz, erscheint 1988.

Nicht–Gauss'sche Intensitätsfluktuationen und natürliche Texturen

Wolfgang Krüger
ART + COM–Projekt
Hochschule der Künste Berlin
Hardenbergstr. 27 a
D– 1000 Berlin 12

Inhaltsübersicht

In dieser Arbeit wird ein Modell für die Simulation von Lichtreflexen von makroskopisch rauhen Oberflächen entwickelt. Die Lichtintensität in der Bildebene wird in Abhängigkeit von den Materialparametern und der Entfernung Objekt – Beobachter mit Hilfe der stochastischen elektromagnetischen Streutheorie (Random Phase Screen Methode) beschrieben. Es werden Oberflächen mit differenzierbaren und fraktalen Höhenschwankungen untersucht. Die Synthese "natürlicher" Texturen beruht auf der Wahrscheinlichkeitsverteilung und Korrelationseigenschaft der Intensität des gestreuten Lichts.

1. Einführung

Eine der Hauptaufgaben in der Computergrafik ist gegenwärtig die Simulation "natürlicher" Szenerien und Oberflächen /1/. Die Simulation von Oberflächenstrukturen erfolgt in der Computergrafik über zwei getrennte Algorithmen:

- Inhomogenitäten mit einer typischen Längenskala kleiner als das "Auflösungsvermögen" in der Computergrafik (Pixeldurchmesser) werden durch Reflektionsalgorithmen (z.B. /2,3/) beschrieben.
- Grössere Strukturen werden über Textur - Algorithmen simuliert, z.B. "bump mapping" /4/, "fraktale" Polygonunterteilungen erzeugen zufällige Strukturen und verschiedene Abbildungsverfahren für zwei- und dreidimensionale Texturen erlauben die Synthese von komplexen Mustern /5-7/.

Da für zufällige ("natürliche") Oberflächenstrukturen nur ihr Erscheinungsbild in der Beobachterebene (Bildschirm oder benachbarte spiegelnde Oberflächen) von Interesse ist, bietet sich eine direkte Simulation der Texturbilder via elektromagnetischer Streutheorie für rauhe Oberflächen an.
In dieser Arbeit wird ein Modell zur Erzeugung natürlicher Texturen entwickelt, das das Abbild von makroskopischen Unregelmässigkeiten von Oberflächen mit Hilfe der statistischen Eigenschaften der gestreuten Lichtintensität beschreibt. Viele natürliche Phänomene, wie z.B. glitzernde Wasser-, Schnee- und Mineraloberflächen und aber auch Baumaterialien, Sand und biologische Substanzen, lassen sich mit diesem Modell simulieren.

Im folgenden Abschnitt wird eine vereinfachte Form der "Random Phase Screen" Methode vorgestellt, die darin besteht, räumliche und/oder zeitliche Oberflächeninhomogenitäten in Störungen der gestreuten Lichtwelle zu transformieren. Für verschiedene Oberflächentypen ("glatte" und "fraktale") werden statistische Parameter (mittlere Intensität, Streuung und Autokorrelation) angegeben, mit denen dann im letzten Abschnitt Texturen erzeugt werden. Die Testbilder, die alle auf nur einem Polygon gerendert wurden, zeigen einige mögliche "natürliche" Texturen.

Der Prozess der Textursynthese in der Computergrafik kann als Umkehrung von Beschreibungsmodellen aus Bereichen wie inverser Streutheorie, Fernerkundung oder Zeichenerkennung interpretiert werden. Aus vorgegebenen (gemessenen oder auch artifiziell gewählten) Beschreibungsparametern von Oberflächeninhomogenitäten können mit der elektromagnetischen Streutheorie in der Beobachterebene entfernungsabhängige Texturmuster erzeugt werden. Die im folgenden vorgestellte Methode kann sowohl der Visualisierung wissenschaftlicher Simulationen aus diesen Bereichen als auch der Erzeugung von Texturen für die Computergrafik dienen. Für die Anwendung in der Computergrafik werden dabei nur stark vereinfachte , analytisch beschreibbare Modelle anwendbar sein.

2. Elektromagnetische Streutheorie für makroskopisch rauhe Oberflächen

Die Streuung elektromagnetischer Wellen durch im Vergleich zur Wellenlänge sehr rauhe Oberflächen wird in der Kirchhoff Approximation durch das Huygens – Fresnel Integral für die elektromagnetische Feldstärke $\mathbf{E}$

$$E(\mathbf{R}) \sim \int_{-\infty}^{\infty} d^2r \cdot \exp\left(ik\left(\frac{r'^2}{2R} - \frac{r' \cdot r}{R} + H(r')\right)\right) \qquad (2.1)$$

("Random Phase Screen" Methode) beschrieben /8-10/. Hierbei ist $\mathbf{R} = (r,z)$ der dreidimensionale Beobachtungspunkt, $H(r')$ die lokale zweidimensionale Höhenschwankung und k die Wellenzahl. Die statistischen Eigenschaften der Feldstärke, der mittleren Intensität $<I_S> = <|E|^2>$ und höherer Momente können im Prinzip aus (2.1) bestimmt werden, vorausgesetzt, die statistischen Eigenschaften der Höhenschwankungen sind bekannt. Angenommen, sie genügen einem Gauss'schen Prozess, dann wird das Modell durch die Korrelationsfunktion erster Ordnung von $H(r')$ vollständig beschrieben.

Im allgemeinen können rauhe Oberflächen und transparente Körper mit Inhomogenitäten in zwei wesentlich verschiedene Klassen eingeteilt werden. Die "klassische" Streutheorie (siehe z.B. /8/) behandelt den Typ mit "glatten" Oberflächenmodulationen, z.B. beschrieben durch eine Korrelationsfunktion der Form

$$<H(0) \cdot H(r)> = \sigma_H^2 \cdot \exp\left(-\frac{r^2}{2\sigma_H^2}\right) \qquad (2.2)$$

Die Höhenschwankung $H(r)$ ist beliebig oft differenzierbar. Sie erzeugt eine entfernungsabhängige Intensitätsverteilung des gestreuten Lichts mit starken Fluktuationen durch Fokussierungs- und kaustische Effekte (s. Abb. 1).

Ein einfaches Modell, geeignet für die Erzeugung "natürlicher" Texturen in der Computergrafik, ist das Facettenmodell /2,3,8/, das Beugungs- und Interferenzeffekte vernachlässigt. Es beschreibt den statistischen Mittelwert der gestreuten Intensität durch

$$<I_s> = I_{spec} = D \cdot F, \qquad (2.3)$$

wobei $F(n, \theta)$ der Fresnel'sche Reflektionskoeffizient ist, der vom Brechungsindex n und dem Streuwinkel θ abhängt. D hängt von der Wahrscheinlichkeitsverteilung des lokalen Anstiegs der Facetten ab und hat für eine

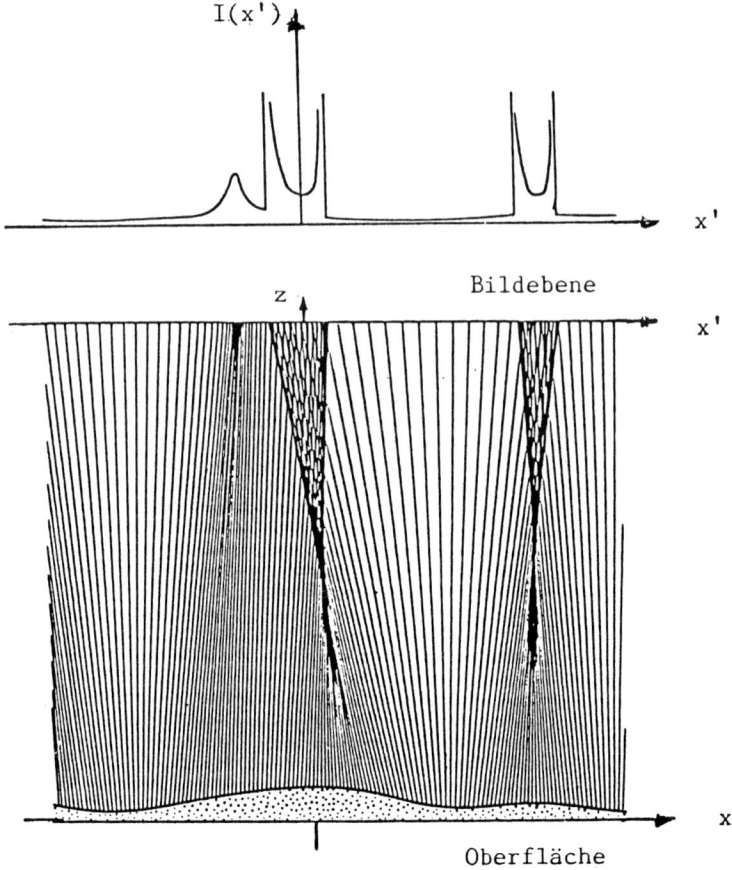

Abb. 1 Lichtreflektion an "glatten" Oberflächen

Gauss'sche Verteilung die Form

$$D = \frac{1}{2 \cdot \pi \cdot m^2 \cdot \cos^4 \gamma} \cdot \exp\left(- \tan^2\gamma \,/\, 2 \cdot m^2\right) \tag{2.4}$$

Hierbei ist m der mittlere Anstieg und γ der Winkel zwischen lokaler und mittlerer Flächennormale. Die Streuung der reflektierten Intensität ist in diesem Modell gegeben durch /9,11/

$$\sigma_I^2 = \frac{< I_s^2 >}{< I_s >^2} - 1 = N_{eff}^{-1} \tag{2.5}$$

mit der "effektiven" Anzahl von Facetten N_{eff}, die zu einem Beobachtungspunkt beitragen

$$N_{eff} = N \cdot D,$$ (2.6)

wobei N die Gesamtanzahl der Facetten auf dem betrachteten Oberflächenstück ist. Auch für grosse N kann N_{eff} sehr klein werden, da nach (2.4) die Funktion D steil für wachsenden Winkel γ abfällt. Die Streuung (2.5) beschreibt deshalb die besonders interessanten nicht – Gauss'schen Fluktuationen der gestreuten Intensität (s. Abb. 1,2 und 3). Die reduzierte Autokorrelationsfunktion der gestreuten Intensität in der Beobachterebene

$$C_s(r_1,t_1;r_2,t_2) = \frac{<I_s(r_1,t_1) \cdot I_s(r_2,t_2)>}{<I_s(r_1,t_1)> \cdot <I_s(r_2,t_2)>} - 1$$ (2.7)

kann mit (2.1) für einfache Oberflächenmodelle explizit berechnet werden /9,10/.

"Nichtklassische" Oberflächentypen zeichnen sich durch "fraktale" Eigenschaften aus. Die statistischen Eigenschaften eines Schnittes durch eine "fraktale" Oberfläche werden durch die Strukturfunktion

$$S(x) = < (H(0) - H(x))^2 > = |x|^{2(2-D)} / L^{2(1-D)}$$ (2.8)

beschrieben, wobei $d = D + 1 \in (2,3)$ die fraktale Dimension und L die Topothesie der Oberfläche sind /12/. Diese Strukturfunktion ist selbst – affin, d.h. die Oberfläche enthält Rauhheiten aller Grössenordnungen. Streuung und Autokorrelation der gestreuten Intensität zeigen die typischen Skalierungseigenschaften. Die Höhenschwankung H(x) ist kontinuierlich, aber nicht differenzierbar, so dass das Konzept der Lichtstrahlen nicht anwendbar ist. Es existieren deshalb keine starken Intensitätsschwankungen, sondern es treten nur Beugungs– und Interferenzeffekte auf.

Ein Modell mit "sub – fraktalen" Eigenschaften kann durch die Strukturfunktion

$$S(x) = m \cdot x^2 - |x|^{2(3-D)}/ 2 \cdot (3-D) \cdot (5 - 2D) \cdot L^{2(2-D)}$$ (2.9)

beschrieben werden /13/. Dieses Modell simuliert eine Oberfläche bestehend aus Facetten mit beliebig starkem Anstieg, dessen Strukturfunktion die fraktale Form (2.8) hat. Da H(x) einmal differenzierbar ist, lassen sich Lichtstrahlen definieren, die elementare Strahleneffekte (Fokussierungen) aber keine kaustischen Effekte erzeugen. Die mittlere Intensität hat einen viel schwächeren Abfall mit dem Winkel γ als das Gauss'sche Modell (2.4). Für natürliches Licht ist die Intensitätsschwankung durch

$$\sigma_I^2 = (2 - D) / (D - 1) \tag{2.10}$$

gegeben /13/. Das allgemeine Skalierungsverhalten für die Autokorrelation der gestreuten Intensität an verschiedenen Beobachtungspunkten y_2 und y_1 in Abhängigkeit von der Beobachterentfernung hat die Form

$$C_S = C_S(|y_2 - y_1| \cdot L^{(2-D)/(D-1)} / z^{1/(D-1)}) \tag{2.11}$$

Für den speziellen "Brown'schen" Fall (D = 1.5) gilt exakt

$$C_S = \exp\left(-\frac{2L}{z^2}|y_2 - y_1|\right) \tag{2.12}$$

Ein Beispiel für das Erscheinungsbild einer solchen sub – fraktalen Oberfläche mit D = 1.5, betrachtet aus grosser "Nähe", zeigt Abb.4.

3. Synthese natürlicher Texturen

Innerhalb des Prozesses der Bildsynthese in der dreidimensionalen Computergrafik (Rendering) wird die gestreute Lichtintensität in der Form

$$I = I_{amb} + I_{diff} + I_{fluc} \tag{3.1}$$

simuliert /2,3/. Der Term I_{amb} repräsentiert die reflektierte Hintergrundstrahlung und die Eigenfarbe des Objekts, I_{diff} den diffusen Reflektionsanteil und I_{spec} modelliert die Spiegelreflektion von mikroskopisch rauhen Oberflächen.

Das Erscheinungsbild makroskopischer Störungen auf Oberflächen kann durch den Übergang $I_{spec} \rightarrow I_{fluc}$ erreicht werden, wobei I_{fluc} aus einer Wahrscheinlichkeitsverteilung P(I) der reflektierten Intensität I berechnet wird. Für verschwindende Intensitätsstreuung σ_I ergibt sich der "klassische" Grenzfall

$$P(I) = \delta(I - <I_S>) \tag{3.2}$$

woraus $I_{fluc} = <I_S> = I_{spec}$(2.3) folgt.
Die Modellierung von nicht – Gauss'schen Effekten kann mit den höheren statistischen Parametern Streuung und Autokorrelation erfolgen. Für natürliches Licht hat sich als geeignete Approximation für P(I) die Gamma

Verteilung

$$P(I_{fluc}) = \frac{\alpha}{\langle I_s \rangle \cdot \Gamma(\alpha)} \cdot \left(\frac{\alpha \cdot I_{fluc}}{\langle I_s \rangle}\right)^{\alpha-1} \cdot \exp\left(-\frac{\alpha \cdot I_{fluc}}{\langle I_s \rangle}\right) \tag{3.3}$$

mit $\alpha = 1/\sigma_I^2$ erwiesen /11/. Für schwache Fluktuationen ($\alpha \gg 1$) geht sie in die Normalverteilung mit dem Grenzfall (3.2) über.

Das Intensitätsmuster auf dem Bildschirm bzw. auf benachbarten spiegelnden Oberflächen kann in zwei Schritten berechnet werden. Im ersten Schritt wird während des Renderings die Pixelintensität I_{fluc} durch Invertierung von

$$\int_{I_{fluc}}^{\infty} P_\Gamma(I') \, dI' = 1 - P\left(\alpha, \frac{\alpha \cdot I_{fluc}}{\langle I_s \rangle}\right) = RN \tag{3.4}$$

ermittelt. $P(\alpha, \beta)$ ist die unvollständige Gamma Funktion (tabelliert in /14/) und $RN \in (0,1)$ ist eine gleichmässig verteilte Zufallszahl. Die Invertierung kann für die wichtigen Fälle, starke bzw. Gauss'sche Fluktuationen, approximiert werden durch

$$I_{fluc} \approx \begin{cases} \langle I_s \rangle \cdot (1 + (2\pi \cdot \sigma_I^2)^{1/2} \cdot (RN - 0.5)) & \text{for } \sigma_I^2 \ll 1, \\ \langle I_s \rangle \cdot \sigma_I^2 \cdot RN^{\sigma_I^2} & \text{for } \sigma_I^2 \gg 1. \end{cases} \tag{3.5}$$

Der erste Fall entspricht den selten auftretenden "gleissenden" Reflexen (z.B. auf Wasser- oder Mineraloberflächen), während der zweite Grenzfall leichte Fluktuationen um den Mittelwert beschreibt (z.B. für die Simulation von Sand, Putz, biologischem Material).
Für $\alpha = 1$ geht P(I) in die Exponentialverteilung über, die das Laserlicht – Speckle beschreibt. Die Gleichung (3.4) lässt sich in diesem fall exakt invertieren zu

$$I_{fluc}^{speckle} = -\langle I_s \rangle \cdot \ln(RN), \tag{3.6}$$

Die Intensität schwankt von Punkt zu Punkt in beliebigem Ausmass (das Signal – Rauschen Verhältnis ist Eins), die Textur ähnelt einem "bump mapping" (nach entsprechender Glättung).

In einem zweiten Schritt wird der raum – zeitliche Zusammenhang der Intensitätswerte in der Bildebene mit Hilfe der Autokorrelationsfunktion für die gestreute Intensität bestimmt. Für den wahrscheinlichsten Wert I_2 in einer Nachbarschaft von I_1 ergibt sich mit Hilfe der bedingten Wahrscheinlichkeit $P(I_2|I_1)$

$$E(I_2|I_1) = \int_0^\infty I_2 \cdot P(I_2|I_1) \, dI_2 = c \cdot I_1 + (1-c) \cdot \langle I_s \rangle \qquad (3.7)$$

d.h. die Autokorrelation der gestreuten Intensität "vermittelt" zwischen Nachbarpunkt und allgemeinem Mittelwert der Intensität.

Für die Anwendung des Facettenmodells in der Computergrafik ist schon eine einfache Näherung durch Projektion der Höhenschwankungskorrelation z.B. der Form

$$C_H(x_2 - x_1, y_2 - y_1, t_2 - t_1) = \left(1 - \frac{(x_2 - x_1)}{l_x^2} - \frac{(y_2 - y_1)}{l_y^2}\right) T(t_2 - t_1) \qquad (3.8)$$

zur Erzeugung vielfältiger Texturstrukturen geeignet, wobei die Korrelationslängen l_x, l_y die Form der Texturelemente und die "Körnigkeit" bestimmen. Der zeitliche Korrelationsanteil $T(t_2 - t_1)$ kann die Evolution und/oder die Bewegung der Texturelemente bestimmen.
Die Intensitätsberechnung für die Bildebenenpunkte (j,i) kann dann durch den Filterprozess

$$I(j,i) = \langle I_{spec} \rangle + \frac{1}{(2m+1)(2n+1)} \sum_{j'=-m}^{m} \sum_{i'=-n} C_S(|j-j'|, |i-i'|) \cdot (I_{fluc}(j',i') - \langle I_{spec} \rangle) \qquad (3.9)$$

angenähert erfolgen, wobei m und n durch die Korrelationslängen bestimmt werden.

Die mit einem einfachen Ray Tracing Programm simulierten Texturen sind Testbeispiele für "natürliche" Texturen, erzeugt durch Intensitätsschwankungen und Intensitätskorrelation. Abbildung 2 zeigt den Effekt sehr starker Intensitätsfluktuation und Abb. 3 veranschaulicht zusätzlich die starke Winkelabhängigkeit dieser Fokussierungseffekte. Abbildung 4 ist eine Simulation einer aus der Nähe betrachteten "sub - fraktalen" Oberfläche, während Abb. 5 eine Überlagerung von starken und schwachen Intensitätsschwankungen simuliert.

Literaturverzeichnis

1. Amanatides, J., Realism in Computer Graphics: A Survey, IEEE CG&A, (Jan.1987), pp. 44–56

2. Blinn,J.F., Models of Light Reflection for Computer Synthesized Pictures, Computer Graphics 11,(no. 2, 1977), pp. 192–198

3. Cook,R.L., Torrance,K.E., A Reflectance Model for Computer Graphics, Computer Graphics 13, (no. 3, 1981), pp. 307–316

4. Blinn,J.F., Simulation of Wrinkled Surfaces, Computer Graphics 12, (no. 3, 1978), pp. 286–292

5. Carey,R.J., Greenberg,D.P., Texture for Realistic Image Synthesis, Comp. & Graphics 9, (no.2, 1985), pp. 125–138

6. Haruyama,S., Barsky,B.A., Using Stochastic Modeling for Texture Generation, IEEE CG&A (March 1984), pp. 7–19

7. Lewis,J.P., Generalized Stochastic Subdivision, ACM Trans. on Graphics 6, (July 1987), pp. 167–190

8. Beckmann,P., Spizzichino, A., The Scattering of Electromagnetic Waves from Rough Surfaces, McMillan, New York, 1963

9. Jakeman,E., Pusey,P.N., Non-Gaussian Fluctuations in Electromagnetic Radiation Scattered by a Random Phase Screen, J. Phys. A8, (no.3, 1975), pp. 369–391

10. Zardecki,A., Statistical Features of Phase Screens from Scattering Data, in "Inverse Source Problems in Optics", Baltes,H.P.(ed.), Springer Verlag, Berlin 1978, pp. 155–189

11. Pusey,P.N., Statistical Properties of Scattered Radiation, in "Photon Correlation Spectroscopy and Velocimetry", Cummins,H.Z., Pike,E.R. (eds.), Plenum Press, New York 1977, pp. 45–141

12. Berry,M.V., Diffractals, J. Phys. A12, (no. 6, 1979), pp. 781–797

13. Jakeman,E., Fresnel Scattering by a Corrugated Random Surface with Fractal Slope, J. Opt. Soc. Am. 72, (no. 8, 1982), pp. 1034–1041

14. Pearson,E.S., Hartley,H.O.,(eds.), Biometrika Tables for Statisticians, vol. 2, Biometrika Trust 1976, pp. 160–169

15. Church,E.L., Fractal Surface Finish, Appl. Optics 27, (no. 8, 1988), pp. 1518–1526

16. Jao,J.K., Amplitude Distribution of Composite Terrain Radar Clutter and the K – Distribution, IEEE Trans. AP-32, (no. 10, 1984), pp. 1049–1062

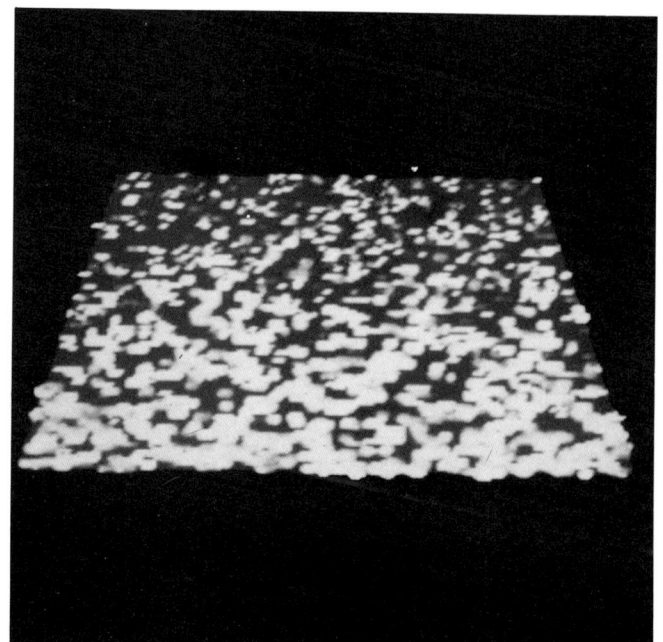

Abb. 2

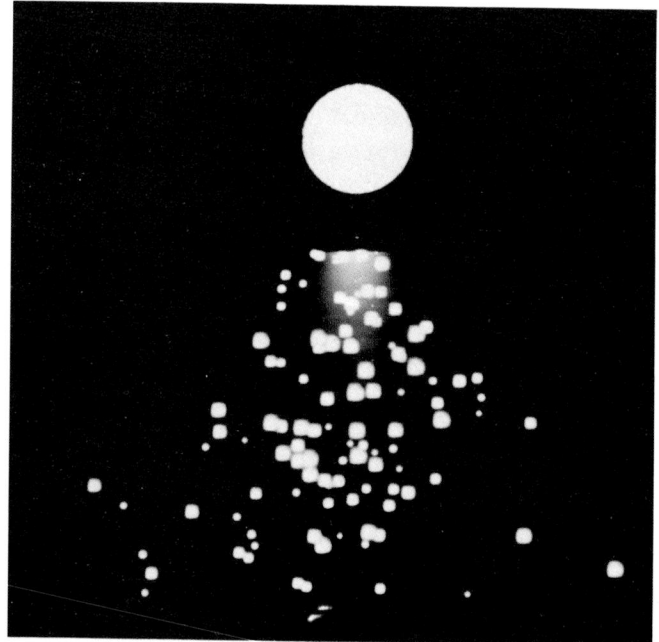

Abb. 3

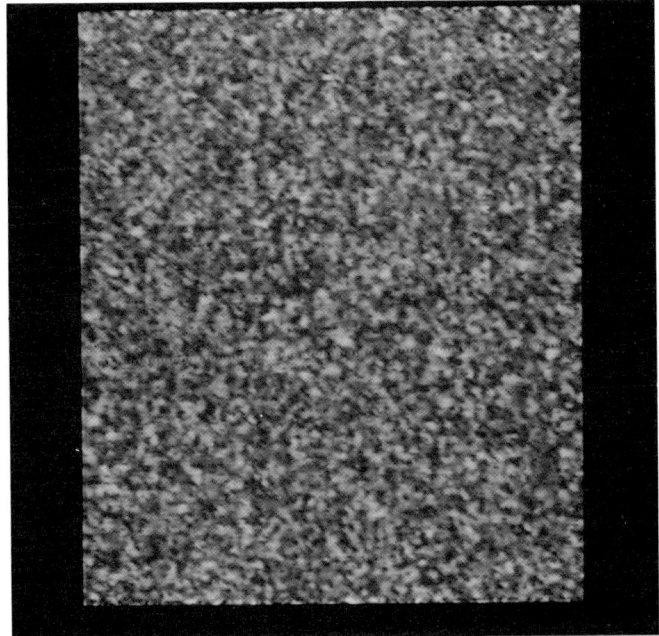

Abb. 4

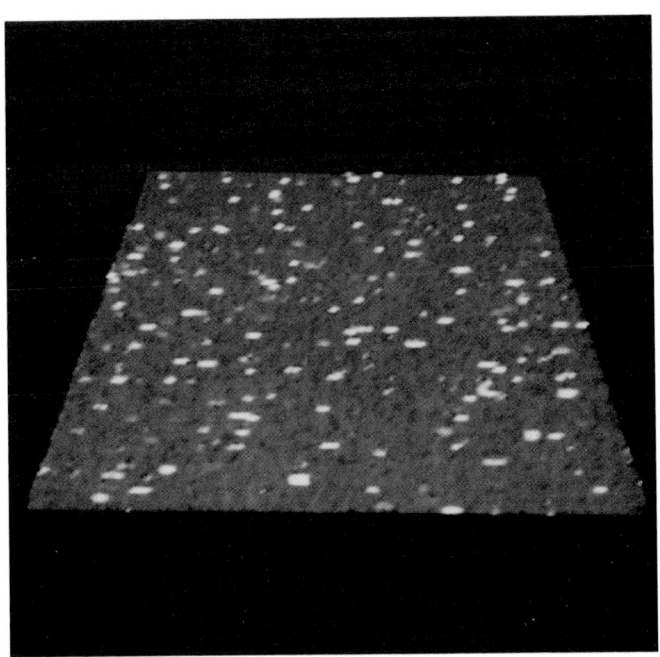

Abb. 5

BILDVERBESSERUNG BEI DER
3D-VISUALISIERUNG VON VOXELRÄUMEN

V. Heyers, J. Dengler und H.P. Meinzer
Deutsches Krebsforschungszentrum Heidelberg
Abteilung MBI (Leiter: Prof.Dr. C.O. Köhler)

Bei der Repräsentation einer realen Struktur durch Voxel (=3D-Pixel) (z.B. aus CT- oder MR-Schnittserien) sind durch die Diskretisierung auch die Oberflächenorientierungen der repräsentierenden Voxelstruktur und der des Originals oft erheblich verschieden. So führen dann bei einer 3D-Visualisierung Aliasing-Effekte zu Bildern, die von einer irritierenden Linienstruktur überzogen sind.
Vorgestellt wird ein schnelles Filterverfahren, das Aliasing-Effekte vermeidet, weil durch die Filterung das 3D-Bild der kanten- und diskontinuitätenerhaltend geglätteten Voxelstruktur dargestellt wird.
Dabei führt die Glättung der Voxelstruktur nicht zu Veränderungen über die Diskretisierungsungenauigkeit hinaus.

Einführung

In der Medizin ist es oft hilfreich, CT- oder MR-Daten räumlich darzustellen. Die Bildqualität der 3D-Visualisierung einer Struktur, die durch Voxel repräsentiert ist, kann wesentlich verbessert werden, wenn die repräsentierende Struktur mit Wissen über das Original verglichen wird und sich aus der Art der Repräsentation ergebende Fehler in einem geeigneten Verarbeitungsstadium durch Filter beseitigt werden. Dieses Vorgehen wird beispielhaft für die wegen ihrer Geschwindigkeit häufig verwendeten "Gradientenschattierung" [2] einer binären Voxelstruktur (Back-to-front Verfahren) vorgestellt.

Skizzierung der Gradientenschattierung

Bei der Gradientenschattierung richtet sich die einem Oberflächenpunkt zugewiesene Helligkeit H nach dessen räumlicher Orientierung.

n = Normalenvektor der Oberfläche

l = Vektor in Lichtrichtung

e = Vektor in Blickrichtung

e ' = Vektor des reflektierten
    Sehstrahls

Alle Vektoren sind normiert.

Abb.1. Zu schattierende Oberfläche

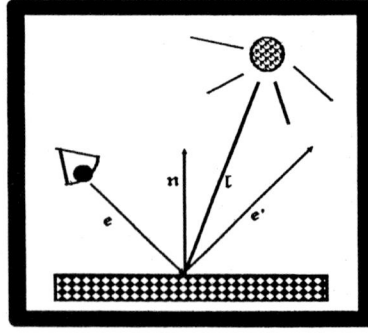

Nach dem Lambertschen Gesetz für "kalkige" Oberflächen gilt dann:

$$H \sim n * l$$

Reale Oberflächen verhalten sich wie eine Mischung aus Spiegel und Lambertscher Oberfläche [3]:

$$H = c_1 \, (n * l)^{e_1} + c_2 \, (e' * l)^{e_2} \qquad \text{(Formel 1)}$$

c_1, c_2, e_1, e_2 sind von der Oberflächenbeschaffenheit abhängige Konstanten.

Der Normalenvektor N der Oberfläche wird mit Hilfe eines zweidimensionalen Z-Buffers bestimmt, der den Abstand der Oberflächenvoxel zu der einem Betrachter zugewandten Endfläche des Voxelraumes bezeichnet (Abb. 2).

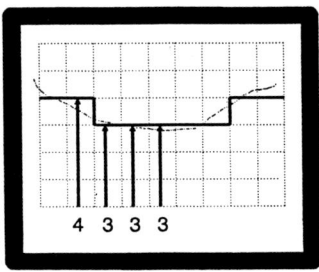

Abb. 2. Wie eine Z-Buffer Zeile entsteht.

Für einen Oberflächenpunkt ergibt sich seine Oberflächenorientierung aus den Differenzen des Z-Buffer Wertes gegenüber dem rechten und linken, sowie dem darüber- und darunterliegenden Nachbarn, die im diskreten Gitter den Gradienten entsprechen.

Ausgangssituation

Das Ergebnis der beschriebenen Visualisierung wird qualitativ etwa so aussehen: (hier: Schichten mit 256x256 Bildpunkten)

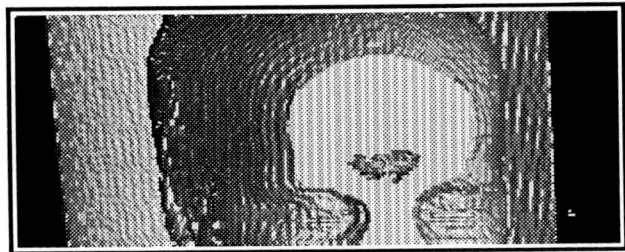

Abb.3. Menschlicher Kopf. Das Bild ist von einer irritierenden Linienstruktur überzogen, die besonders an der eigentlich glatten Schnittfläche an der Stirn störend auffällt. Sie soll oft durch die Verwendung von kleinen e_1, e_2 in Formel (1) unterdrückt werden [1], damit wird dann aber die Plastizität herabgesetzt.

Ursache der Linienstruktur

Bei der Z-Buffer Repräsentation einer Oberfläche kommt es zur Auszeichnung einzelner Oberflächenpunkte, die eine andere Helligkeit zugewiesen bekommen, als alle ihre Nachbarn: Sie haben eine andere Differenz gegenüber dem Z-Buffer-Wert des nächsten Nachbars, was auf eine andere Oberflächenorientierung schließen läßt.

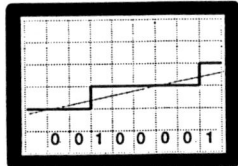

Abb. 4. Differenz gegenüber Z-Buffer-Wert des linken Nachbars

Es bleibt festzuhalten:

-Die Z-Buffer-Differenzen zum nächsten Nachbarn sind mit einer Ungenauigkeit von ±1 (Voxel) behaftet (,wenn die Z-Buffer Ungenauigkeit der Diskretisierungsungenauigkeit entspricht).
-Bildpunkte mit Streifen sind in der Regel nicht gegenüber ihren Nachbarn ausgezeichnet.
-Sie täuschen Information vor, die nicht vorhanden ist.

Filter 1

Erste Abhilfe stellt eine Filterung dar, die "Streifen" innerhalb des Meßwertungenauigkeitsbereichs entfernt. Dazu sind die Differenzen des Z-Buffers zum nächsten Nachbarn zu betrachten (eine Größe, die ohnehin ermittelt wird).

Die Streifen stellen sich hier als Mischformen von Typ A und Typ B dar.

Typ A: Differenz = a ... a b a ... a b a ... a b a...
Typ B: Differenz = ... a b a b a b a ...

Die Störungen des Typs A können leicht durch eine Medianfilterung (mit Dreiermaske) beseitigt werden. Dabei wird die häufigere Differenz als zutreffendere angenommen (, was auch durch Abb. 4 nahegelegt wird). Bei Typ B (beide Differenzen sind gleichhäufig) vertauscht die Medianfilterung aber nur "a"- und "b"-Werte.
Deshalb wird noch eine Erosion mit einer 3er Maske durchgeführt [4] , die das Minimum von a und b liefert und die noch verbliebenen Streifen beseitigt.
Die so gefilterten Differenzen des Z-Buffers sind überall dort, wo sie von den ungefilterten um mehr als die Meßwertungenauigkeit abweichen, durch diese zu ersetzen, um Verfälschungen auszuschließen.
Das Ergebnis der Filterung widerspricht also keinesfalls den Originalmeßwerten, lediglich wird die Meßwertungenauigkeit genutzt, um wenig plausible Eigenschaften des Datenmaterials zu korrigieren und somit irreführende Visualisierungen zu verhindern.
Dabei ist zu beachten, daß die "plausiblen Eigenschaften" sich nach dem darzustellenden Objekt und der gegebenen Voxelauflösung richten.
Die gerade beschriebene Streifenfilterung wäre z.B. bei einem Objekt mit "rauher Oberfläche" weniger angemessen, sofern die Voxelauflösung fein genug ist die Oberflächenbeschaffenheit aufzulösen.

Zwischenergebnis

Nach der Filterung erscheint der Kopf:

Fig.5. Kopfdarstellung mit Filter 1

Diesem Bild fehlen tatsächlich die störenden Streifen. Trotzdem erscheint es noch verbesserungsbedürftig:

Die Plastizität ist sehr gering.
Die Grauwertabstufung ist sehr grob.

Das sind Folgen der sehr geringen Winkelauflösung der Z-Buffer Differenzen.
Ist die Differenz des Z-Buffers gegenüber dem Nachbarpunkt gleich Null, so heißt das:
Die betrachtete Objektoberfläche steht senkrecht zur Blickrichtung (Abb. 4). Beim nächstmöglichen Wert, einer Differenz vom Betrag 1, ist die Oberflächenorientierung davon aber schon um 45^0 verschieden.

Das ungefilterte Bild wirkt plastischer, da das Auge mit Hilfe der Streifendichte integrierend Farbzwischenstufen wahrnimmt.
Auf die herausgefilterten Streifen kann also nicht ohne Schaden verzichtet werden.
Ein verbessertes Filter sollte also als Z-Buffer-Differenzen nicht nur Integer Werte zulassen, sondern, um eine bessere Winkelauflösung der Orientierung der betrachteten Oberfläche zu erreichen (siehe Abb. 4) speziell im Intervall [-1,1] Differenzen feiner unterscheiden.

Anforderungen an das neue Filter

Das Filter soll zu streifenfreien Bildern mit besserer Winkelauflösung führen.

1. Berücksichtigung der Streifendichte

Wie im ungefilterten Bild dem Auge, so soll jetzt die Streifendichte dem Filter die Möglichkeit geben, die wahre Oberflächenorientierung besser zu schätzen.
In einem Gebiet, in dem die Z-Buffer Differenzen ungefiltert überwiegend den Wert a haben, müssen isolierte a+1 oder a-1 Werte dazu benutzt werden, die bisherige Integer-Beschreibung zu verfeinern und so die Winkelauflösung zu erhöhen.
Natürlich soll sich das Filterergebnis um so mehr von a unterscheiden, je größer die Anzahl der von a abweichenden Werte ist.

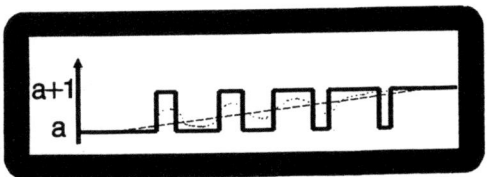

Abb. 6. Filterung der Z-Buffer Differenzen.
Die gefilterten Z-Buffer Differenzen müssen zwischen den Streifen, die es vor der Filterung gab, monoton sein (gestrichelte Linie), da anderenfalls weiterhin Streifen stören würden (gepunktete Linie).

2. Berücksichtigung der Nachbarschaft

Das Filterergebnis eines Z-Buffer Differenzelements muß sich nach seiner Nachbarschaft richten.

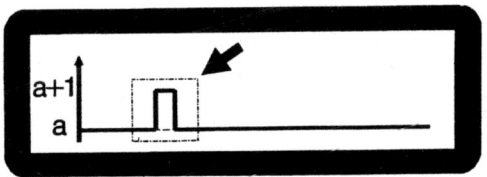

Abb. 7. Filterung der Z-Buffer Differenzen. Das für den markierten Bereich gewünschte Filterergebnis unterscheidet sich von dem für den gleichen Bereich in Abb. 6 gewünschten Ergebnis. Hier soll nicht der Übergang vom Wert a in a+1 eingeleitet werden, sondern der Wert a soll die isolierte Störung a+1 ersetzen.

3. Kantenerhaltende Glättung

Betraglich größere Sprünge als 1 der Z-Buffer Differenzen lassen auf echte Kanten schließen. Hier soll also nicht geglättet werden (Abb. 8 b).
Dagegen werden Sprünge von ±1 in der Regel von sanft gekrümmten Objektoberflächen hervorgerufen (zumal bei medizinischen Szenen).

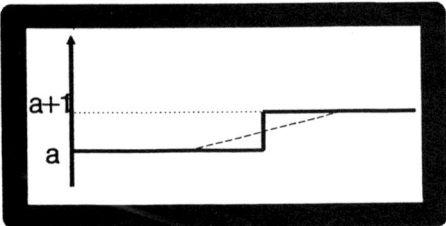
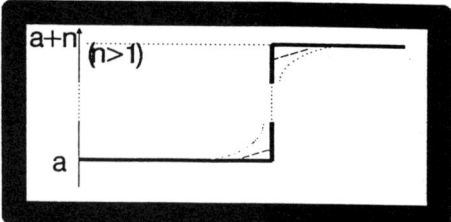

Abb. 8. Filterung der Z-Buffer Differenzen. Im Bild 8a ist Glättung erwünscht, in Bild 8b würde Glättung die Kante "verwaschen", das Bild wäre unscharf (Punktlinie). Trotzdem kann die gestrichelte Linie aber eine sinnvoll Glättung darstellen, wenn der Z-Buffer mit einem größeren Fehler als der Diskretisierungsungenauigkeit behaftet ist, z.B. durch Objektdrehung im diskreten Gitter.

Verbessertes Filter

Das Ergebnis der Z-Buffer Differenzen aus Filterung 1 wird durch einen Korrekturterm verbessert, der die o.g. Anforderungen berücksichtigt. Dabei wird die Korrektur für jeden aufgetretenen Differenzwert des Z-Buffers $(0, \pm 1, \pm 2,...)$ gesondert berechnet.
Es ist besonders sinnvoll, die Korrekturrechnung für die Werte 0 und ±1 durchzuführen, da für diese Werte die Winkelauflösung besonders schlecht ist (Abb. 3, Abb. 4) und sie besonders häufig auftreten (bei einer dem darzustellenen Objekt angemessenen Auflösung).
Zur Bestimmung des Korrekturwerts für alle Z-Buffer Differenzelemente, die nach der Filterung 1 den Wert a zugewiesen bekommen haben, wird die Z-Buffer Differenz *vor* Filterung 1 abgebildet:

$$\text{sign}^*(x) = \begin{cases} 1, \text{ wenn } 0 < x \leq 1 \\ 0, \text{ wenn } x = 0 \text{ oder } |x| > 1 \\ -1, \text{ wenn } 0 > x \geq -1 \end{cases}$$

Anschließend summiert man diese Korrekturterme in einer Umgebung des zu korrigierenden Z-Buffer Differenzelements auf:
Die Länge der Summationsmaske ist doppelt so groß, wie der maximale räumliche Abstand zwischen zwei Streifen zu wählen.

$$\text{sign}^* : ... \quad -1 \;-1 \;-1 \;-1 \;\; 0 \;\; 0 \;\; 0 \;\; 0 \;\; 1 \;\; 0 \;\; 1 \;\; 1 \;\; 1 \;\; 1 \;\; 1 \;\; 1 \;...$$

Faltungsergebnis: $\quad ... \quad -3 \;-1 \;\; 1 \;\; 3 \;\; 5 \;\; 6 \;\; 7 \;...$

Beispiel: Summation mit 11er Maske.

Man wendet dann auf das Summationsergebnis Filter 1 an und stellt dadurch sicher, daß der Korrekturterm sicher "streifenfrei" ist.

Dann wird durch die Maskenlänge geteilt; für alle Z-Buffer Differenzen, die *nach* Filterung 1 den Wert a zugewiesen bekommen haben, ist nun der Korrekturwert berechnet.

Da der Korrekturwert gerade die von Filterung 1 vernachlässigten Streifen wieder berücksichtigt, besteht nicht die Gefahr, die Meßungenauigkeitsgrenzen durch die Korrektur, die gewöhnlich betraglich kleiner als 0,5 ist, zu überschreiten.

So ergibt sich insgesamt für die Filterung f der Z-Buffer Differenzen $\partial_x B(x,y)$:

$$f(\partial_x B(x,y)) =$$

$$F1(\partial_x B(x,y)) + \sum_{a=-n}^{n} F1\left(\frac{1}{1+2m} \sum_{k=-m}^{m} \text{sign}^*\{F1(\partial_x B(x+k,y))-a\} + \left[\delta_a(x+k,y) \times \left[\text{sign}^*\{\partial_x B(x+k,y)-F1(\partial_x B(x+k,y))\}\right]\right]\right)$$

wobei

$\partial_x B(x,y)$ der Gradient der Z-Buffer Matrix in x-Richtung am Punkt (x,y) ist, also die Differenz zum nächsten Nachbarn in horizontaler Richtung.

F1(x,y) das Ergebnis am Punkt (x,y) ist, nachdem "Filter 1" auf die Matrix angewandt wurde.

n eine freizuwählende positive ganze Zahl ist, von der die Anzahl der Iterationen abhängt.

m der diskrete maximale Streifenabstand ist.

$$\delta_a(x,y) = \begin{cases} 1, & \text{wenn } \partial_x B(x,y) = a \\ 0 & \text{sonst} \end{cases}$$

Der Gradient in y-Richtung wird analog bestimmt.

Endergebnis

Das Ergebnis der verbesserten Filterung:

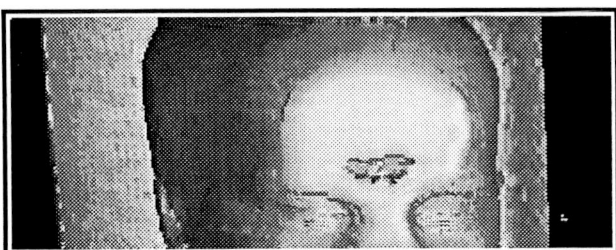

Abb. 9. Endergebnis

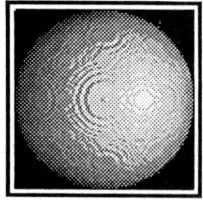
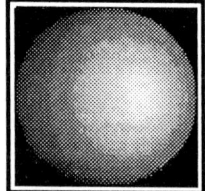

Abb. 10. Filterwirkung bei der Visualisierung einer Kugel, die von 91^3 Voxeln beschrieben wird. Links das Bild ohne, rechts mit der neuen Filterung.

Zusammenfassung

Das vorgestellte Filterverfahren arbeitet besonders effektiv, da es genau an der Stelle des Algorithmus auf derjenigen Größe arbeitet, wo sich die aus dem gewählten Visualisierungs- verfahren ergebenden Fehler besonders leicht erkennen und beheben lassen:
Ist die lokale Monotonie der Z-Buffer Differenzen zum nächsten Nachbarn nur um ± 1 gestört, so kann man das auf die Diskretisierung zurückführen und sorgt durch schnelle Filterung für lokal monotone Z-Buffer Differenzen und damit für lokal monotone Gradienten der Normalenvektoren der darzustellenden Oberflächen. Die Streifen sind so entfernt.
Die gewählte Filterung zeichnet sich dadurch aus, daß (im Gegensatz zu einer Gauss-Filterung o.ä.) die Störungen wirklich beseitigt und nicht nur auf ein größeres Gebiet verteilt werden. Auch wird das Bild durch die Filterung nicht unschärfer.
Die Filterung führt zu keiner Abweichung über die Meßwertungenauigkeit hinaus.
Die Leichtigkeit, mit der Wissen über neue darzustellende Objekte (z.B. über Oberflächenbe- schaffenheit, Größe der Strukturen, Meßgenauigkeit etc.) im Filter durch Parameteränderung eingebracht werden kann, läßt die vorgestellte Methode auch gegenüber anderen Manipulationen am Original Z-Buffer (Glättungen o.ä.) überlegen erscheinen.

Literatur

[1] Gordon, D., Reynolds R.A.: Image space shading of three dimensional objects. Tech. Rep. Univ. Pennsylvania 1983
[2] Herman, G.T., Reynolds R.A., Udupa J.K.: Computer techniques for the representation of three-dimensional data on a two-dimensional display. Proc. SPIE 367 (1982) 3-14
[3] Phong, B.-T.: Illumination for computer generated pictures. Comm. ACM 18 (1975) 311-317
[4] Serra, J.: Image Analysis and Mathematical Morphology. Academic Press, London 1982

Ein System zur Generierung, Manipulation und Archivierung von Texturen - Textur-Editor - [1]

Gabriele Englert (*), Georg Rainer Hofmann (**), Georgios Sakas (*)

(*) Technische Hochschule Darmstadt
Fachgebiet Graphisch-interaktive Systeme (GRIS)
(**) Fraunhofer-Arbeitsgruppe für Graphische Datenverarbeitung (FhG-AGD)
Abt. Simulation und Animation
Wilhelminenstr. 7, D-6100 Darmstadt, Germany
Telex: 4 197 367 agd d   Telefax: +49 6151 1000 99

Zusammenfassung

Die Oberflächen realer Objekte sind in der Regel nicht strukturlos, haben also außer einer Farbe noch weitere Eigenschaften, die sogen. *Textur*. So prägen beispielsweise farbliche bzw. geometrische Variationen das charakteristische Aussehen von Stein-, Sand- und Marmor- oder Textiloberflächen. Diese Textur einer Oberfläche muß bei der computergraphischen Generierung von möglichst realitätsnahen Bildern berechnet (*texture synthesis*) und auf die entsprechenden Objekte aufgebracht (*texture mapping*) werden.

Texturen können einerseits auf photographischem Weg direkt aus der Natur entnommen werden, andererseits existieren für einige Texturen mathematische Modelle zu deren algorithmischen Generierung. In diesem Papier wird ein Verfahren vorgestellt, das mit Hilfe eines optischen Speichermediums einen Katalog natürlicher und künstlicher Texturen abspeichert und für den Einsatz in der Visualisierungstechnik verfügbar hält.

Ein Manipulationssystem erlaubt die Veränderung und Neukreierung von Texturen. Damit verbunden ist eine Formalisierung des Texturbegriffs, die ein abstraktes Texturmodell beinhaltet, mit dessen Hilfe gegebene und neu zu erstellende Texturen beschreibbar und klassifizierbar sind.

Das Gesamtsystem, das ist das Archiv von Texturen auf der optischen Platte und das Manipulationssystem, bedeutet für den Einsatz von Texturen in der Graphischen Datenverarbeitung eine bislang unbekannte Handhabbarkeit.

1. Zum Begriff und zur Beschreibung von Texturen

Die Bildverarbeitung beschreibt den Begriff "Textur" in der Regel als Realisierung eines stochastischen Prozesses (z.B /CoHA80/, /Habe85/). Für die Synthese wird diese Definition jedoch sehr selten (/Gaga81/) verwendet, und es gilt hier noch immer, was Carlucci (/Carl72/) bereits 1972 ausgeführt hat, daß nämlich jeder sofort weiß, was unter dem Begriff "Textur" zu verstehen ist, aber eine exakte mathematische Definition des Gegenstandes bislang nicht vorliegt (siehe dazu auch /GoWi87/). Dies mag durchaus aus der großen Anzahl von schwer faßbaren, weil teilweise von der subjektiven Wahrnehmung abhängigen Attributen resultieren (/CrJa83/).

Trotzdem werden "charakteristische Texturen" vom menschlichen Beobachter sofort an den ihnen eigenen Merkmalen erkannt. - Wobei wir hier den Begriff "sofort" in den von /Jule81/ und /Korn82/ gefundenen Einschränkungen verstehen wollen.

Offensichtlich führt das Mustererkennungssystem des menschlichen visuellen Systems bei der Erkennung von Texturen eine spezifische Merkmalsextraktion durch. Umgekehrt kann man sagen, daß eine beliebige Textur, die bereits in der Vorstellung des Benutzers existiert, von diesem anhand ihrer Charakteristika mittels einer speziellen zu entwerfenden Texturbeschreibungssprache beschrieben und mit einer entsprechenden Maschine (einem *Textur-Editor*) realisiert werden könnte.

Es existieren bereits Versuche, Texturen nach den dem menschlichen Betrachter wichtigen Kriterien zu unterscheiden und zu beschreiben, so z.B. /ScRD78/ oder /TaMY78/. Die vorgeschlagenen Systeme sind

---

[1]   von der Deutschen Forschungsgemeinschaft (DFG) gefördertes Forschungsvorhaben;
Förderungskennzeichen: EN-123/10-1

aber zum einen nicht vollständig und beschreiben nicht "alle" Texturen, zum anderen sind diese Systeme stark von der Bildverarbeitung geprägt, denn der Schwerpunkt der bisherigen Forschung lag auf dem Erkennen und Einordnen (bekannter) Muster.
Es läßt sich mithin konstatieren, daß ein dem menschlichen Beobachter gerechtes Texturmodell bislang nicht entwickelt worden ist.

Ziel des hier vorgestellten Projekts ist der Entwurf und die Implementierung eines "Textur-Editors" mit folgenden Fähigkeiten:
- Algorithmische Generierung neuer Texturen aus der Vorstellung des Benutzers heraus.
  Das System muß daher "vorstellungsgerechte Texturmodelle" und Texturbeschreibungen akzeptieren.
- Archivierung von aus der Natur entnommenen Texturen (photographische Vorlagen).
  Diese Bilder sollen für den Einsatz in der Computer Graphik verfügbar gemacht werden. Der Benutzer soll auf sie ebenso zurückgreifen können wie auf die auf algorithmischen Weg erzeugten Texturen.
- Modifikation bereits bestehender Texturen.
- Anbindung an ein Rechnernetz.
  Es soll möglich sein, auf fremden Rechnern implementierte Algorithmen (z.B Verfahren für *rendering*, *mapping*) zu nutzen, oder im Archiv gespeicherte Texturen fremden Rechnern zu Verfügung zu stellen.

Um dies jedoch verwirklichen zu können, muß der Begriff "Textur" eindeutig definiert und ein entsprechendes Texturmodell aufgebaut werden. Dieses Modell soll einer formalen Texturbeschreibungssprache zugrundegelegt werden, mit der eine vollständige und einheitliche Erfassung von Texturen möglich ist.

2. Bekannte Ansätze zur formalen Beschreibung von Texturen

Es wurde schon mehrfach versucht, Texturen in ihrer Gesamtheit mit einer formalen Beschreibung zu erfassen. Folgende Arbeiten sind sicher dazuzuzählen:

/Zuck76/ Es wird als Modell "idealer Texturen" die Menge der drei regulären und acht semiregulären Teilungen (die elf Kepler'schen Teilungen) der Ebene vorgestellt. Mit Hilfe dieser Teilungen lassen sich die Positionen von Texturelementen ("Primitiven") beschreiben. Diese Primitive werden mit stochastischen Methoden variiert.

/LuFu78/ Gegebene Texturen werden mit einem *window* fester Größe abgetastet, wobei dieses "Fenster" so gewählt ist, daß es beim aneinanderreihenden Fortschreiten über die zu analysierende Textur immer den gleichen Inhalt erhält. (Anmerkung: Damit beschränkt sich die Art der so exakt beschreibbaren Texturen auf die Ornamente 1. Art, das sind die Flächenfüllungen mit genau zwei Verschiebungsrichtungen.). Dieses Fenster wird dann mit einer baumartigen Datenstruktur beschrieben und kann, wiederum aneinandergereiht, zur ursprünglichen Texturart, jedoch nunmehr beliebiger Flächengröße, zusammengesetzt werden.

/TaMY78/ Texturen werden nach sechs Charakteristika klassifiziert. Diese sind Grobheit (grobkörnige im Gegensatz zu feinkörnigen Texturen), Kontrast (kontrastreiche im Gegensatz zu kontrastarmen Texturen), Ausgerichtetheit (Texturen mit ausgerichteten im Gegensatz zu Texturen mit ungerichtet plazierten Partikeln), Linienartigkeit (linienartige im Gegensatz zu fleckigen Texturen), Regularität und Rauhheit (wobei diese Eigenschaft eigentlich zum taktilen Empfinden gehört). Es werden sowohl subjektive als auch berechnete Bewertungen nach diesen Kriterien an exemplarischen Beispielen angegeben.

/Carl72/ Ein System für die Definition abstrakter Texturbeschreibungssprachen wird angegeben. Danach wird eine (nicht realistische!) Textur als ein Baum repräsentiert, wobei Unterbäume das Auftreten der "*unit patterns*" (Texturgrundmuster) repräsentieren. Dieses Texturgrundmuster und die Plazierungsregel bestimmen das Aussehen der Textur.

/LuFu79/ Texturen werden durch eine Grammatik im Sinne der formalen Sprachen beschrieben. Dies eignet sich sehr gut für deterministische Muster, die sich auch durch regelmäßige Graphen darstellen lassen (z.B. *web grammars*, *tree grammars*). Es wird jedoch darüber hinaus für unregelmäßige Strukturen eine stochastische Grammatik vorgeschlagen, bei der für die

Anwendung von Ersetzungsregeln Wahrscheinlichkeiten angegeben werden (siehe dazu auch /Fu80/ und /GoTh78/).

3. Beitrag zu einem Texturmodell, Texturwahrnehmung und Texturvisualisierung

Computer-generierte "realitätsnahe" Bilder sollen bei einem Betrachter möglichst den gleichen (natürlichen) Eindruck hinterlassen, wie es ein Beobachten der realen Szene zur Folge hätte (siehe auch Bild 1).

Eine natürliche Szene S besteht aus drei-dimensionalen Objekten, die Lichteinflüssen (Schattenbildung, Farbänderung durch Licht, etc.) ausgesetzt sind. Zu einer Szene gehört auch ein menschlicher Betrachter, der das Gesehene mental zu einer in seiner Vorstellung existierenden Szene verarbeitet und interpretiert (mentales Modell M der natürlichen Szene).

Dabei werden die Objekte von S auf die Netzhaut des Betrachters abgebildet. Aus dieser 2D-Darstellung extrahiert das visuelle Wahrnehmungssytem zunächst zweidimensionale Information (Regionen einheitlicher Farbe, Muster, etc.), erst daran anschließend werden Konturen als eindimensionale Information wahrgenommen, die diese Regionen umranden (/GaMa85/). Eines der Flächenattribute ist dabei die "Textur". Eine Fläche zeichnet sich somit durch intuitive "Einheitlichkeit" aus. Einheitlich ist eine Fläche dann, wenn der Beobachter sie sofort als Einheit begreift und sie z.B. als Oberfläche eines Gegenstands bezeichnet oder die in ihr enthaltenen Gegenstände mit einem Sammelbegriff (wie Rasen, Gebüsch, Ziegeldach) benennt. So ist die "Einheit" der Objekte streng mit der sprachlichen Begriffsbildung verknüpft; insofern ist der Objektbegriff fließend, da die Einheit der Objekte vom Erkennenden abhängt.

Die so gewonnenen Informationen werden vom visuellen System und dem menschlichen Gehirn anschließend zu dem (vereinfachten) Modell M der Szene mit dreidimensionalen Objekten und zugehörigen Objektattributen abstrahiert. Die Objekte werden dabei *subjektiv*, gegenstandsbezogen und nicht-formal abgespeichert. Texturen können als Zusammenfassungen von Objekten oder Objektteilen aufgefaßt werden. Die entsprechende Interpretation ist subjektiv, also abhängig vom Wahrnehmungsprozeß eines (menschlichen) Beobachters. "Vereinfachung" heißt in diesem Kontext auch, daß Ansammlungen ähnlicher Objekte als Textur interpretiert werden können.

Zusammenfassungen von Objekten zu Texturen werden durchgeführt, weil

- das Auflösungsvermögen des menschlichen visuellen Systems beschränkt ist;
  Die Leistungen des Wahrnehmungssystems werden neben den rein physiologischen Möglichkeiten vor allem von den "Beobachtungsbedingungen" (Abstand zwischen Beobachter und Gegenstand, Lichtverhältnisse, usw.) beeinflußt.
  Beispiele dafür ist ein aus der Ferne betrachteter Wald oder auch Luftaufnahmen von landwirtschaftlich genutzten Gebieten. Dazu zählen weiter auch mikroskopisch kleine Strukturen, die vom Menschen nicht mehr erkannt werden, und die sich jedoch auf die Oberfläche von Objekten auswirken (z.B. als typischer Glanz polierter Oberflächen).

- der "center of interest" verlagert wird,
  so daß z.B. durch die Fokussierung von nahen Gegenständen der Hintergrund zu einem einheitlichen Muster verschwimmt.

- oder eine zu große Informationsmenge, die aus einer Vielzahl ähnlicher Gegenstände besteht, das visuelle Verarbeitungsvermögen des Menschen überfordert;
  Hierunter fallen eine nah betrachtete gemähte Wiese oder ein Kieselstrand, bei denen die Gegenstände (Grashalm, Kieselstein) noch einzeln gesehen werden können, aber nicht mehr als solche (sondern als Texturen) wahrgenommen werden, des weiteren auch regelmäßige Strukturen wie Backsteinwand und Straßenpflaster (siehe dazu auch /Trei85/).

Basierend auf diesem mentalen Modell soll eine künstliche Szene, ebenfalls bestehend aus Objekten, Lichteinflüssen und einem Beobachter, generiert werden. Während in natürlichen Szenen nur ein subjektiver Textur-Eindruck existiert, gibt es in der künstlichen Szene dagegen visualisierungstechnisch gesehen "echte" Texturen.

Ziel ist es, im Zuge realistischer Computer-Bilder Texturen in künstlichen Szenen visualisieren zu können, die über ein Rasterbild vermittelt bei einem betrachtenden Menschen einen subjektiven Textureindruck hervorrufen, der dem aus einer natürlichen Szene erhaltenen Eindruck entspricht.

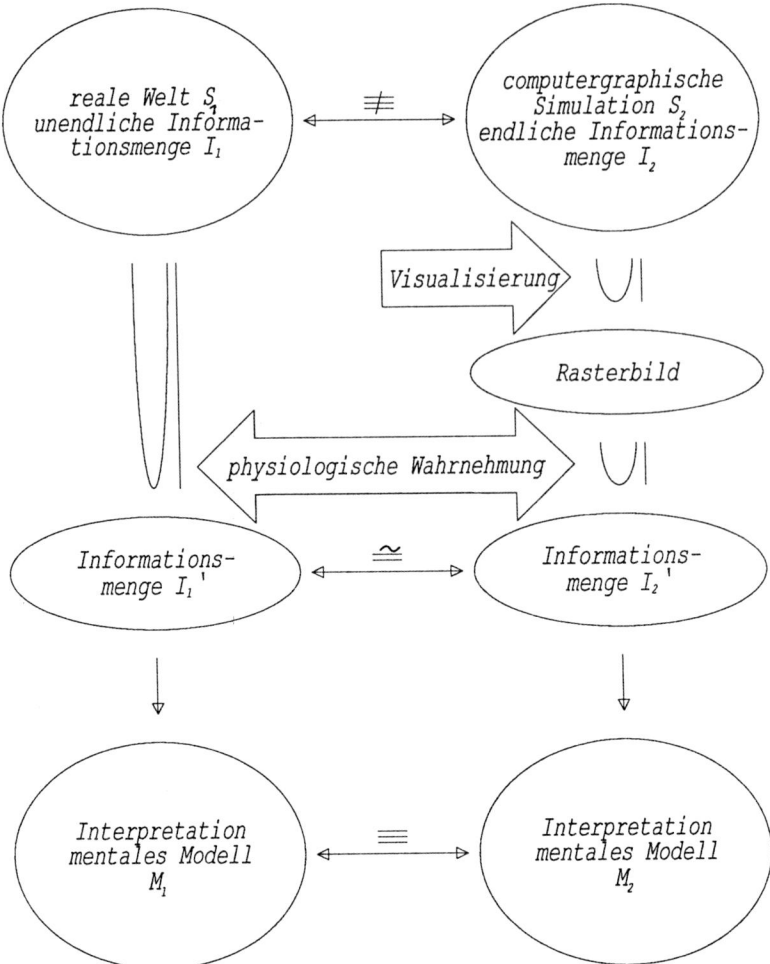

Bild 1: Modell der Texturwahrnehmung und -interpretation

Dazu müssen die im Gehirn eines Menschen bestehenden Vorstellungen von Objekten und Texturen mit ihren Eigenschaften zunächst durch ein Modell im Rechner, der künstlichen Szene S', simuliert werden. In diesem können die Objekte sowohl als 2D- oder 3D-Strukturen abgelegt sein. Wichtig ist, daß nicht mehr alle Details des mentalen Modells M enthalten sind. Objekte und Texturen werden mit Hilfe einer endlichen, formalen und widerspruchsfreien Sprache beschrieben. Mit Hilfe von Rendering-Verfahren wird ein zweidimensionales Rasterbild generiert und auf dem Bildschirm ausgegeben. Das Rasterbild wird wieder auf die Netzhaut eines Betrachtes abgebildet; Das durch die Verarbeitung des Bildes mit dem visuellen Wahrnehmungssystem und der anschließenden Interpretation gewonnene mentale Modell M' soll dem aus einer natürlichen Szene abgeleiteten Modell M wenn nicht gleich, so doch möglichst ähnlich sein (subjektive Gleichheit von M und M').

Da der Betrachter einer natürlichen Szene eine Beschreibung seines subjektiven Textureindrucks abgeben kann, ist es sinnvoll, diese Beschreibung für die Texturgenerierung direkt zu nutzen.

Der Begriff "Textur" kann auf alle Sinneswahrnehmungen des Menschen ausgedehnt werden. Beispiel für eine akustische Textur ist eine fremde Sprache. Wir sind nicht in der Lage, einzelne Worte zu unterscheiden, können jedoch häufig noch angeben, um welche Sprache es sich handelt - hören also eine charakteristische Textur. In der Computergraphik interessant sind allerdings nur Erscheinungen, die das visuelle Wahrnehmungssystem des Menschen beeinflussen. Neben reinen Farbinformationen sind auch taktile Qualitäten sichtbar, die beispielweise als *"bumps"* (Beispiel: Golfball) oder als Rauhigkeit (Beispiel: Rauhfasertapete, Schmirgelpapier) einer Oberfläche bezeichnet werden.

Aus den bisherigen Überlegungen lassen sich folgende Thesen ableiten:

1) Texturen existieren nicht in der realen Welt.

2) Texturen und Konturen sind Elemente der menschlichen Wahrnehmung; sie entstehen bei der Interpretation des Gesehenen im visuellen System des Menschen.

3) Jede Textur ist von Konturen (abrupte Veränderung der Homogenität) begrenzt. Homogen ist eine Textur dann, wenn ein menschlicher Beobachter beim Betrachten verschiedener Gebiete ein und derselben Textur den gleichen optischen Eindruck erhält. Damit legen wir auch fest, daß sich Bilder von Objekten durch Konturen manifestieren.

4) Die Wahrnehmung von Teilen des Netzhautbildes als Konturen bzw. als Texturen ist situationsbedingt.

5) Relevant für die Graphische Datenverarbeitung sind Texturen mit optischen Effekten, wie
   - Farbtexturen: Variationen der Farbe von Objekten
   - Geometrische Texturen: Variationen des Normalvektors (*bumps*), Rauhigkeit etc.
   - Materialeigenschaften: Volumendämpfung (Transparenz), Brechungsindex, Oberfächendämpfung (wie Glanz, etc...).

4. Entwurf eines Texturmodells

Bisherige Texturmodelle versuchen Texturen entweder in "einem Stück" zu modellieren oder in einem zweistufigen Modell, bestehend aus Makro- und Mikrotexturen, zu beschreiben (/GaMa85/, /CaGr87/). Es besteht nun die Arbeitsthypothese, daß Texturen sich aus *endlich vielen unterschiedlichen Schichten aufbauen*. Die einzelnen Schichten einer Textur können Ausprägungen von ebenfalls *endlich vielen Grundformen* sein.

Ein Beispiel:
Betrachten wir etwa die Textur eines Mauerwerks, erkennen wir ein regelmäßiges Muster in den Mauerfugen, das unterlagert ist von der feineren, unregelmäßigen Textur der Steinoberflächen, die wiederum über der Grundfarbgebung der Mauer nebst deren lokalen stochastischen Schwankungen liegt.

Die Texturgrundformen können nach
- ihrer phänomenologischen Interpretation durch den Menschen oder
- ihrer computertechnischen Generierungsmethode
klassifiziert werden.

Phänomenologische Klassifizierung

Eine eindeutige Partitionierung von Texturen nach rein visuellen Gesichtspunkten muß zunächst zwingend an der Subjektivität der Texturwahrnehmung scheitern. Es ist jedoch zu vermuten, daß innerhalb bestimmter Personengruppen (z.B. Berufssparten), vielleicht auch darüber hinaus, bezüglich der gewählten Klassifizierungskriterien und entsprechend zugeordneten Texturen Übereinstimmungen herrschen, so daß allgemeingültige Textureinteilungen erstellt werden können.

Legt man Personen, die sich kaum oder gar nicht mit Texturen beschäftigt haben, eine Reihe verschiedenartiger Texturabbildungen mit der Aufforderung vor, sie beliebig einzuordnen, wählen die meisten intuitiv rein objektorientierte Kriterien (d.h. Objekte gleichen Materials und gleicher Verarbeitung werden zusammengefaßt). Erst wenn es nicht mehr gelingt, die dargestellten Objekte als solche zu benennen, oder die Testpersonen direkt angehalten werden, nur und ausschließlich nach optischen Gesichtspunkten zu gruppieren, werden phänomenologische Kriterien benutzt. Dabei wird in der Regel nach dem Aussehen einzelner Texturelemente und ihrer räumlichen Anordnung vorgegangen.

Erste Ergebnisse zeigen, daß die so entstandenen Texturgruppen einem anhand von Erzeugungsalgorithmen gewählten Texturmodell, das in diesem Papier noch vorgestellt wird, in wesentlichen Punkten übereinstimmt.

Generierungsbedingte Ordnung von Texturen

Bei der computertechnischen Generierung von Texturen unterscheiden wir zunächst weiter in *algorithmische* und *nicht-algorithmische Erzeugung*.

Nicht-algorithmische Erzeugung von Texturen ist die **konstruktive Generierung** (z.B. zeichnerische Eingabe mittels Painting-Box) sowie die **photographische Gewinnung** von Texturen. Hierbei wird z.B. ein Dia mithilfe einer CCD-Kamera digitalisiert und in einen Rechner eingelesen. In beiden Fällen liegt anschließend ein Rasterbild vor.

Eine weitere Einteilung der so gewonnenen Rasterbilder kann nur mit Hilfe von Bildverarbeitungsmethoden (z.B. *second order statistics, image segmentation*) oder wieder mit einer phänomenologischen Klassifizierung durch eine Person erfolgen.

Die **algorithmische Texturgenerierung** benutzt *Texturelemente*, auf denen *Erzeugungsmethoden* angewendet werden. Die Texturelemente (auch als *Texels, Texturprimitive* bezeichnet) können sowohl einzelne Bildpunkte als auch komplexere Gebilde wie z.B. Zellen, die ihrerseits wieder mit Textur gefüllt sind, sein. Die Erzeugungsmethoden beschreiben die Organisation der Texels innerhalb einer Texturfläche.

4.1. Die Erzeugungsoperationen

Unsere Arbeitshypothese unterscheidet zunächst folgende Erzeugungsoperationen:

1) Positionierungsregeln für Texturelemente: $(x,y) = f(z)$.

Dieser Typ beschreibt vor allem die Plazierungsvorschrift von Texturelementen. Die Elemente können Zellen größeren Umfangs sein, aber auch lediglich einen einzigen Bildpunkt beinhalten.

a) Geometrisch-regelmäßige (deterministische) Positionierungen.

Solche Texturen sind sehr oft Bilder von von Menschen hergestellten (*man made*) Gegenständen. Sie entstehen durch die regelmäßige Plazierung von Zellen, deren Form fest definiert ist. Die Plazierungsregeln sind einfach-periodisch wie z.B. Reihungen und doppelt-periodische wie die 17 Ornamente /Poly24/ .

Es gibt des weiteren die nicht-periodischen Teilungen der Ebene (/Brui84/). Hiermit sind nicht-periodische, aber homogen wirkende Teilungen der Ebene realisierbar.

Beispiele für geometrische Texturen sind alle "künstlich" entstandenen Flächenfüllungen, wie Flecht- und Webstrukturen, Mauerwerk und Dächer (Ziegel), Hochhausfassaden (Fensterreihen), etc.

b) stochastische Positionierungen.

Die Plazierungsvorschrift wird durch einen stochastischen Prozeß realisiert.

Man unterscheidet weiter drei Untergruppen:

- Streuungen von Zellen
(stochastische Plazierungen mit Überdeckungen wie z.B. Kieselsteine am Strand),
- Stochastische Teilungen der Ebene
(irreguläre Mosaiken),
- Stochastische Felder
(Farbvariationen).

Während die ersten zwei Untergruppen sich mehr für die Organisation auch komplexerer Texturelemente ($\equiv$ *textons, texels*, Texturprimitive) und somit für die Texturen höherer Hierarchieschichten eignen, wird die Erzeugung eines Zufallszahlenfelds (stochastischen Feldes) vor allem für die Generierung der niedrigen Ebene benutzt.

Beispiele für diese Texturklasse sind Sandflächen, Wiese, Steine, Rauhfasertapete, etc.

2) rekursive Transformationen von Texturelementen: $x = f(x)$.
Diese Texturen sind in der Regel Bilder von selbstähnlichen Strukturen, die durch eine fraktale Dimension und einer selbstähnlichen Struktur (Hausdorff-Dimension) charakterisiert werden.

   a) deterministische Transformationen.
Zu dieser Gruppe gehören die durch Subdivision von Linien entstandenen Kochinseln oder die Sierpinskidreiecke /Mand82/.

   b) stochastische Transformationen.
Die Transformationsregeln werden durch einen stochastischen Prozeß beeinflußt.
Zu diesen Texturen zählen Pflanzen und Pflanzenteile wie Bäume, Sträucher, etc. (Erzeugung mit Lindenmayer-Grammatiken) und durch Subdivision und Variation entstandene Flächen, die Gesteins- und Felsoberflächen und ähnliches simulieren; vergl. /AoKu84/ und /Smit84/.

3) rekursive Berechnung von Texturelementen: $x_{n+1} = f(x_n)$.

   a) deterministische Berechnungen
Hierunter fallen alle Texturen, die durch die Anwendung der Chaostheorie generiert werden; Dies können Texturen sein, die durch Strömungen in amorphen Materialien entstehen.
Charakteristika der Gruppe sind Scherungen und Mischungen von verschieden gefärbten Materialien, welche durch entsprechende Differenzengleichungssysteme zu einem gewissen Grad simuliert werden können; vergl. /AbSh84/, sowie /Schu84/ insb. pp. 151 ff. und /Schu88/.
Typische Vertreter sind Marmoroberflächen, bestimmte Kunststoffbodenbeläge, sich mischende Flüssigkeiten (Milchkaffee!), sonstige Strömungsstrukturen (Sedimente), etc.

   b) Stochastische Berechnungen
Hierunter fallen Texturen, die durch die Anwendung bestimmter stochastischer Prozesse erzeugt werden; Ein Beispiel ist Anwendung von 2-dimensionalen Markovketten auf einzelne Bildpunkte.
Typische Ergebnisse sind irreguläre Muster mit Nachbarschaftsbeziehungen zwischen den einzelnen Texturelementen.

4.2. Texturelemente

Die angegebenen Erzeugungsoperationen beschreiben die Organisation eines Texturfläche, nicht aber die Texturelemente selbst, auf die jede der Operationstypen angewendet werden kann.

Texels aller Texturklassen können 0-, 1-, 2- oder 3-dimensional sein. Die Dimension eines Texels entspricht der Anzahl der Parameter, mit denen die Elemente in der Parameterdarstellung beschrieben werden können (topologische Dimension).

- 0D - Texel:
Elemente der 0. Dimension sind Punkte; Als kleinstes generierbares Element einer Textur nennen wir sie Bildpunkte. Die Anwendung einer der vorgestellten Texturklassen auf Bildpunkte erzeugt ein Rasterbild.

- 1D - Texels:
Hierunter fallen Kurven und Geraden ($f(u)$).

- 2D - Texels:
Elemente der 2. Dimension sind Flächen (*Zellen*) ($f(u,v)$).
Diese Zellen können ihrerseits wieder mit einer Textur angefüllt sein.

- 3D - Texels:
Reguläre Körper, aber auch von Freiformflächen begrenzte Objekte: $f(u,v,w)$.
Mit Elementen dieser Dimension kann in allen 4 Texturklassen *solid texturing* (siehe /Perl85/ und /Peac85/) realisiert werden.

Tabelle 1 gibt eine Übersicht über mögliche Ergebnisse von Anwendungen der Erzeugungsoperationen auf Elemente unterschiedlicher Dimensionen.

Das Aussehen von Texeln wird durch die Angabe der Dimension und folgender Attribute bestimmt:

Element- dimension $\rightarrow$ Erzeugungs- funktion $\downarrow$		0 Punkte	1 Linien	2 Flächen	3 Körper
Positio- nierung	deter- mini- stisch	deterministi- sche, periodische Felder	reguläre Teilungen der Ebene	Reihungen, Ornamente von 2D-Zel- len	Reihungen von 3D-Zel- len im Raum (Backstein- mauer)
	sto- cha- stisch	stochastische Felder (Farbvaria- tionen)	irreguläre Mosaiken	Streuungen von ebenen Zellen auf eine Fläche	Streuungen von Körpern im 3D- Raum (/Peac85/)
rekursive Tansfor- mationen	deter- mini- stisch		Fraktale: Sierpinski- Dreiecke	Fraktale: Polygonale Flächenun- terteilungen	Fraktale: Sierpinski- Pyramiden
	sto- cha- stisch	Fraktale: IFS- Funktionen /DeHN85/ (Blätter, Galaxien)	stochastische Kochinseln /Mand82/	Fraktale: Polygonale Felsstruk- turen	
rekursive Berechnung	deter- mini- stisch	Fließstruk- turen (Chaostheorie /Schu88/)			*graphtals* /JoMa88/
	sto- cha- stisch	Farbvaria- tionen mithilfe von Markov- Ketten; /MoSM81/			stochastische *graphtals* /JoMa88/

Tabelle 1:   Anwendung von Erzeugungsfunktionen auf Elemente der Dimensionen 0 - 3

- Form
- Ausdehnung
- Orientierung
- Inhalt (Farbe, Textur, ...)

Ist das Texel ein Bildpunkt, reduzieren sich die Attribute auf den Wert des Inhalts - in der Regel einen konstanten Farbwert.

Des weiteren wollen wir uns auf Elemente der Dimension 0 bis 2 beschränken.

5. Hierarchie der Texturen

Eine in der Realität vorkommende Textur ist, wie unsere Arbeitshypothese sagt, aus mehreren Schichten zusammensetzbar.

Die niedrigste Schicht wird durch die Werte einzelner Bildpunkte beschrieben. Diese Werte stammen entweder aus der Anwendung einer der Erzeugungsoperationen auf Elemente der Dimension 0 oder von photographisch erfaßten Texturen. Beide Male liegt ein Rasterbild vor.

Die Texturen höherer Ebenen (≡strukturierte Texturen) lassen sich durch Operationen auf Texturen der nächstniedrigeren Schicht gewinnen.

In einem ersten Ansatz unterscheiden wir 3 Operationstypen:
- Erzeugungsoperationen: Textur = f(Parameter, Texelspezifikation)
  Organisation der Texturelemente mit Hilfe einer der Erzeugungsoperationen.

- Verknüpfungsoperationen: Textur = Textur × Textur
  diadische Operationen, die direkt auf zwei Texturen gleichzeitig zugreifen.

- Transformationen: Textur = f(Textur)
  monadische Operationen, die einzelne oder mehrere Parameter einer einzigen vollständig definierten Textur verändern.

Bei Erzeugungsoperationen wird die Anordnung und die Verteilung von Texeln mit Inhalt "Textur" festgelegt. Das Aussehen der Texels wird durch die Texelspezifikation beschrieben.

Verknüpfungsoperationen sind:
- $2\frac{1}{2}$D-Überlagerung;
  (Teil-)transparente Texturen werden über andere Texturen gelegt. Durch die spezifizierte Transparenzeigenschaft der überlagernden Textur werden unterschiedliche Wirkungen erzielt:
  -- vollständige Überdeckungen durch Texturen mit "Löchern". Beispiele sind hier ein Maschendrahtzaun vor einem Hintergrund, oder eine geringe Dichte von Elementen bei einer Streutextur, so daß der Hintergrund noch erkennbar ist.
  -- Überlagerung durch Texturen mit beschränktem Darstellungsfeld. Diese Operation soll vor allem bei der Modifikation einzelner Zellen innerhalb hierarchischer Texturen angewendet werden.

- Durchdringung;
  Mehrere Texturen sind über den gesamten Darstellungsraum an jedem Bildpunkt gleichzeitig sichtbar. Die Durchdringung kann betreffen:
  -- rein visuelle Texturen wie z.B. bedruckter Stoff, bei dem gleichzeitig die Webstruktur des Textils und das aufgedruckte Muster zu sehen ist.
  -- geometrische Texturen;
     das Ergebnis wird dann als Variation über den Normalenvektor ("*bumps*") interpretiert. Wird eine geometrische Textur mithilfe der Durchdringungsoperation mit einer reinen Farbtextur verknüpft, kann z.B. die typische Oberfläche einer Orange dargestellt werden.

-- transparente Texturen;

ein Beispiel dafür ist die unterschiedliche Transparenz von Milchglas. Verknüpft mit der entsprechenden geometrischen Textur, kann das charakteristische Aussehen einer solchen Scheibe erreicht werden.

Zu den Transformationen zählen:

- Operationen auf Rasterbilder: $RB' = f(RB)$ (Filteroperationen)

Darunter verstehen wir zum einen Funktionen, die auf jeden Bildpunkt gleiche Auswirkungen ausüben, z.B. Verschiebungen der Farbe bezüglich Helligkeit, Farbton, Sättigung. Auf der anderen Seite gibt es Funktionen, die sich unterschiedlich auf die einzelnen Bildpunkte auswirken. Hier haben wir

-- Variationen der Farbe (Helligkeit, Farbton, Sättigung),

-- kontrastverändernde Operationen,

-- Änderungen der Statistiken 2. Ordnung,

damit kann eine kontrollierte Modifikation der subjektiven Texturattribute grob/fein erreicht werden.

Variationen über den gesamten Darstellungsraum können teilweise wieder als Textur aufgefaßt werden. Die einstellige Operation wird somit zur zweistelligen Durchdringungsoperation.

- Transformationen einer Erzeugungsoperation: $f(g(Parameter, Texelspezifikation))$.

Es werden die Plazierungsregeln von Texturelementen durch Störfunktionen verändert. Wir unterscheiden:

-- stochastische Störfunktionen:

Es wird ein oder mehrere Parameter einer Erzeugungsoperation durch einen stochastischen Prozeß geändert; Ist die Erzeugungsoperation eine ideal deterministische Funktion, so ist das Ergebnis der Transformation eine "hybride Textur".

-- deterministische Störfunktionen:

Es handelt sich um die Änderung eines oder mehrerer Texturparameter durch eine deterministische Funktion;

- Transformationen von Texelattributen: $Textur = f(Parameter, h(Texelspezifikation))$

Hier können deterministische oder stochastische Störfunktionen auf die einzelnen Texelattribute ausgeführt werden.

Bei beiden Arten der Störfunktionen können sich Störungen einzelner Textonen (Partikel, Texturelemente) auf die Nachbarschaft des Textons auswirken.

Das Bild 2 zeigt eine hierarchische Verknüpfung von Texturen.

6. Die Textur-Workstation

Technisches Ziel des Projekts ist der Aufbau einer Workstation, die alle für die Bearbeitung von Texturen benötigte Software- und Hardwarekomponenten zu einem System integriert. Die Workstation soll als ein offenes Modul realisiert werden, welches über Netzwerk-Kopplung (z.B. ETHERNET) an ein größeres System angeschlossen werden kann. Bei der Integration von Software und Hardware werden folgende Ziele angestrebt:

- Transparenz, die den Einsatz von Texturen in der Graphischen Datenverarbeitung auch dem Nicht-Experten ermöglicht.

- Ein auf eine Datenbank aufsetzendes Texturarchiv, in dem vollständige Texturen sowohl als Rasterbild als auch als formale Beschreibung abgelegt werden können.

- Entwicklung eines Editors, der die Schnittstelle zwischen Archiv und Benutzer realisiert.

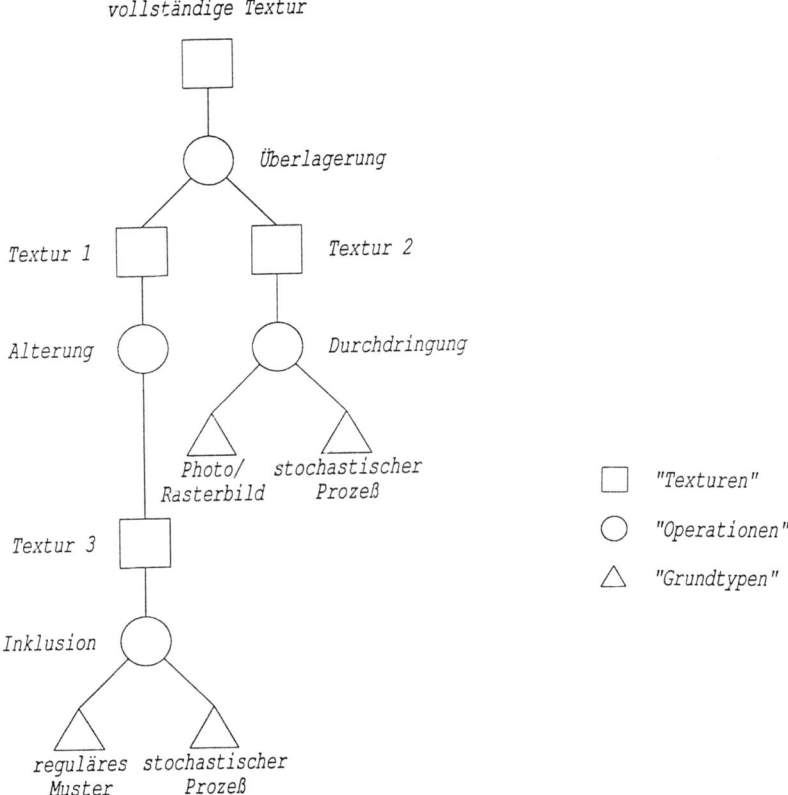

Bild 2: Beispiel zur hierarchischen Verknüpfung von Texturen

7. Software-Komponenten

Die Organisation der Softwarekomponenten sieht man auf Bild 3.

Der Editor

Der Editor realisiert die Schnittstelle zwischen Benutzer und Archiv. Er soll den interaktiven Zugriff auf die im Archiv gespeicherte Daten ermöglichen und ihre Manipulation nach Angabe von Benutzer-Befehlen unterstützen. Der Editor setzt sich aus mehreren Moduln zusammen, die jeweils eine der Editor-funktion unterstützen. Die wichtigste Funktionen dienen der

- Spezifikation,
- Generierung,
- Modifikation, und dem
- Retrieval von Texturen.

Unter der **Spezifikation** einer Textur verstehen wir die eindeutige Beschreibung einer bestimmten Textur durch eine geeignete (formale) Sprache. Diese soll universell einsetzbar sein und jede Art von Textur im Sinne des bereits beschriebenen hierarchischen Modells implementierungs- und geräteunabhängig beschreiben; ferner soll sie nur "höhere" (abstrakte) Beschreibungsmittel benutzen. Eine neue Textur kann z.B. durch Kombination von bereits existierenden Texturen, die ihrerseits als Rasterbild oder als formale Beschreibung vorliegen können, oder auch durch Beschreibung der Texels und Angabe einer Erzeugungsoperation spezifiziert werden, siehe Kapitel 4.1. und 4.2.
Im einfachsten Fall wird eine solche formale Beschreibung durch das Editieren einer Textdatei erstellt.

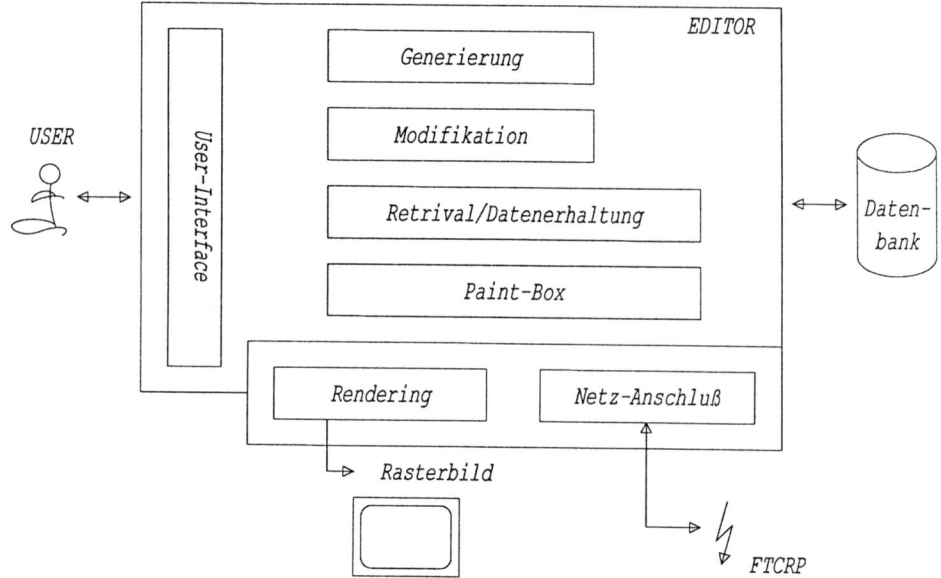

Bild 3: Organisation der Software-Komponenten der Textur-Workstation.

Diese abstrakte Texturbeschreibung wird mittels eines Interpreters auf eine **Generierungsvorschrift**, einer sequentiellen Folge von Funktionsaufrufen zur Texturerzeugung und -visualisierung abgebildet. Die Generierungsvorschrift ist nicht mehr geräteunabhängig, sondern nutzt maschinen- und betriebssystemspezifische Gegebenheiten aus.

In der weiteren Entwicklung des Textur-Editors werden die formale Beschreibung von Texturen bzw. die Generierungsvorschrift über Menüsteuerung vom Benutzer komfortabler erstellt werden können.

Unter **Modifikation** wird jede Änderung an bereits existierenden Texturen verstanden. Modifikationen können sowohl interaktiv an Rasterbildern als auch durch Eingriff in die formale Beschreibung vorgenommen werden. Modifikationen werden durch die im Kapitel 5. aufgelisteten Transformationen und Operationen vorgenommen. Eine modifizierte Textur kann entweder in das Archiv abgelegt oder erneut transformiert werden.

Unter **Retrieval** verstehen wir alle Funktionen zum Suchen und Finden von Texturen im Archiv. Der Benutzer beschreibt Eigenschaften (Attribute) der von ihm gesuchten Textur und das Retrieval-System soll alle gespeicherten Texturen finden, die die Spezifikation erfüllen. Eine unvollständige Beschreibung der Textur führt zu einem assoziativem Suchen unter den im Archiv abgelegten Texturen.

Gesucht wird sowohl nach "subjektiven" als auch nach "beschreibungsorientierten" Schlüsseln. Bei den "beschreibungsorientierten" Schlüsseln können Teile der formalen Beschreibung angegeben werden. Die subjektiven Schlüssel beziehen sich auf die vom Benutzer vergebenen Attribute des Datenbankobjekts "Textur" (siehe unter "Datenbank"). Sie können objektorientiert (Angabe des zu suchenden Objekts wie Baum, Wiese, Mauerputz, etc.) oder eigenschaftsorientiert (phänomenologische Angaben wie rau, liniert, regulär etc.) sein. Einen ersten Ansatz für die formale Erfassung subjektiver Eigenschaften findet man in /TaMY78/. Allerdings muß dieser Zusammenhang weiter untersucht werden.

Die **Malkasten-Funktion** (paint-box) soll insbesonders den kreativen Benutzern die Möglichkeit geben, auf Rasterbildebene existierende Texturen zu bemalen oder völlig neue Texturen zu entwerfen. Dazu sollte kein neuer Graphik-Editor entwickelt werden sondern, ein bereits existierender (z.B. Symbolics S-Paint) an die Archiv-Schnittstelle angepaßt werden.

Die **Benutzer-Oberfläche** umfaßt die Menü-Steuerung, den Kommando-Interpreter und den Text-Editor.

Die Datenbank

Die für die Speicherung von Texturen und Organisation des Archives erforderliche Datenmenge kann nur von einer geeigneten Datenbank verwaltet werden. Eine solche nicht-relationale, objektorientierte Datenbank, bei der Objekte, Attribute und Relationen zwischen Objekten abgelegt werden können, ist die Datenbank namens *Prodat*, die von der FhG-AGD entwickelt wurde (siehe /*Betal*/, /KoBB88/). Als *Objekt* wird die Einheit des Datenmodells bezeichnet, die durch einen Identifikator eindeutig gekennzeichnet wird. Eine Erweiterung herkömmlicher Datenmodelle stellt die Objektart *Inhalt* dar. Es handelt sich um eine sequentielle Datei beliebiger Länge, deren Inhalt beim Suchen nicht abfragbar ist. *Beziehung* ist eine Gruppierung von Objekten, so daß Objekte zu einem azyklischen Graphen zusammengesetzt werden können. *Attribute* sind objektbezogene Eigenschaften, bestehend aus einem Attribut-Typ und einem Attribut-Wert.

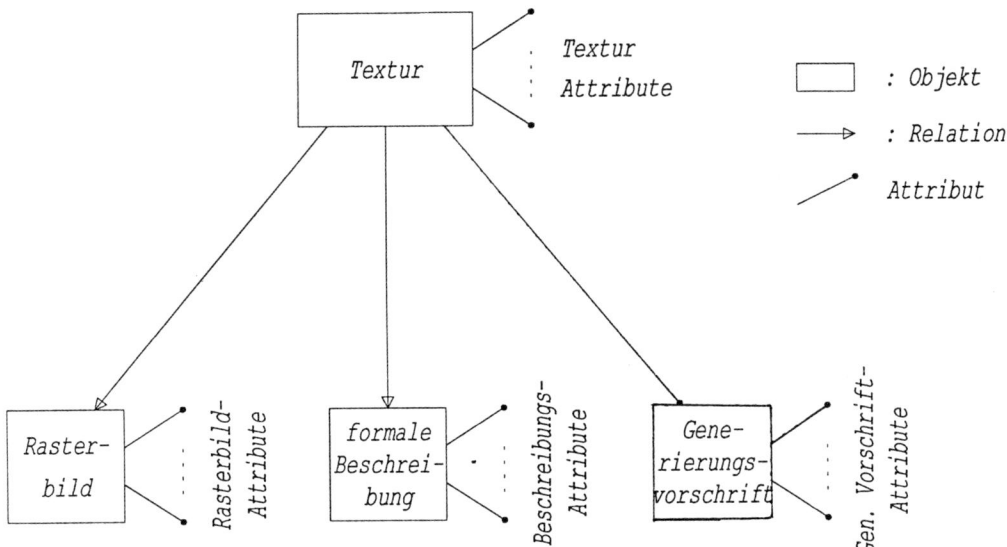

Bild 4: Datenbankstruktur des Texturmodells.

Für die Realisierung des Textur-Archivs sind zunächst vier Objekttypen vorgesehen (siehe dazu Bild 4):
- Rasterbild,
- Formale Beschreibung,
- Generierungsvorschrift,
- Textur.

Als *Rasterbild* wird eine m×n×k Matrix definiert, wobei m×n die Anzahl der Bildpunkte und k die Anzahl der Farbkanäle sind. Rasterbilder können als Objekte vom Typ "Inhalt" abgelegt werden. Als Attribute werden bildbezogene Eigenschaften gespeichert wie z.B. Anzahl der Bildpunkte (Auflösung), Anzahl der Farben u.s.w. /Hofm87/.

Die *formale Beschreibung* und die *Generierungsvorschrift* werden als Textdateien erstellt und deswegen werden sie in der Datenbank als "Text" abgelegt. Als Attribute können vom Benutzer subjektive Schlüssel angelegt werden, die das Aussehen der Textur bzw. den Objektnamen festlegen. Diese Schlüssel werden vom Retrieval-System benutzt.

Das Objekt *Textur* im Datenbankmodell kann die Repräsentationen "Rasterbild", "formale Beschreibung" und "Generierungsvorschrift" besitzen (siehe Bild 4). Es müssen nicht immer alle Repräsentationen vorhanden sein. Das Datenbankobjekt "Textur" trägt als Attribute die vom Anwender vergebene Merkmale (subjektive Schlüssel) sowie einen vom Anwender vergebenen objektbezogenen Namen wie Wiese, Baum, Backsteinwand etc.

7.1. Hardware- Architektur

Die Hardware-Architektur der momentan realisierten Workstation wird auf Bild 5 abgebildet. Die vorliegende Konfiguration kann in der Zukunft durch zusätzliche Module erweitert werden.

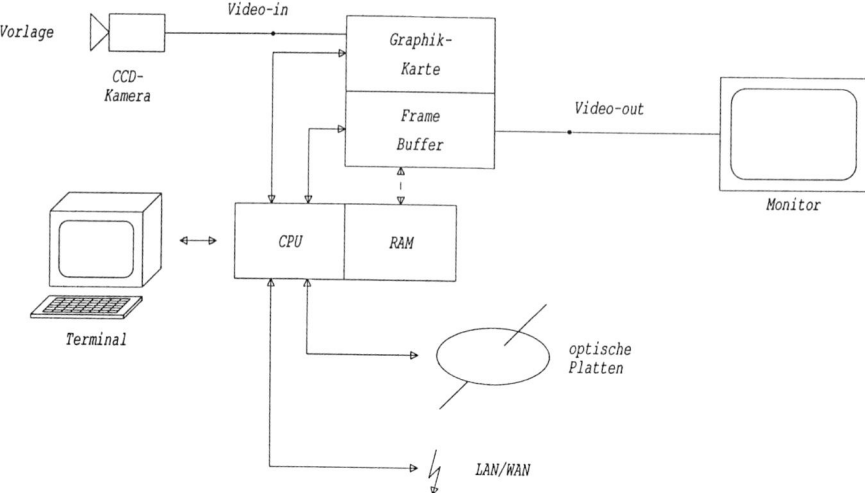

Bild 5: Hardware Komponenten der Textur-Workstation.

Die CPU ist ein M68010-System mit 8 MByte Hauptspeicher und bildet den Kern des gesamten Systems. Über den VME-Bus kann sie sowohl auf den Bildspeicher als auch auf die optische Platte, auf die die Daten des Archives gespeichert sind, zugreifen. Die Generierungsalgorithmen, die Datenbankfunktionen, die Menü-Steuerung, die *paint-box* Funktionen und die meisten Modifikationen werden durch die CPU abgewickelt. Die CCD-Kamera, die für die Digitalisierung von Farbdias benutzt wird, ist an dem Video-Input der Graphik-Karte angeschlossen. Das Mehrbenutzersystem läuft unter UNIX V.

8. Implementierungen

Da das gesamte Gebiet "Textur-Editor" von hoher Komplexität ist, wurden bislang nur einzelne Implementierungen in den Bereichen

a) Analyse photographischer Vorlagen,

b) Synthese von Texturen aus photographischen Vorlagen, und

c) Mapping

vorgenommen. Diese Implementierungen sind unnabhängig von weiteren Entwurfsentscheidungen bezüglich des Gesamtsystems, insbesonders vom weiteren Entwurf der Benutzungsoberfläche.

Die *Analyse photographischer Vorlagen* umfaßt Programme und Algorithmen zur Ausschnittbildung und zur Zerlegung von photographisch erfaßten Texturen (siehe Photos 1 und 2). Es werden sog. *tiles* ausgeschnitten, welche durch Aneinanderreihung zu regelmäßigen Mustern kombiniert werden können. Beliebige polygonale Ausschnitte sind möglich. Es ist beabsichtigt, die Ausschnittbildung auch für nicht-polygonale Umgrenzungen zu erweitern.

Bei der *Synthese von Texturen* wurden folgende Implementierungen vorgenommen:

Photo 1: Unmodifiziertes Bild, digitalisierte Photographie.

Photo 2: Mittels Ausschnittbildung und $2\frac{1}{2}$D-Überlagerung modifiziertes Bild.

- Synthese von Texturen aus Photo-Auschnitten. Sie umfaßt in erster Linie die *tilings* (Pflasterungen) der Ebene nach beliebigen periodischen Reihungen, vor allem die doppelt-periodischen Teilungen (Ornamente). Neben diesen Anreihungen werden $2\frac{1}{2}$D-Überlagerungen implementiert mit Berücksichtigung von Anti-Aliasing-Algorithmen (siehe Photos 3 und 4).

- Implementierung der Schnittstelle zu dem auf CSG-definierten Körpern operierenden *ray-tracing* Programm "GRIS-RAY"/JoMa88/. Diese Realisierung umfaßt sowohl das Aufbringen von Farbtexturen (RGB Felder) auf die Oberfläche der Körper als auch die Variation von auswählbaren Beleuchtungsmodellparametern wie z.B. Normalenvektor (*bumps mapping*), Mikrofacettenverteilung, Absorptionsspektren e.t.c, siehe auch dazu /CaGr87/.

- Implementierung des in /GaMa85/ vorgestellten Algorithmus. Das Verfahren dient der algorithmischen Erzeugung von Farbtexturen, deren optische Erscheinung zu der einer gegebenen Vorlage identisch ist.

- Implementierung eines homogenen Streuprozesses (*bombing*, /ScAh79/). Durch das Verfahren werden Texel auf die Ebene nach einem Poisson-Verfahren gestreut. Die Beschreibung der Texel erfolgt durch die in Abschnitt 4.2. beschriebene Methoden.

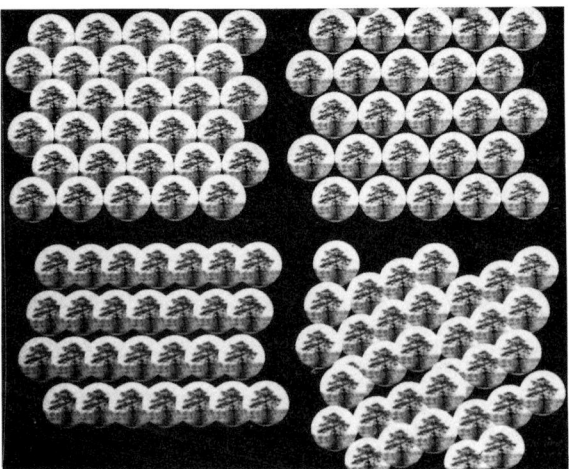

Photo 3: Deterministische Reihungen von kreisförmigen Texturelementen.

Photo 4: Deterministische Reihungen von rechteckigen Texturelementen.

- Generierung von Texturen mit Hilfe von verschränkten Markov-Ketten /MoSM81/. Dadurch werden Texturfelder generiert, die vorgegebene Statistiken 2. Ordnung erfüllen.

Beim *Mapping* wurde bislang das Aufbringen von Farbtexturen auf beliebige Polygone sowie auf mit CSG definierten Objekten implementiert. Weitergehende Untersuchungen umfassen das Mapping von anderen Texturen (*bumps*, Transparenz, etc.) auf Polygone (siehe Photo 5).

Photo 5: Auf ein Polygon gemappte Textur.

Für die nahe Zukunft sind folgende Arbeiten geplant:

- Optimierung des Gagalowicz-Ma Algorithmus /GaMa85/ und seine Erweiterung auf farbige Texturen.
- Ergänzung und Verbesserung des Verfahrens für die photographische Erfassung von Texturen durch neue Hardware- und Softwarekomponenten.
- Entwicklung einer universell einsetzbaren Sprache für die formale Beschreibung von Texturen.

9. Schlußwort

Die Autoren bedanken sich bei der Deutschen Forschungsgemeinschaft für die Förderung des Vorhabens sowie bei Prof. J. Encarnacao, P. Baumann, I. Christes, H. Gudel, S. Haas, H. Joseph, E. Klement und D. Krömker für die entgegengebrachte Unterstützung und die fachliche Diskussionen, insbesonders bei der Durchführung des Textur-Workshops vom 19.1.- 22.1.1988 in Wenschdorf/Odenwald.

10. Literatur

/AbSh84/ Abraham, R.H., Shaw, C.D.: *Dynamics I + II*, Vol. I: Periodic Behavior, Vol. II: Chaotic Behavior, Aerial Press; Santa Cruz, CA., 1984

/AoKu84/ Aono, M., Kunii, T.L.: *Botanical Tree Image Generation*, IEEE Computer Graphics and Application, Vol. 4, No. 5, pp. 71-80, 1984

/Betal/ T. Batz, P. Baumann, D. Ehmke, D. Köhler, M. Kreiter, D. Krömker, S. Preuß, H. Subel: *PRODAT und PRODIA, Rahmenschnittstellen für den Systementwurf (vorläufiger Titel)*, Springer Verlag, Berlin/Heidelberg , 1988 (in Vorbereitung)

/Brui81/ Bruijn, N.G. de: *Algebraic theory of Penrose's non-periodic tilings of the plane I + II*, Proc. Kon. Ned. Akad. v. Wetensch., Ser. A, Vol. 84, No. 1, pp. 39-52 und pp. 53-66, März 1981

/CaGr87/ Carey, J. R., Greenberg, D. P.: *Textures for Realistic Image Synthesis*, Computer and Graphics, Vol. 11, pp. 73-85, 1987

/Carl72/ Carlucci, L.: *A Formal System for Texture Languages*, Pattern Recognition, Vol. 4, pp. 53-72, 1972

/CoHa80/ Conners, R.W., Harlow, C. A.: *A Theoretical Comparison of Texture Algorithms*, IEEE Transactions on Pattern Analysis and Machine Intelligence, Vol. PAMI-2, No. 3, pp. 204-222, Mai 1980

/CrJa83/ Cross, G. R., Jain, A. K.: *Markov Random Field Texture Models*, IEEE Transactions on Pattern Analysis and Machine Intelligence, Vol. PAMI-5, No. 1, Januar 1983

/Fu 80/ Fu, K. S.: *Syntactic Image Modelling Using Stochastic Tree Grammars*, Computer Graphics and Image Processing,Vol. 12, pp.136-152, 1980

/Gaga81/ Gagalowicz, A.: *A new Method for Texture Fields Synthesis:Some Applications to the Study of Human Vision*, IEEE Transactions on Pattern Analysis and Machine Intelligence, Vol. PAMI-3, No. 5, pp. 520-533, September 1981

/GaMa85/ Gagalowicz, A., Ma, S.: *Sequential Synthesis of Natural Textures*, Computer Vision, Graphics, and Image Processing, Vol. 30, No. 3, pp. 289-315, Academic Press, Juni 1985

/GoTh78/ Gonzalez, R. C., Thomason, M.G.: *Syntactic Pattern Recognition*, Addison-Wesley Publishing Company, London 1978

/GoWi87/ Gonzalez, R. C., Wintz, P.: *Digital Image Processing*, Second Edition, Addison Wesley Publishing Company, 1987

/Habe85/ Haberäcker, P: *Digitale Bildverarbeitung; Grundlagen und Anwendungen*, Hanser-Verlag, München 1985

/Hofm87/ G. R. Hofmann: *FTCRP- Übertragungsformat für den farbtreuen, gerätenunabhängigen Transfer von Rasterbilder*, G.I. Fachgespräch 'Schnittstellen für Simulations- und Animationssysteme', G.I. Fachgruppe 4.1.4, Berlin, September 1987

/JoMa88/ Joseph, H., Mahenkel, O.: *Ray-Tracing von Bäumen mit GRIS-RAY*, Mitteilung an die Autoren, im Druck; 1988

/Jule81/   Julesz, B: *Textons, the Elements of Texture Perception, and their Interactions*, Nature, No. 290, pp.91-97, 1981

/KoBB88/   D. Köhler, T. Batz, P. Baumann: *Modellierung und Darstellung graphischer Datenstrukturen in Prodat*, G.I. Fachgespräch 'Non-Standard Datenbanken für Anwendungen der graphischen Datenverarbeitung', Dortmund, März 1988

/Korn82/   Korn, A.: *Bildverarbeitung durch das visuelle System*, Fachberichte Messen, Steuern, Regeln, No. 8; Springer Verlag Berlin Heidelberg, 1982

/LuFu78/   Lu, S,Y., Fu, K.S.: *A Syntactic Approach to Texture Analysis*, Computer Graphics and Image Processing, Vol. 7, pp. 303-330, 1978

/LuFu79/   Lu, S.Y.,Fu, K.S.: *Stochastic Tree Grammar Inference for Texture*, Computer Graphics Image Processing, Vol. 9, pp.234-245, 1979

/Mand82/   Mandelbrot, B. B.: *The Fractal Geometry of Nature*, Freeman, San Francisco, 1982

/MoSM81/   Monne, J., Schmitt, F., Massaloux, D.: *Bidimensional Textursynthesis by Markov-Chains*, Computer Graphics and Image Processing, Vol. 17, 1981

/Peac85/   Peachey, D.R.: *Solid Texturing of Computer Surfaces*, ACM-SIGGRAPH Proceedings 1985

/Perl85/   Perlin, K.: *An Image Synthesizer*, ACM-SIGGRAPH Proceedings 1985

/Poly24/   Pólya, G.: *Über die Analogie der Kristallsymmetrie in der Ebene*, Zeitschrift für Kristallographie **60**, pp. 278-298, 1924

/ScAh79/   Schachter, B. J., Ahuja, N.: *Random Pattern Generation Process*, Computer Graphics and Image Processing, Vol. 10, 1979

/ScRD78/   Schachter, B. J., Rosenfeld, A., Davis, L. S.: *Random Mosaic Models for Textures*, IEEE Transactions on Systems, Man and Cybernetics, Vol. SMC-8, No. 9, pp. 694-702, 1978

/Schu84/   Schuster, H.G.: *Deterministic Chaos*, Physik-Verlag, Weinheim, 1984

/Schu88/   Schuster, H.G.: *Deterministic Chaos*, Physik-Verlag, Weinheim, 1988

/Smit84/   Smith, A.R.: *Plants, Fractals and Formal Languages*, ACM Computer Graphics, Vol. 18, No. 3, pp. 1-10, 1984

/TaMY78/   Tamura, H., Mori, S., Yamawaki, T.: *Textural Features Corresponding to Visual Perception*, IEEE Transactions on Systems, Man and Cybernetics, Vol. SMC-8, No. 6, pp. 460-473, 1978

/Trei85/   Treisman, A.: *Preattentive Processing in Vision*, Computer Vision, Graphics, and Image Processing, Vol. 31, pp. 156-177, 1985

/Zuck76/   Zucker, S. W.: *Toward a Model of Texture*, Computer Graphics and Image Processing, Vol. 5, pp. 190-202, 1976

Visualisierungsalgorithmen zur Qualitätsanalyse
von Flächen in der CAD/CAM - Technologie

Prof. Dr. Hans Hagen

Universität Kaiserslautern

FB Informatik

Prof. Dr. Josef Hoschek

TH Darmstadt

FB Mathematik

Keywords: geometric modeling, surface interrogation methods in CAGD

Abstract: Das geometrische Modellieren mit Freiformkurven und Freiformflächen ist von zentraler Bedeutung für leistungsfähige CAD/CAM - Systeme. Neben der eigentlichen Konstruktion ist dabei auch die Qualitätsanalyse dieser Kurven und Flächen ein Forschungsschwerpunkt. Im Rahmen dieser Publikation wird auf verschiedene Visualisierungstechniken eingegangen, die das Ziel verfolgen unerwünschte Krümmungsbereiche (Wendepunkte, "Beulen", ...) schon am Bildschirm zu erkennen.

Es wird zunächst auf die Isolinienmethode von Hartwig - Nowacki eingegangen. Dann wird die Reflektionslinienmethode von Klass dargestellt, die sozusagen den sog. "Lichtkäfig" mittels der Computer-Graphik simuliert. Die Isophotenmethode von Pöschl analysiert Flächen durch Linien gleicher Lichtintensität, wobei Umrißlinien spezielle Isophoten sind. Ein methodisch anderes Vorgehen stellen die Abbildungsmethoden von Hoschek dar. Hier werden nicht natürliche Lichteffekte im Sinn der Computer Graphik nachsimuliert und zur Beulenerkennung eingesetzt, eine Abbildungsmethode "erkennt" unerwünschte Krümmungsbereiche über Singularitäten eines speziellen Bildes der zu untersuchenden Kurve oder Fläche. Hier wird näher auf das Polarenverfahren und auf die sog. K - Orthotomics eingegangen. Krümmungsplots sind ebenfalls ein praktisches Hilfsmittel zur Analyse von Freiformflächen. Dies wird an einem Beispiel dargelegt.

All diese Verfahren sind effektiv aber recht aufwendig. Es ist daher erstrebenswert sie nur zur "Feinanalyse" von "kritischen" Bereichen einsetzen zu müssen. Dies ist möglich, wenn man solche Flächenstücke erkennen kann, wo keine unerwünschten Krümmungsbereiche vorliegen können. Eine derartige Technik ist die Freiformflächendarstellung durch Strahlverfolgung (Ray - Tracing) von Hagen und Müller, auf die auch kurz eingegangen wird.

(1) Isolinienmethode   (Hartwig - Nowacki [82]):

Eine Qualitätsanalyse von Freiformflächen kann durch Visualisierung geeigneter Höhenlinien, durch Schnitte oder Linien konstanter Krümmung durchgeführt werden. Die Bestimmung dieser Isolinien und Schnitte ist sehr aufwendig (siehe [**Hartwig - Nowacki, 82**] und [**Nowacki - Reese, 83**]). **Nowacki** schlägt daher vor, die gegebene Fläche in genügend kleine Rasterfelder zu unterteilen und dort durch bilineare Patches anzunähern, auf denen die erwünschten Linien rasch zu finden sind.

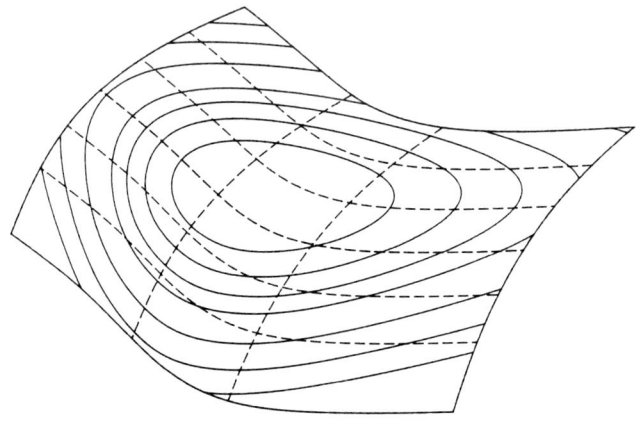

Fig. 1 Isolinien auf Bezier-Flaeche (36 Patches)

Die Isolinienmethoden sind typische Contouring-Verfahren, denn die Grundidee des "Contouring" besteht ja darin eine "komplizierte Fläche" durch "einfachere Flächen(-stücke)" derart zu approximieren, daß die jeweiligen Linien(-züge) auf den approximierenden Flächen leicht zu bestimmen sind.

(2) Reflektionslinienmethode (Klass [80]):

Die Reflektionslinienmethode "erkennt" unerwünschte Krümmungsbereiche durch Unregelmäßigkeiten in dem Reflektionslinienbild paralleler Lichtgeraden.

X (u,w) sei eine Darstellung der zu untersuchenden Fläche und N (u,w) sei der Normalenvektor der Fläche. Weiter sei gegeben eine sog. Lichtlinie L in der Parameterdarstellung L (t) = L_0 + t · S (t ∈ **R**) und ein fester Beobachtungspunkt A.

Als Reflektionslinie wird nun das Bild der Geraden L auf der Fläche X bezeichnet, das vom Augpunkt A beobachtet wird, wenn die Lichtlinie L auf der Fläche X gespiegelt wird.

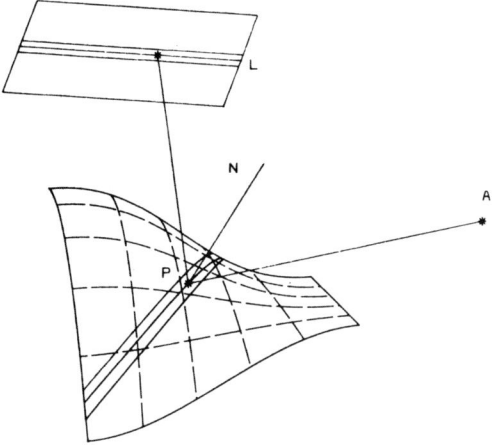

Fig. 2 Reflektionslinienbedingung

Aus den geometrischen Zusammenhängen erkennt man unmittelbar die folgende Reflektionsbedingung:

$$(2.1) \qquad \frac{a}{\|a\|} + \frac{b}{\|b\|} = 2N < N, \frac{b}{\|b\|} > = 2N < N, \frac{a}{\|a\|} >$$

wobei a: $= \overrightarrow{AP} = A - X$ und b: $= \overrightarrow{PL} = X - L$; $<,>$ ist das Skalarprodukt

Zur Begutachtung einer Fläche benötigt man eine Reflektionslinienschar mit der Richtung S_0. Man durchläuft nun jede Gerade der Reflektionslinienschar punktweise, und erhält so bei festem Augpunkt A aus (2.1) das folgende nichtlineare Gleichungssystem für die Parameterwerte (u,w) der gesuchten Reflektionspunkte.

$$(2.2) \qquad b + \lambda a = 2 N < N,b > \qquad \lambda: = \|b\| / \|a\|$$

Diese drei nicht linearen Gleichungen können durch Elimination von λ auf zwei Gleichungen reduziert werden, die wiederum durch Näherungsverfahren gelöst werden. Man muß allerdings durch geeignete Wahl des Augpunktes A die Existenz und Eindeutigkeit der Lösung sicherstellen.

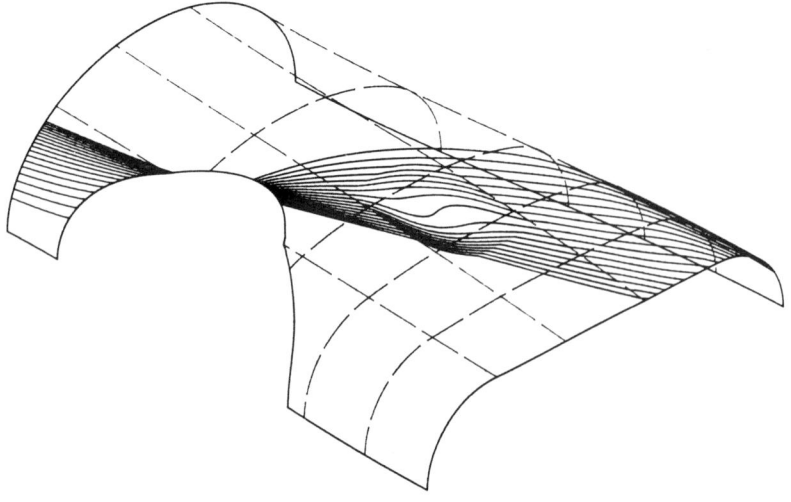

Fig. 3 Reflektionslinienanalyse eines
(ungeglaetteten) Teils eines Haartrockners

(3) Isophotenmethode (Pöschl [84]):

Diese Methode analysiert Flächen durch Linien gleicher Lichtintensität, sog. Isophoten.
Parametrisiert man die Fläche durch eine Abbildung $X(u,w)$ und verwendet man
Parallelbeleuchtung mit der Lichtrichtung L so lautet die Isophotenbedingung:

(3.1) $< N(u,w),\ L > = c = \text{const.}$

wobei $<,>$ das Skalarprodukt und $N(u,w)$ der Normaleneinheitsvektor der Fläche ist.
Umrißlinien (auch Eigenschattengrenzen genannt) sind spezielle Isophoten $(c=o)$!

Liegt eine c^r - Fläche vor, so sind die Isophoten c^{r-1} - Kurven. Die Wirksamkeit der Methode zeigt
sich schon in einfachen Spezialfällen.

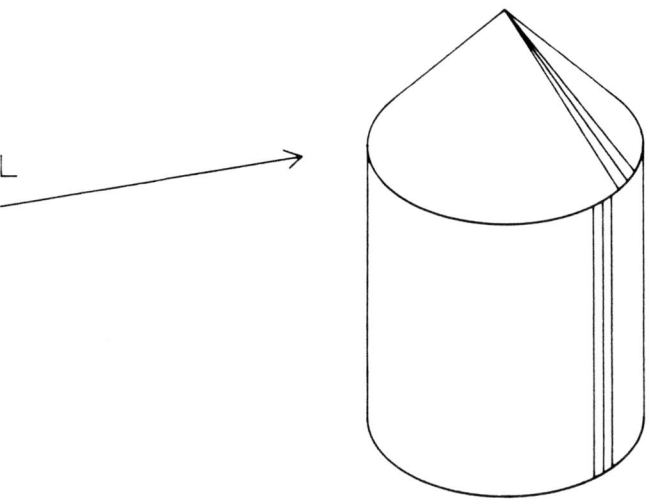

Fig. 4 Isophotenmethode

Der Modellkörper besteht aus einem Zylinder und aufgesetztem Kegel. Die beiden Flächen sind nur C^0 - stetig zusammengesetzt und die Eigenschattengrenzen haben daher einen Sprung.

In Figur 5 und 6 sind Splineflächen dargestellt, die anscheinend keine sichtbaren Unregelmäßigkeiten enthalten. In Figur 5 wird mittels "Knicken" in den Isophoten die C^1 - Stetigkeit der Fläche nachgewiesen, wogegen in Figur 6 durch Sprünge in den Isophoten die C^0 - Stetigkeit der Fläche aufgezeigt wird.

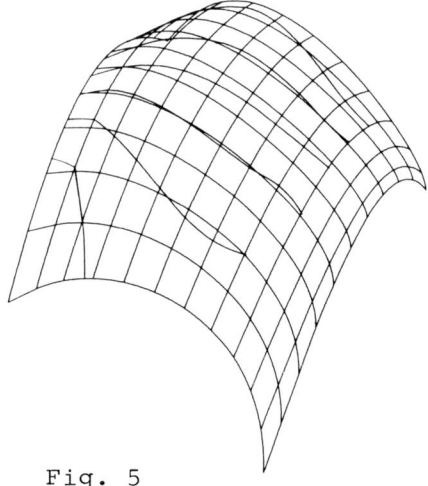

Fig. 5

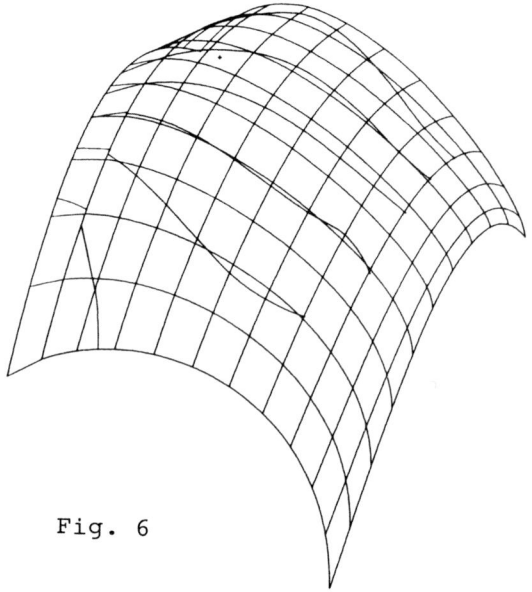

Fig. 6

Isophoten werden aus der Isophotenbedingung konstruiert, wobei man im allgemeinen verschiedene c - Werte "durchtestet". Die entstehende Gleichung vom Typ (3.1) wird numerisch gelöst. Falls eine Fläche keine Flachpunkte enthält, läßt sich (3.1) auch in eine Differentialgleichung bzw. in ein Anfangswertproblem überführen:

$$(3.2) \qquad < N_u, L > d_u + < N_w, L > d_w = 0$$

wobei N_u und N_w die (tangentialen) partiellen Ableitungen sind.

Durch ungünstige Blickrichtung des Beobachters können Isophoteneigenschaften mitunter nicht klar erkennbar sein. Die Fläche muß dann gedreht oder der Beobachterstandpunkt muß geändert werden.

(4) Abbildungsmethoden (**Hoschek** [84] und **Hoschek** [85]):

Eine Abbildungsmethode "erkennt" unerwünschte Krümmungsbereiche über Singularitäten eines speziellen Bildes der zu diskutierenden Kurve oder Fläche.

(4.a) Polarenverfahren

Wir erläutern das Prinzip zunächst an einer ebenen Kurve X(t) = (x(t), y(t)). Ein beliebiger Punkt dieser Kurve mit dem Parameter t = t_0 wird durch die Polarität am Einheitskreis auf die Gerade ξ x (t_0) + ζ y (t_0) + 1 = 0 abgebildet.

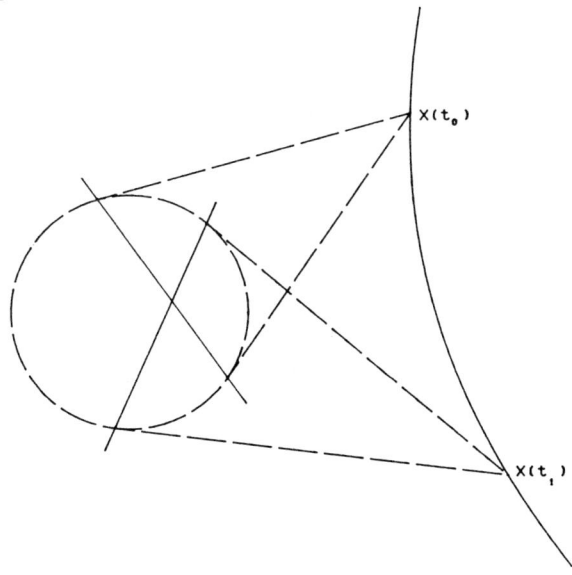

$$\text{Fig. 7} \quad \text{Polarenverfahren}$$

Durchläuft nun t den Definitionsbereich von X(t), so umhüllt die entstehende Geradenschar die sog. polare Kurve P(t) von X(t). Differentiation und Elimination führen auf die Parameterdarstellung von P(t):

$$(4.1) \quad P(t) = (\xi(t), \zeta(t)) = \left[\frac{-\dot{y}}{x\dot{y} - \dot{x}y} \ , \ \frac{\dot{x}}{x\dot{y} - \dot{x}y} \right]$$

Analog bestimmt man die polare Kurve einer Raumkurve.

Im Falle einer Fläche mit der Parameterdarstellung X (u,w) = (x (u,w), y (u,w), z (u,w)) ergibt sich durch Polarität an der Einheitskugel eine polare Fläche P (u,w) mit der Parameterdarstellung

$$(4.2) \quad P(u,w) = N \cdot \frac{\det(N, X_u, X_w)}{\det(X, X_u, X_w)} \quad = \quad \frac{[X_w, X_u]}{\det(X, X_u, X_w)}$$

Wesentlich für die Anwendungen sind die beiden folgenden Tatsachen:

(4.3) Hat die ebene Kurve X(t) für t = t_0 einen Wendepunkt, so hat das polare Bild P(t) für t = t_0 eine Singularität.

(**4.4**) Hat eine Fläche X(u,w) an der Stelle (u_0, w_0) eine Nullstelle, bzw. einen Vorzeichenwechsel der Gauß`schen Krümmung, so hat die polare Fläche an der gleichen Stelle eine Singularität.

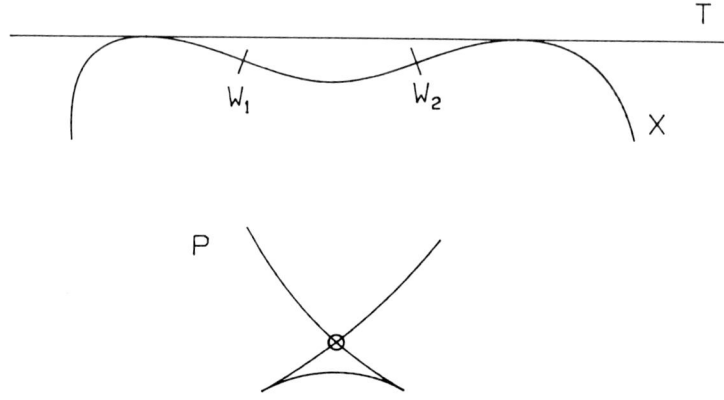

Fig. 8 Polarenanalyse einer ebenen Kurve

Die Wendepunkte w_1 und w_2 der Ausgangskurve werden in die Spitzen des polaren Bildes abgebildet und die beiden Berührpunkte der Doppeltangente T gehen in den Doppelpunkt der Polarkurve über.

(**4.b**) **K - Orthotomics**

Wir erläutern das Prinzip zunächst wieder an ebenen Kurven. Ausgehend von einer ebenen Kurve X(t) wählen wir einen Punkt P der nicht auf X(t) liegt und den keine Tangente von X(t) trifft. Wird nun P an einer Tangente von X(t) gespiegelt, so erhält man den Punkt Y_2

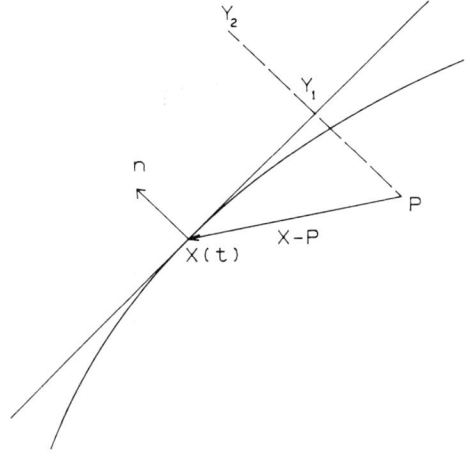

Fig. 9 K-Orthotomic

Durchläuft t nun den Parameterbereich von X(t), so beschreibt Y_2 eine Kurve Y_2 (t), die sog. 2-Orthotomic von X(t) bezogen auf P. Als Parameterdarstellung erhält man:

(4.5) $\quad Y_2(t) = P + 2 < X(t) - P, n(t) > n(t)$

mit n(t) als Einheitsnormalenvektor der Kurve X(t).
Wird der Faktor 2 durch k ersetzt, geht (4.5) in die Gleichung der K-Orthotomic über.

Dieses Prinzip läßt sich auf Flächen ausdehnen. Ausgehend von einer Fläche X (u,w) und einem Punkt P, der nicht auf X liegt und von keiner Tangentialebene von X getroffen wird, spiegelt man P an einer Tangentialebene von X und verlängert diese Strecke k-fach. Als Parameterdarstellung der k-Orthotomic-Fläche von X bezüglich P ergibt sich:

(4.6) $\quad Y_k (u,w) = P + k < X (u,w) - P, N (u,w) > N (u,w)$

Wesentlich für die Anwendungen sind die beiden folgenden Tatsachen:

(4.7) $\quad$ X(t) sei eine reguläre Parameterdarstellung einer ebenen Kurve der Klasse C^3 und P sei ein Punkt, der nicht auf der Kurve liegt und von keiner Kurventangente getroffen wird. Dann hat die k-Orthotomic Y_k (t) von X(t) bezogen auf P genau dann ein Singularität in $t = t_0$, wenn X(t) in $t = t_0$ einen Wendepunkt hat.

(4.8) X(u,w) sei eine reguläre Parameterdarstellung einer C^3 - Fläche und P sei ein Punkt, der nicht auf der Fläche liegt und von keiner Tangentialebene von X getroffen wird. Die k-Orthotomic-Fläche Y_k (u,w) von X(u,w) bezogen auf P hat genau dann eine Singularität an der Stelle (u_0, w_0), wenn die Gaußkrümmung von X an dieser Stelle verschwindet oder ihr Vorzeichen wechselt.

Wir wollen nun das Verfahren an zwei praktischen Beispielen demonstrieren. Zunächst betrachten wir eine Kurvenschar aus kubischen Bezierkuven:

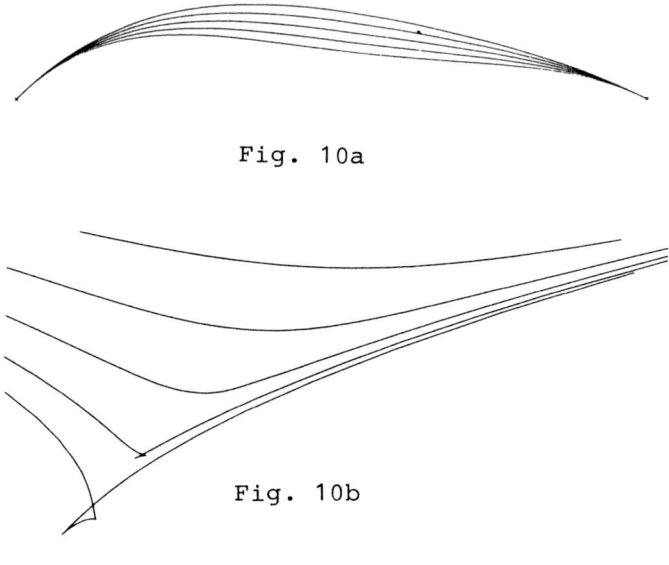

Fig. 10a

Fig. 10b

Aus den zugehörigen 10 - Orthotomics ist klar zu erkennen, daß die beiden unteren Kurven nicht konvex sind.

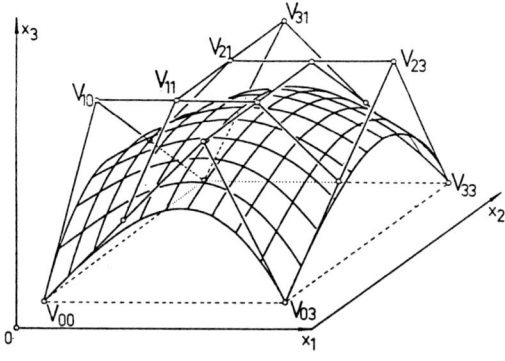

Fig. 11

Diese Bezierfläche besitzt durchweg konvexe Parameterlinien, dennoch ist die Fläche nicht konvex. Die "Orthotomics-Analyse" visualisiert Vorzeichenwechsel der Gaußkrümmung in den Randbereichen

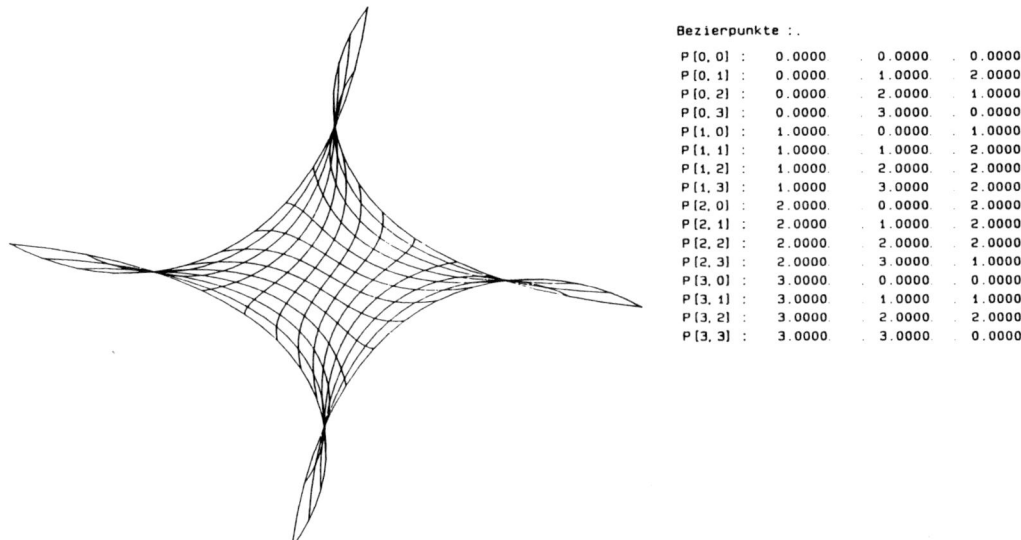

```
Bezierpunkte :.
P [0, 0] :    0.0000    .  0.0000    .  0.0000.
P [0, 1] :    0.0000    .  1.0000    .  2.0000.
P [0, 2] :    0.0000    .  2.0000    .  1.0000.
P [0, 3] :    0.0000    .  3.0000    .  0.0000.
P [1, 0] :    1.0000    .  0.0000    .  1.0000.
P [1, 1] :    1.0000    .  1.0000    .  2.0000.
P [1, 2] :    1.0000    .  2.0000    .  2.0000.
P [1, 3] :    1.0000    .  3.0000    .  2.0000.
P [2, 0] :    2.0000    .  0.0000    .  2.0000.
P [2, 1] :    2.0000    .  1.0000    .  2.0000.
P [2, 2] :    2.0000    .  2.0000    .  2.0000.
P [2, 3] :    2.0000    .  3.0000    .  1.0000.
P [3, 0] :    3.0000    .  0.0000    .  0.0000.
P [3, 1] :    3.0000    .  1.0000    .  1.0000.
P [3, 2] :    3.0000    .  2.0000    .  2.0000.
P [3, 3] :    3.0000    .  3.0000    .  0.0000.
```

Fig. 12   500-Orthotomic der 3x3 Bezierflaeche mit unerwuenschten Bereichen

(5) Krümmungsplots   (Hagen - Santarelli - Schulze [88]):

Eine weitere Qualitätsanalyse von Freiformflächen kann durch Visualisierung von Schnittkrümmungen in bestimmte Flächenrichtungen erfolgen. Diese Methode ist dann sinnvoll, wenn ausgezeichnete, besonders "kritische" Richtungen auf der modellierten Fläche vorliegen.

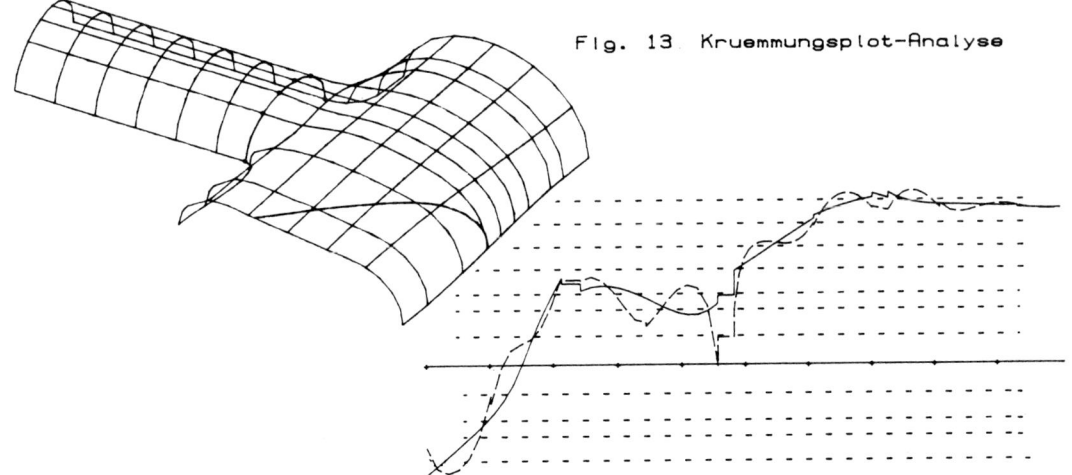

Fig. 13. Kruemmungsplot-Analyse

Der obige Haartrockner wurde aus einem vorgeglätteten Kurvennetz modelliert, wobei der optimale Krümmungsinput in den Eckpunkten aus einem Varitionsansatz bestimmt wurde. In dem obigen Krümmungsplot wird die Normalschnittkrümmung der Flächenkurve mit der Normalschnittkrümmung verglichen, die sich bei Nullsetzen der sog. Twistvektoren (eine Art "Standardfehler") ergibt. Für mehr Details siehe (**Hagen - Schulze** [87]).

(6) Ray - Tracing - Verfahren (Hagen - Müller [86]):

Die bisher beschriebenen Verfahren sind effektiv aber recht aufwendig. Es ist daher sicher nicht sinnvoll, sie in Bereichen anzuwenden, wo gar keine unerwünschten Krümmungsbereiche ("Beulen") vorliegen können. Es wäre wünschenswert, solche Flächenbereiche leicht erkennen zu können und somit die "Feinanalyse" nur auf die wirklich kritischen Bereiche anwenden zu müssen. Eine derartige Technik ist die Freiformflächendarstellung durch Strahlverfolgung (Ray-Tracing). Diese realistischen Bilder erlauben bei geeigneter Anordnung der Lichtquellen eine Eingrenzung der "kritischen Bereiche" einer Fläche.

Ray-Tracing Algorithmen sind derzeit immer noch recht zeitaufwendig. Eine "Beschleunigungsmöglichkeit" wird in **Hagen - Müller** [86] aufgezeigt. Weitere Erfolge sind vor allem von Spezialhardwareentwicklungen zu erwarten, die dann ein Ray-Tracing von Freiformflächen ermöglichen werden, das auch für Simulationen technisch einsetzbar ist.

Literatur

Hagen - Müller: Beschleunigung der Bilderzeugung für Freiformflächen
durch Speichereinsatz
Proceedings Austrographics '86

Hagen - Schulze: Automatic smoothing with geometric surface patches
Computer Aided Geometric Design 4, 231 - 235, 1987

Hagen- Santarelli - Schulze: Algorithmen zum geometrischen Modellieren
mit Freiformflächen
to be published in Proceedings Austrographics '88

Hartwig - Nowacki: Isolinien und Schnitte in Coonsschen Flächen
in "Geometrisches Modellieren" Inf. Fachb. 65,
p. 329 - 344, Springer 1982

Hoschek: Detecting regions with undesirable curvature
Computer Aided Geometric Design 1, p. 183 - 192, 1984

Hoschek: Smoothing of curves and surfaces
Computer Aided Geometric Design 2, p. 97 - 105, 1985

Klass: Correction of local surface irregularities
using reflection lines
CAD 12/2, p. 73 - 77, 1980

Pöschl: Detecting surface irregularities using isophotes
Computer Aided Geometric Design 1, p. 163 - 168, 1984

Nowacki - Reese: Design And Fairing of Ship Surfaces
Surfaces in CAGD (Barnhill - Boehm eds),
p. 121 - 134, 1983

EIN SCHNELLES VERFAHREN ZUR REALISTISCHEN DARSTELLUNG EINFACHER SZENEN

Georg Glaeser
Technische Universität Wien
Wiedner Hauptstraße 8-10, 1040 Wien, Österreich

1.Einleitung

Man ist gelegentlich vor die Aufgabe gestellt, möglichst rasch anschauliche Bilder geometrischer Szenen zu erzeugen. Einige Verfahren (so etwa das Raytracing-Verfahren [5] oder gewisse Schattierungstechniken wie das GOURAUD- bzw. PHONG-Shading [4]) sind zwar hervorragend dazu geeignet, realistische Farbbilder von beliebigen Objekten zu erzeugen, wegen des enormen Rechenaufwands jedoch zur Animation von Bildern bzw. zur Herstellung von längeren Trickfilmen nur bedingt geeignet. Der Autor stellt einen Algorithmus vor, der es erlaubt, mäßig komplizierte Szenen zu animieren, ohne dabei auf richtige Sichtbarkeit und Schatten verzichten zu müssen.

Das Verfahren läßt sich auf Objekte anwenden, die aus folgenden Bausteinen zusammengesetzt werden können:
Konvexe Polyeder, drehsymmetrische Polyeder (bzw. Vollkörper), Translationspolyeder (bzw. -körper), Funktionsgraphen sowie beliebige Flächen, die in vorgeschriebener Weise in Dreiecke zerlegt sind (eine Zerlegung in ebene Polygone ist notwendig, weil das Verfahren nur mit Polyedern arbeitet).

Insbesondere wenn Szenen aus konvexen Bausteinen aufgebaut sind, werden die Rechenzeiten durch das Einzeichnen der Schlagschatten nicht wesentlich beeinträchtigt. Das Verfahren kann zusätzlich zur Elimination unsichtbarer Linien (allerdings nur in Rastergraphik) verwendet werden und eignet sich u.a. ausgezeichnet zur schnellen Darstellung von beliebigen Kurven auf Drehflächen und Funktionsgraphen.

Das im folgenden besprochene Programmpaket (geschrieben in der Programmiersprache C) wurde im Rahmen eines SCHRÖDINGER-Stipendiums auf einer IRIS-Workstation an der Universität Princeton/N.J.(USA) im Frühjahr 1987 entwickelt. Zahlreiche Hinweise stammen von Prof. Silvio LEVY vom Mathematischen Institut der Universität Princeton. Die Software wurde im Herbst 1987 mit Hilfe von Herrn Dipl.Ing. Thaller von der Österreichischen Akademie der Wissenschaften an die der Akademie zur Verfügung stehende IMPULS-Workstation angepaßt und gelegentlich verbessert. Den genannten Personen und Institutionen sei an dieser Stelle besonderer Dank ausgesprochen.

Als Hardware- (bzw. Firmware-) Voraussetzungen sind lediglich ein hochauflösender Rasterbildschirm, die Möglichkeit der Kreation von Farbpaletten und des Füllens von Polygonen vonnöten. Ideal für Animationen ist es außerdem, wenn zwischen zwei Bildschirmen hin- und hergeschalten werden kann. Doch auch ohne diese Extras lassen sich selbst unter Verzicht auf Farbgraphik immer noch einige interessante Optionen (Hidden-Line-Removal) durchführen.

Das Graphikpaket konnte bereits - unter gewissen Einschränkungen - auf Mikrocomputer-
ebene (Commodore Amiga) übertragen werden, wobei erfreulicherweise keine gravierenden
Einbußen bei der Rechenzeit festzustellen waren. Lediglich die gleichzeitige Darstellung von mehreren hundert Farben bei entsprechend feiner Bildschirmauflösung ist
problematisch.

2. Definition von Primitivkörpern

Eines der Hauptprobleme der 3D-Graphik ist die bequeme Definition von geometrischen
Objekten. Oft wird ein einfaches "Flächenmodell" verwendet: Man gibt die Eckpunkte
eines Polyeders an sowie eine Vorschrift, wie einzelne Punkte zu "Facetten" (meist
konvexe Polygone) zusammengefaßt werden sollen. Diese allgemeine Art der Darstellung
eignet sich für diverse Hidden-Surface-Verfahren, hat aber den Nachteil, daß viele
Informationen verlorengehen, was sich in längeren Rechenzeiten niederschlägt.

Wir wollen daher den Rechner mit Zusatzinformationen über den Typ des Polyeders
(Drehfläche, Translationskörper, Funktionsgraph usw.) sowie andere Eigenschaften
(Voll- oder Hohlkörper, konvex oder nicht konvex etc.) ausstatten, oder genauer: Auf
Grund dieser Zusatzinformationen kann der Computer die Berechnung der Eckpunkte bzw.
die Einteilung der jeweiligen Fläche in Facetten selbst vornehmen.

Das angegebene Listing zeigt, wie es möglich ist, die in Abb.1 dargestellte Espres-
so-Maschine übersichtlich durch ein Datafile zu beschreiben. Dabei werden konvexe und
nicht-konvexe drehsymmetrische Primitivkörper zusammengesetzt. Allgemein lassen sich
fast alle Objekte aus den in 3.1 beschriebenen Bausteinen zusammensetzen. Diese Bausteine können unter Ausnützung spezifischer Eigenschaften meist sehr rasch abgebildet
werden.

```
ESPRESSO_MASCHINE      5 Bausteine

1:KNOPF grau drehsymm. 8 (rot_zahl) konvex
  2 (meridian)  0.925 0.385 6.5     1.2 0.5 8.5
  manip: 0 -5.15 -5 trans  0 45 0 rot  0 5.15 5 trans
2:DECKEL grau  drehsymm. 8 (rot_zahl) einf_ring
  2 (meridian)  5.15 2.2 5     0.925 0.385 6.5
  manip: 0 -5.15 -5 trans  0 45 0 rot  0 5.15 5 trans
3:MITTELSTUECK grau drehsymm 8 (rot_zahl) mehrf_ring
  4 (meridian)  3.5 0 -3   5.6 0 5    2 0 -3   1.4 0 5
  manip: 0 0 0 trans 22.5 0 0 rot 0 0 0 trans
4:PYRAMIDENSTUMPF grau drehsymm. 8 (rot_zahl) konvex
  2 (meridian)  5.6 0 -11    3.5 0 -3
  manip: 0 0 0 trans 22.5 0 0 rot 0 0 0 trans
5:TISCHPLATTE stahlblau translation konvex
  4 (basis) 0 0 0  16 0 0    16 16 0   0 16 0
  0 0 0.5  schub_vektor
  manip: 0 0 0 transl. 0 0 0 rot. -8 -8 -11.5 transl.
```

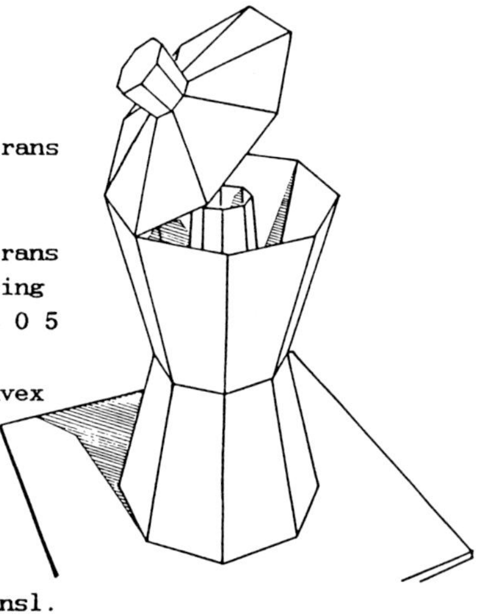

Abb.1 Typische Szene, die in Echtzeit am Bildschirm bewegt werden kann samt
     zugehörigem Datafile zur Beschreibung der einzelnen Bausteine.

Um die Bausteine, auch wenn sie sich in allgemeiner Lage befinden, einfach beschreiben zu können, werden Punktkoordinaten (z.B. "erzeugende Punkte" am Meridian eines drehsymmetrischen Polyeders) stets in möglichst spezieller Aufstellung angegeben (bei einer drehsymmetrischen Fläche so, daß die z-Achse mit der Rotationsachse übereinstimmt).

Der Computer berechnet dann die Koordinaten von Punkten in dieser Spezialstellung (bei Rotationskörpern z.B. durch Rotation um die z-Achse) und unterwirft diese Koordinaten u.U. anschließend einer "Manipulation" (Rotationen um die Koordinatenachsen und Translationen).

3. Sichtbarkeit

Im Prinzip arbeitet das Verfahren mit der "Malermethode", bei der von hinten nach vorne gemalt wird ([1,5]). Da ausschließlich mit ebenflächigen Objekten gearbeitet wird (krumme Flächen werden durch Polygone angenähert), kommt es im wesentlichen darauf an, die Priorität von hunderten von Polygonen rasch zu ermitteln. Um die Anzahl der Tiefenvergleiche auf ein Minimum zu reduzieren, werden möglichst viele Facetten zu einzelnen Primitivelementen ("Ringe", "Bänder" usw.) verknüpft. Die Reihenfolge innerhalb dieser Bausteine ist, wie in 3.1 gezeigt wird, oft sehr einfach.

3.1 Richtige Darstellung spezieller Objekttypen

Bei einem *konvexen Körper* (Abb.2) braucht man Facetten, die vom Auge abgewandt sind ("*backfaces*"), gar nicht darzustellen. Hingegen dürfen die anderen Facetten in wahlloser Reihenfolge am Bildschirm aufgemalt werden, weil es zu keiner Überlappung kommen kann.

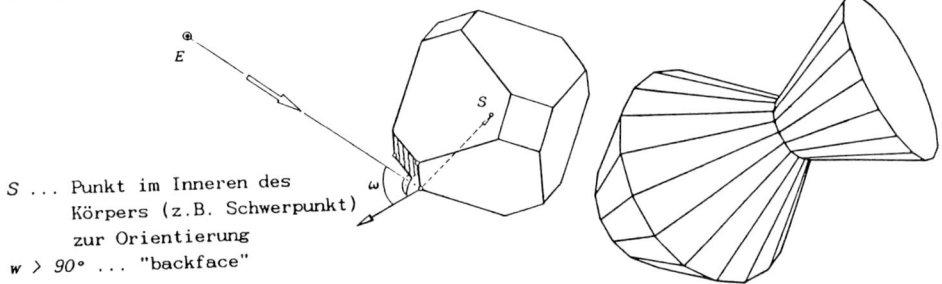

E

S ... Punkt im Inneren des
Körpers (z.B. Schwerpunkt)
zur Orientierung
w > 90° ... "backface"

Abb.2 Suche nach "backfaces"
bei konvexen Körpern

Abb.3 Einfacher nicht-konvexer drehsymm.
Vollkörper, zusammengesetzt aus
konvexen Pyramidenstümpfen

Als nächstes werden die nicht-konvexen *drehsymmetrischen Vollkörper mit einfachem Querschnitt* betrachtet. Die Bezeichnung "einfach" soll darauf hinweisen, daß jeder *Querschnitt* eines solchen Körpers aus *genau einem konvexen Polygon* besteht. In diesem Fall kommt man ebenfalls schnell zu einer richtigen Darstellung, wenn man die Einteilung des Körpers in Schichten normal zur Rotationsachse kennt.

Jede Schicht des Körpers ist ein konvexer Pyramidenstumpf (Abb.3), der wie beschrieben geplottet werden kann. Man muß nun die Schichten (vorläufig ohne deren Basis- bzw. Deckpolygon) in der richtigen Reihenfolge plotten, um eine korrekte Darstellung des Objekts zu erhalten. Die Frage der Priorität der einzelnen Schichten beim Zeichnen ist leicht zu beantworten. Eine entscheidende Rolle spielt dabei die Normalebene auf die Rotationsachse durch das Auge, welche das Objekt u.U. in zwei Teile gliedert (Abb.4). Die Schicht des Körpers, durch den die Ebene geht, heiße "kritische Schicht".

Gibt es keine solche kritische Schicht, dann müssen jene Teilkörper zuerst gezeichnet werden, die weiter vom Auge entfernt sind. Man plottet daher in Richtung zur Schichtenebene durch das Auge, also von der ersten bis zur letzten Schicht bzw. von der letzten bis zur ersten. Schließlich ist noch das Deck- bzw. Basis-polygon einzuzeichnen, da wir es vorläufig noch mit einem Vollkörper zu tun haben. Durch die richtige Reihenfolge beim Ausmalen werden automatisch die gewünschten Verdeckungen erreicht.

Bei Existenz einer "kritischen Schicht" ist das Bild des Objekts in *zwei Etappen* zu zeichnen: Zuerst wird ausgehend von der ersten Schicht bis hin zur kritischen Schicht (ohne diese selbst) geplottet, dann von der letzten Schicht zurück zur kritischen Schicht. Diese wird zuletzt gezeichnet, weil sie sowohl Teile des oberen als auch des unteren Restkörpers verdecken kann. Oberer und unterer Restkörper können sich hingegen niemals überdecken, weil sie im Bild von der projizierenden Normalebene durch das Auge getrennt werden.

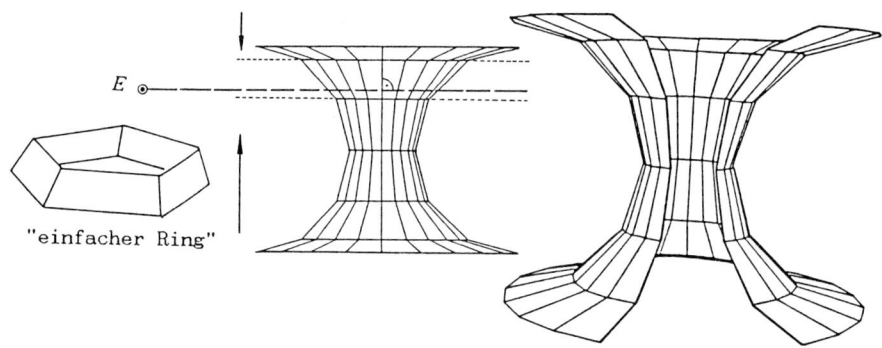

Abb.4 Einfacher nicht-konvexer drehsymmetrischer Hohlkörper, zusammengesetzt
   aus "einfachen Ringen"

Entfernt man bei *konvexen hohlen Polyedern* einzelne Seitenflächen (siehe z.B. Abb.4), lassen sich solche Objekte richtig darstellen, wenn man zuerst die backfaces und dann die restlichen Facetten plottet. Dieser erste Schritt weg von den konvexen Polyedern läßt sich auf *drehsymmetrische Hohlkörper mit einfachem Querschnitt* ausdehnen (Abb.4). Die Schichten sind diesmal *Mäntel* von konvexen Pyramidenstümpfen. Jeder einzelne im folgenden als *"einfacher Ring"* bezeichnete Mantel ist ein Polyeder mit konvexem Inhalt. Er kann daher richtig dargestellt werden, wenn in einem ersten Durchgang alle "backfaces" und erst dann die restlichen Facetten eingezeichnet werden. Einfache Ringe müssen keineswegs geschlossen sein, es dürfen also wie beim in Abb.4 dargestellten Halbtorus auch Teile weggelassen werden.

Durch das beschriebene Hintereinanderzeichnen der einzelnen Schichten ist ganz wie bei den drehsymmetrischen Vollkörpern die richtige Reihenfolge beim Plotten gewährleistet. Entscheidend ist dabei wieder die Lage der Schichtenebene durch das Auge.

Nun ist der Schritt zu den *allgemeinen drehsymmetrischen Polyedern*, also im Grenzfall den *allgemeinen Drehflächen*, mit kompliziertem Querschnitt nicht mehr weit: In einer Schichtenebene einer solchen Fläche befinden sich mitunter mehrere "einfache Ringe" (Abb.5). Solche "mehrfachen Ringe" bestehen aus mehreren "einfachen Ringen", die, weil sie konzentrisch sind, einander nicht schneiden.

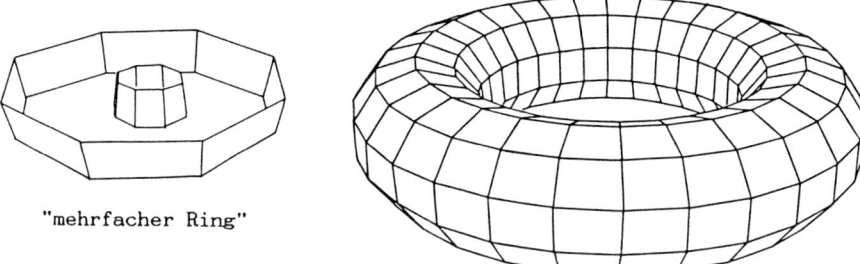

"mehrfacher Ring"

Abb.5 Allgemeine drehsymmetrische Fläche, zusammengesetzt aus "mehrfachen Ringen"

Jeden einzelnen mehrfachen Ring kann man darstellen, indem man ausgehend vom äußersten Ring bis hin zum innersten Ring zuerst nur die "backfaces" malt und dann ausgehend vom innersten Ring bis hin zum äußersten Ring die anderen Flächen darüberplottet. Ein typisches Beispiel für eine solche Drehfläche ist der Torus (Abb.5), der auf die beschriebene Art mit minimalem Rechenaufwand dargestellt und damit interaktiv am Bildschirm bewegt werden kann.

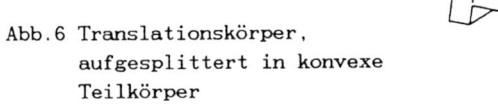

Abb.6 Translationskörper,
    aufgesplittert in konvexe
    Teilkörper

Ein weiterer Typus von Objekten sind Polyeder, die durch *Translation eines Basispolygons* erzeugt werden (Abb.6). In diesem Fall splittert man das Basispolygon schon vor Beginn der Animation in konvexe Teilpolygone auf ([6]) und erhält damit lauter Polyeder mit konvexem Inhalt. Jeder einzelne Teil dieser Objekte kann wie ein konvexer Körper bzw. wie ein einfacher Ring gezeichnet werden. Wie man die richtige Reihenfolge der Teilkörper findet, wird in 3.2 beschrieben.

Die schichtenweise Ausgabe der genannten Flächen legt den Gedanken nahe, *allgemeine Flächen* so zu triangulieren, daß die Näherungspolyeder in *Schichten normal zu einer vorgegebenen Achse* eingeteilt sind. In der Praxis sind solche "Schichtenpolyeder" gar nicht so selten. So lassen sich *Schraubflächen*, deren Querschnitt bekannt ist, hier einordnen. Geht man beim räumlichen Digitalisieren von beliebigen Objekten schichtenweise vor, läßt sich ebenfalls die erforderliche Triangulierung durchführen und damit das Verfahren anwenden (Abb.7).

Die Reihenfolge der Facetten innerhalb jeder Schicht unterliegt immer noch einer Regelmäßigkeit, die ein schnelles Plotten ermöglicht: Wir fassen zusammenhängende Facetten zu *Bändern* zusammen, deren sämtliche Facetten entweder "backfaces" sind oder nicht. Diese Bänder können dann mittels Ebenen durch das Auge parallel zur Achse sortiert werden (Abb.7). Die Bänder, die weiter vom Auge entfernt sind, werden zuerst geplottet, die anderen danach. Der Sortieralgorithmus funktioniert, weil sich die Bänder nicht umschließen können (sonst wären sie in Teilbänder aufgesplittert worden).

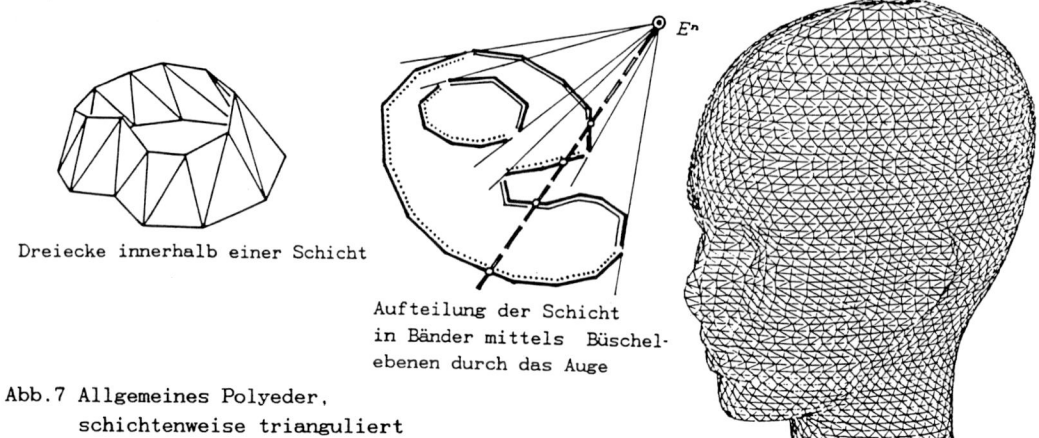

Dreiecke innerhalb einer Schicht

Aufteilung der Schicht
in Bänder mittels Büschel-
ebenen durch das Auge

Abb.7 Allgemeines Polyeder,
       schichtenweise trianguliert

Die Bezeichnung "backfaces" ist im vorliegenden Fall eigentlich etwas irreführend. Es geht nämlich gar nicht mehr darum, festzustellen, ob eine Facette dem Auge abgewandt ist oder nicht. Vielmehr soll die Fläche so orientiert werden, daß man zwei Seiten unterscheiden kann, und dies geschieht, indem man den Winkel zum (nicht notwendig nach außen orientierten) Normalvektor der Facette testet.

Eine weitere in der Technik bedeutende Gruppe von Flächen sind die *Funktionsgraphen*, bei denen jedem Punkt innerhalb eines Basisrechtecks genau ein Funktionswert zugeordnet ist (Abb.14). Da die Funktionswerte meist von Gitterpunkten innerhalb des Basisrechtecks bekannt sind, bietet sich eine Triangulierung wie in Abb.8 an (die Fläche muß ja in ebene Teilstücke zerlegt werden): Je vier benachbarte Gitterpunkte bilden eine windschiefe "Masche", die noch in zwei Teildreiecke zerlegt wird.

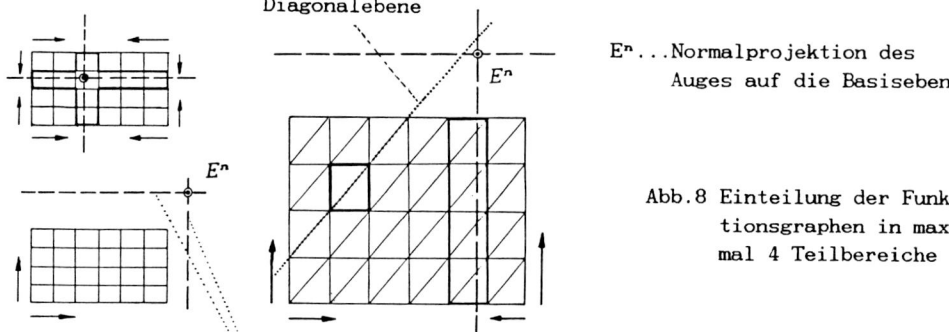

Diagonalebene

E^n...Normalprojektion des
       Auges auf die Basisebene

Abb.8 Einteilung der Funk-
      tionsgraphen in maxi-
      mal 4 Teilbereiche

Hauptnormalebenen

In Abb.8 ist nun zu sehen, wie die Fläche in Teilschritten gemalt werden muß. Entscheidend ist dabei die Lage der *Normalprojektion des Auges auf die Basisebene*. Durch das Auge lassen sich zwei spezielle Normalebenen zur Basisebene parallel zu den Seiten des Basisrechtecks legen.

Im einfachsten Fall schneiden diese "Hauptnormalebenen" den Funktionsgraphen überhaupt nicht. Wenn man nun ausgehend von jener Ecke des Basisrechtecks, die von der Normalprojektion den größten Abstand hat, die Teilstreifen des Graphen Masche für

Masche zeichnet, ist zumindest die richtige Zeichenreihenfolge der Maschen gesichert.

Da die vier Gitterpunkte einer Masche zwei Dreiecke aufspannen, muß nur noch die Priorität dieser Dreiecke klargestellt werden: Zu diesem Zweck ziehen wir die zur Basisebene normale "Diagonalebene" heran, die den Raum in zwei Halbräume trennt. Jenes Dreieck ist zuerst zu zeichnen, das nicht im selben Halbraum wie das Auge liegt (eine ähnliche Überlegung ist übrigens auch bei den erwähnten allgemeinen Schichtenpolyedern zu machen, wo beim Zeichnen der einzelnen Bänder jede Masche auf diese Art untersucht werden muß).

Schneidet eine der beiden Hauptnormalebenen den Graphen, so teilt sie diesen in zwei Teilflächen, deren Bilder einander nicht überlappen. In diesem Fall zeichnet man beide Flächenteile wie beschrieben als getrennte Funktionsgraphen. Die "kritische Zone" jedoch, die von der Hauptnormalebene getroffen wird, plottet man zuletzt, weil sie als Übergangszone beide Teile verdecken kann.

Der allgemeine Fall tritt auf, wenn beide Hauptnormalebenen den Graphen treffen (Abb.8). Diesmal sind vier Teilbereiche der Fläche einzeln zu zeichnen. Wiederum können keine Überlappungen im Bild auftreten, wenn man von den beiden "kritischen Zonen" absieht, die zuletzt geplottet werden. Die Masche, die vom Lot auf die Basisebene durch das Auge getroffen wird, bildet dabei den Abschluß.

3.2 Priorität der einzelnen Bausteine

Meistens lassen sich auch kompliziertere Objekte aus den vorhin beschriebenen Bausteinen zusammensetzen. Wie diese Bausteine im einzelnen gezeichnet werden, ist bereits klar. Wir brauchen nun noch einen Algorithmus, der es uns erlaubt, die Primitivkörper in solcher Reihenfolge zu plotten, daß automatisch die richtigen Verdeckungen erreicht werden. Dies funktioniert nur unter gewissen Voraussetzungen und selbst dann nicht immer, womit die entscheidende Schwachstelle der Malermethode aufgedeckt ist.

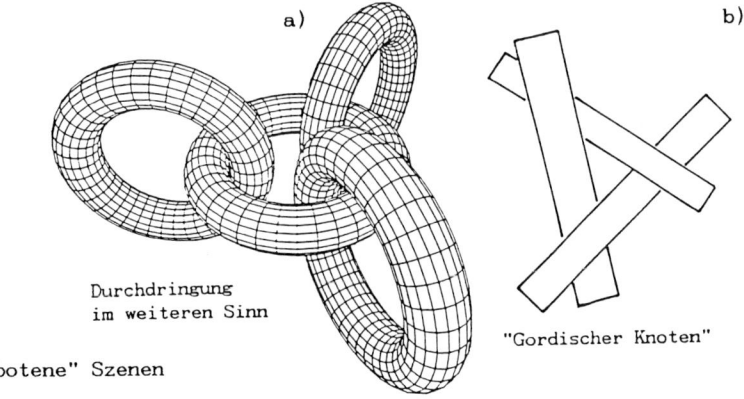

a)   b)

Durchdringung
im weiteren Sinn

"Gordischer Knoten"

Abb.9 "Verbotene" Szenen

Erstens dürfen die Objekte *keine Durchdringungen* (auch nicht im Sinne von Abb.9a) aufweisen und zweitens findet man Beispiele, die ein Sortieren vorläufig nicht erlauben (Abb.9b). Trotzdem kann man in beiden Fällen Abhilfe schaffen, indem man die Objekte in weitere Bausteine aufsplittert ([5,6]).

In fast allen Fällen wird es jedoch möglich sein, die Grundbausteine in der richtigen Reihenfolge zu sortieren. Um festzustellen, ob ein Objekt A_1 vor einem Objekt A_k gezeichnet werden soll, kann man in Hinblick auf möglichst kurze Rechenzeit folgende Abfragen starten (die einzelnen Abfragen sind teilweise in [4] und [5] zu finden):

1. Überlappen sich die "bounding boxes", also jene Rechtecke, die den Bildern der Objekte umschrieben sind (Abb.10)? Wenn nicht, dann ist die Priorität der Objekte A_i und A_k gleichgültig. Ansonsten hilft oft die Abfrage:

2. Hat der vorderste Punkt von A_i einen größeren Tiefenabstand als der letzte Punkt von A_k (Test mittels umschriebener Quader)? In diesem Fall müßte A_i zuerst geplottet werden. Gilt dies nicht, ziehen wir einen Algorithmus heran, der immer dann funktioniert, wenn man zwischen zwei Bausteinen eine "Trennebene" finden kann, die den Raum so in zwei Halbräume trennt, daß die Objekte in verschiedenen Halbräumen liegen (Abb.11):

3. In welchem Halbraum bezüglich der *Trennebene* von A_i und A_k liegt das Auge? Der Körper im anderen Teilraum muß zuerst gezeichnet werden.

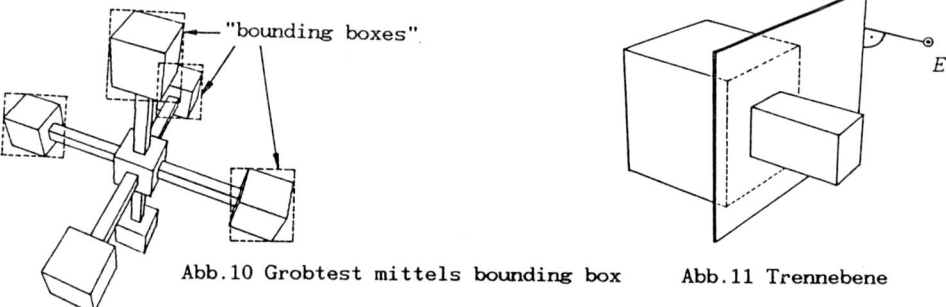

Abb.10 Grobtest mittels bounding box   Abb.11 Trennebene

Solche Trennebenen lassen sich vor Beginn einer Animation berechnen und müssen nur dann neu bestimmt werden, wenn einzelne Teilkörper im Laufe der Animation ihre relative Position ändern, wenn also z.B. ein einzelner Baustein einer Translation oder Rotation unterworfen wird. Meist kann eine Seitenfläche der den Objekten umschriebenen Quader als Trennebene verwendet werden, bei konvexen Körpern ist jede Seitenfläche potentielle Trennebene.

4. Sollte sich keine Trennebene finden lassen, kann man überprüfen, ob vielleicht die den Objekten umschriebenen (und vor der Animation ein- für allemal berechneten) *Hilfskugeln disjunkt* sind. Dann braucht man nämlich nur die Tiefenwerte der Kugelmittelpunkte zu vergleichen (Abb.12).

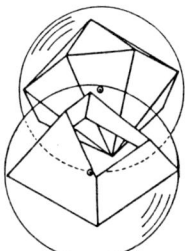

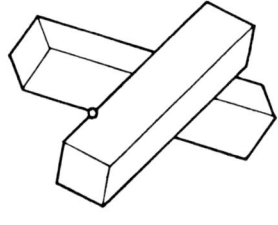

Abb.12 Disjunkte umschriebene Hilfskugeln   Abb.13 Schneiden der Umrisse

5. Als letzer Rettungsanker bleibt, die *Umrisse der Objekte* zu berechnen. Zu einem Schnittpunkt der scheinbaren Umrisse gehören im Raum zwei Punkte, deren Abstände vom Auge verglichen werden können. Der weiter hinten liegende Punkt gehört jenem

Objekt an, das zuerst geplottet werden muß (Abb.13). Diese Methode ist natürlich die weitaus aufwendigste und u.a. im Fall konvexer Umrisse in [2] beschrieben.

Es seien nun alle Prioritäten bekannt. Dann ist eine Liste aufzustellen, welche die endgültige Reihenfolge beim Zeichnen festlegt: Kommt z.B. A_i vor A_k und A_j vor A_k, während die Reihenfolge von A_i und A_j gleichgültig ist, dann ist eine mögliche rich-tige Reihenfolge: A_j vor A_i vor A_k. Je mehr Bausteine vorhanden sind, desto kompli-zierter wird der Knoten, obwohl er in fast allen Fällen (außer in den in Abb.9 skiz-zierten) gelöst werden kann.

Gelegentlich kommt es jedoch trotzdem zu vorläufigen Widersprüchen: Es kann nämlich passieren, daß zwei Objekte zwar überlappende "bounding boxes" haben, ihre Umrisse aber dennoch nicht zusammenstoßen. Dann liefert die Entscheidung mittels der Trenn-ebenen zwar kein falsches, aber manchmal ein mit der Prioritätenliste unvereinbares Ergebnis. In dieser eher seltenen Situation bleibt nichts anderes übrig, als mühevoll alle Umrisse zu schneiden. Dadurch wird überprüft, welche Objekte sich trotz überlap-pender bounding boxes nicht verdecken. Zwischen diesen Objekten ist die Priorität dann belanglos.

3.3 Hidden-Line-Removal

Das beschriebene Verfahren eignet sich auch zur raschen Erstellung von anschaulichen Bildern von Objekten mit Unterdrückung unsichtbarer *Linien*:

Es wird dabei wie beschrieben geplottet, wobei allerdings die Zeichenfarbe die Bild-schirmfarbe ist. Dadurch wird ein Polygon eigentlich nicht aufgemalt, sondern nur sein Flächeninhalt "ausradiert". Unmittelbar darauf werden die Berandungskanten ge-zeichnet. Dadurch ergibt sich eine korrekte Darstellung, die allerdings von einem Plotter nicht nachvollzogen werden kann.

Es bietet sich aber eine Hardcopy vom Bildschirm an, die bei entsprechender Bild-schirmauflösung durchaus passabel sein kann. Abb.14 zeigt das Bild eines Funktions-graphen, auf dem nicht die Parameterlinien sondern die Schichtenlinien bzw. Fallinien eingezeichnet sind. Andere schnelle Hidden-Line-Algorithmen, die speziell für Funk-tionsgraphen entwickelt wurden (z.B. die "Horizontenmethode" [3,6]) versagen entweder in diesem Fall, oder sie sind wesentlich langsamer!

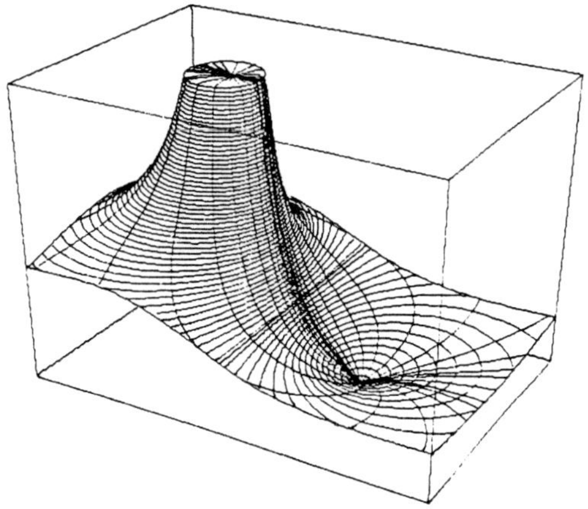

Abb.14 Hidden-line-Verfaheren, besonders
gut für Funktionsgraphen und Drehflächen geeignet.

4. Schatten

4.1 Koordinatensysteme

Die Objekte sind in *Weltkoordinaten* x,y,z beschrieben, wobei sich Datafiles wie in Abb.1 recht gut eignen: Auf Grund gewisser *Schlüsselworte* erkennt der Computer den Typ und bestimmter Eigenschaften der einzelnen Bausteine und legt sich eine Punkte- bzw. Flächenliste an. Die Flächenliste sollte auch gleich die normierten Normalvektoren der einzelnen Facetten enthalten. Außerdem werden im Weltkoordinatensystem Trennebenen und umschriebene Hilfskugeln berechnet.

Dreht man nun die Szene mittels der EULER-Winkel zuerst um die z-Achse um den *Azimutalwinkel* w_1, dann um die mitgedrehte x-Achse um den *Höhenwinkel* w_2 und zuletzt ein weiteres Mal um die mitgegrehte z-Achse um den *Verdrehungswinkel* w_3, hat man eine allgemeine Lage der Szene erreicht (Abb.15a). Das gedrehte System heiße das *Bildschirmsystem*, festgelegt durch die Endlagen x_1,y_1,z_1 der gedrehten Koordinatenachsen. Die Ebene x_1,y_1 sei die Bildebene; das Auge E wird am einfachsten durch die Lage des Hauptpunkts $H=E^n$ (d.i. die Normalprojektion auf die Bildebene) und die Distanz d von der Bildebene festgelegt.

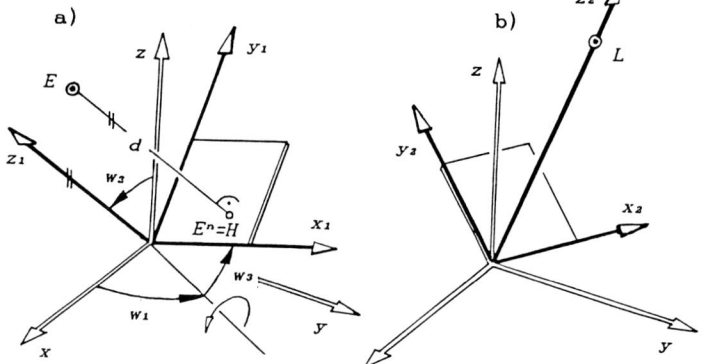

Abb.15 Bildschirm- und Lichtsystem

Die drei hintereinander ausgeführten Drehungen lassen sich mathematisch durch die Multiplikation mit einer einzigen Drehmatrix bewerkstelligen. Anschließend wird die Projektion aus dem Auge auf die Bildebene durchgeführt. Durch Umkehrung der Drehmatrix kann beliebig zwischen den Systemen hin- und hergerechnet werden. Man wird daher die Augpunktkoordinaten ins Weltkoordinatensystem umrechnen, um etwa bei der Ermittlung der backfaces den Winkel zwischen Sehstrahl und Facettennormalen zu testen. Dies erspart die ständige Neuberechnung der Normalvektoren.

Ganz ähnlich legt man das "*Lichtsystem*" x_2,y_2,z_2 fest, das durch die Lichtquelle L bestimmt ist (Abb.15b). Man identifiziert den Hauptlichtstrahl durch den Koordinatenursprung mit der z_2-Achse; die fiktive Projektionsebene x_2,y_2 sei dazu normal. Die x_2-Achse kann ohne Einschränkung der Allgemeinheit horizontal gewählt werden. Dadurch kann man auch in diesem Fall beliebig zwischen Licht- und Weltkoordinatensystem hin- und herrechnen. Wieder wird man das Licht auch in Weltkoordinaten angeben, um den Winkel zwischen Facettennormalen und Lichtstrahl zu ermitteln, der hauptverantwortlich für die *Helligkeit* der Facette ist (andere Faktoren sind z.B. die Abstände vom Auge bzw. vom Licht, [4]).

Analog kann man auch *mehrere Lichtquellen* annehmen, was sich allerdings auf die Rechenzeit auswirkt, insbesondere wenn man die Schlagschatten berechnen läßt.

4.2 Schlagschatten

Will man die Objekte nicht nur "schattieren", sondern auch Schlagschatten einzeichnen, dann wird man alle Punkte zusätzlich im Lichtsystem durch Koordinaten beschreiben (Drehmatrix!) und dort der Projektion aus dem Lichtzentrum auf die fiktive Projektionsebene x_2,y_2 unterwerfen. Nun lassen sich genauso wie im Bildschirmsystem auch
im Lichtsystem *Prioritäten* zwischen den Einzelobjekten feststellen. Im Lichtsystem
bedeutet jedoch "A_i vor A_k", daß A_i im Schatten von A_k liegt.

Ein schattenspendendes Objekt wirft auf die Trägerebenen der einzelnen Facetten des
vom Schatten betroffenen Objekts Schlagschatten in Form von gefüllten (konvexen oder
nicht-konvexen) Polygonen. Diese Polygone müssen nun gegen die Facetten *"geclippt"*
werden, d.h. man hat den Durchschnitt zweier Polygone zu ermitteln (Abb.16).

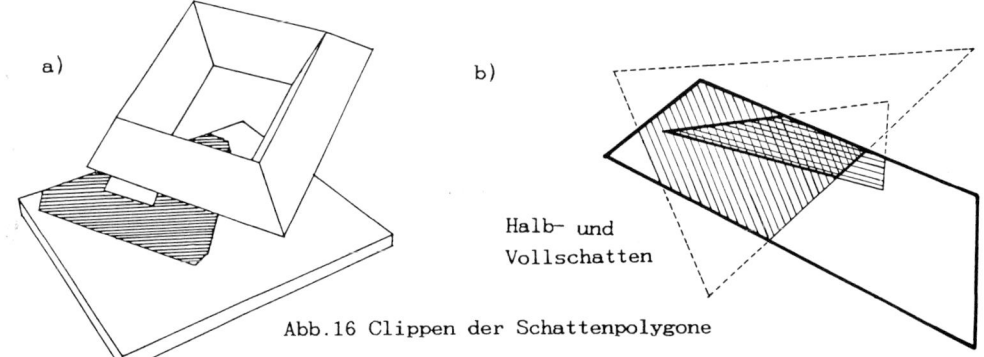

a) b) Halb- und
Vollschatten

Abb.16 Clippen der Schattenpolygone

Dies ist zwar verhältnismäßig aufwendig, aber keineswegs für alle Facetten auszufüh-
ren. Ein Großteil der Facetten kann systematisch ausgesondert werden, etwa wenn die
Facette schon "dunkel" ist, weil sie im *Eigenschatten* liegt (dies ist der Fall, wenn
Lichtzentrum und Auge auf verschiedenen Seiten der Trägerebene liegen).

Andere Facetten liegen gar nicht im Schatten, weil meist nicht das ganze Objekt ver-
dunkelt wird, wieder andere sind von vornherein ganz im Schatten. Die wenigen kritischen Facetten allerdings, die nur teilweise beschattet sind, müssen dem Clip-
Algorithmus unterworfen werden. Dabei ist es von Vorteil, wenn die Hard- bzw.
Firm-ware des benützten Computers auch nicht-konvexe Polygone füllen kann, weil sonst
überdies die geclippten Schatten in konvexe Polygone zerteilt werden müssen.

Um nun die richtige Sichtbarkeitsdarstellung der Szene nicht zu gefährden, werden die
Schatten keineswegs erst nach dem Zeichnen der schattierten Objekte eingetragen, sondern *unmittelbar nach* dem Plotten jeder einzelnen Facette auf dieselbe in einer
dunkleren Schattenfarbe aufgemalt. Damit brauchen wir uns um die Sichtbarkeit des
Schlagschattens überhaupt nicht zu kümmern!

Bei mehreren Lichtquellen wird man die Schattenfarbe durch eine hellere "Halbschat-
tenfarbe" ersetzen. Durch gegenseitiges Clippen aller Schattenpolygone auf der Facette werden jene Facettenteile ausgefiltert, die im Vollschatten liegen und daher als
letztes in der dunkleren Vollschattenfarbe aufgemalt werden (Abb.16b).

Während das Einzeichnen der Schlagschatten einzelner Objekte auf andere keine besondere Hürde darstellt, wird das Plotten der *Selbstschatten* gelegentlich zum Problem:
Eine nicht-konvexe Fläche wirft im allgemeinen auf sich selbst einen Schatten. Wir
können in diesem Fall allerdings nicht einfach den ganzen Schattenumriß der Fläche

mit jeder Facette clippen. Es muß daher der Schlagschatten jeder einzelnen Flächenfa-
cette, die potentiell Schatten auf die in Frage stehende Facette wirft, untersucht
werden.

Obwohl der eigentliche Clip-Vorgang trotzdem nur selten durchzuführen ist, ist die
ständige Abfrage, ob sich "bounding boxes" überlappen und sich die schattenspendende
Facette tatsächlich vor der vermeintlich im Schatten liegenden befindet, selbst für
schnelle Computer zeitraubend, vor allem, wenn die Einzelobjekte aus hunderten oder
gar tausenden Facetten bestehen. Die Anzahl der Testabfragen nimmt nämlich mit dem
Quadrat der Facettenanzahl zu.

5. Bemerkungen zur Bildqualität und Rechendauer

Die Schnelligkeit des Verfahrens ist seine Stärke. Einfache Szenen wie die Espresso-
Maschine in Abb.1 können von Computern mit entsprechender Graphik-Hardware wie die
einer IRIS-Workstation und einem schnellen Prozessor beinahe in Echtzeit (im Idealfall 20 Bilder pro Sekunde) interaktiv am Bildschirm manipuliert werden.

Wenngleich die Bildqualität nicht an die bei gewissen anderen Verfahren (insbesondere
beim Raytracing) herankommt, vermag das Verfahren doch recht plastische Bilder zu
erzeugen. Durch gewisse Tricks (z.B. durch leichte Abänderung der Formel für die Helligkeit der Facetten) lassen sich durchaus interessante Effekte wie etwa Glanzpunkte
erreichen. Die Schlagschatten erhöhen wesentlich die Anschaulichkeit der Bilder. Wie
schon erwähnt, können auch mehrere Lichtquellen verwendet werden, wobei allerdings
die Rechenzeit stark ansteigen kann.

Die Rechengeschwindigkeit nimmt ebenso rasch ab, wenn wir es nur mit nichtkonvexen
Teilen zu tun haben. In Extremfällen (z.B. bei der Darstellung komplizierter Funktionsgraphen oder Drehflächen) verzichtet man mit Rücksicht auf die Rechenzeit vorläufig besser auf die Schlagschatten. Die nur "schattierten" Bilder lassen sich immer
noch interaktiv bewegen, auch wenn man auf die Bilder bei großer Facettenanzahl etwas
länger warten muß.

Insbesondere wenn die entwickelten Sortier- und Clip-Algorithmen hardwaremäßig ausgewertet werden könnten, lassen sich sicherlich beachtliche Fortschritte in Hinblick
auf Echtzeit-Animationen erzielen, die eine bedeutende Vereinfachung bei der Herstellung von Computertrickfilmen darstellen.

6. Literatur

[1] J.D.Folez, A.Van Dam, *Fundamentals of Interactive Computer Graphics*, Addison-
    Wesley/Reading, 1982.
[2] G.Glaeser, *3D-Programmierung mit BASIC*, hpt/Wien, BGT/Stuttgart, 1986.
[3] D.Hearn, M.P.Baker, *Computer Graphics*, Prentice Hall/New Jersey, 1986.
[4] W.M.Newman, R.F.Sproull, *Grundzüge der interaktiven Computergraphik*, McGraw-
    Hill/Hamburg, 1986.
[5] W.Purgathofer, *Graphische Datenverarbeitung*, Springer/Wien, 1985.
[6] D.F.Rogers, *Procedural Elements for Computer Graphics*, McGraw-Hill/New York, 1985.

WEIGHTED SURFACE NETWORKS AND THEIR APPLICATION TO CARTOGRAPHIC GENERALIZATION

Gert W. Wolf

Department of Geography

University of Klagenfurt

A-9010 Klagenfurt / AUSTRIA

1.INTRODUCTION

In this paper a graph theoretic approach[1] for the generalization of topographic surfaces is going to be presented. The model under discussion is based upon the concept of critical or so called surface specific points, which was introduced by Warntz [4]. His ideas were put into mathematical terms by Pfaltz [3] who gave a formal definition of a surface network. Additionally, he presented a technique for contracting such networks, thus providing an efficient tool for simplifying topographic surfaces. Pfaltz's method was developed by Wolf [6, 7, 8]

---

[1] The basic graph theoretic definitions can be found in [1]. Additionally, the following concepts from [3] will be used within this paper:

A circuit is a closed walk.

A graph is connected, if given any node u, one can reach all other nodes v by a walk which follows a sequence of edges, though not necessarily in the indicated direction.

A graph is said to be tripartite if the vertex set can be partitioned into three subsets V_0, V_1 and V_2, so that every edge is incident with one node of V_{i-1} and one node of V_i for 1 <= i <= 2.

The valency val(u,v) denotes the number of edges between vertex u and vertex v.

L(v) = {u| (u,v) $\in$ E} denotes the set of all adjacent nodes of the vertex v lying to the 'left' of it; R(u) = {v| (u,v) $\in$ E} specifies the set of all adjacent nodes of the vertex u lying to the 'right' of it. L(u) and R(v) reflect a 'left' to 'right' partial ordering of the graph.

who improved the model by associating real numbers greater than zero
with the edges and nodes of a surface network to indicate their importance for the macro- and micro-structure of the corresponding surface.
The theory developed so far is discussed in the light of results obtained by applying the model to the generalization of a real landscape, namely to the Latschur Mountains in western Carinthia.

2.WEIGHTED SURFACE NETWORKS

Let us consider the surface of Fig. 1 containing pits, passes (or
saddle points) and peaks together with the connecting ridges (lines
leading from a pass to a peak) and courses (lines leading from a pit
to a pass). A basic requirement of the model is that the function describing the topographic surface is constant everywhere on the bounda-

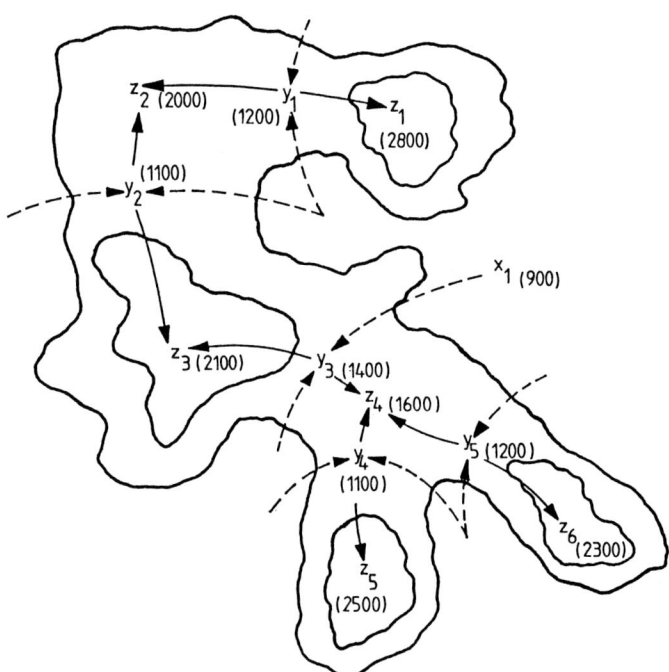

Fig. 1 Topographic surface containing pits, passes and peaks together
       with the connecting ridge lines and course lines. The numbers
       in parentheses indicate the altitudes of the data points.

ry [3]; that is — to put it differently — it is bounded by a contour line. Throughout this paper P_0 will denote the set of all pits, P_1 the set of all passes and P_2 the set of all peaks, whereas x_i will specify an individual pit, y_j an individual pass and z_k an individual peak.

The essential features of the surface can easily be portrayed by an edge-weighted directed graph with the vertices representing the critical points, the edges being the courses and ridges and the edge-weights specifying differences in elevations. The graph corresponding to the surface of Fig. 1 is depicted in Fig. 2.

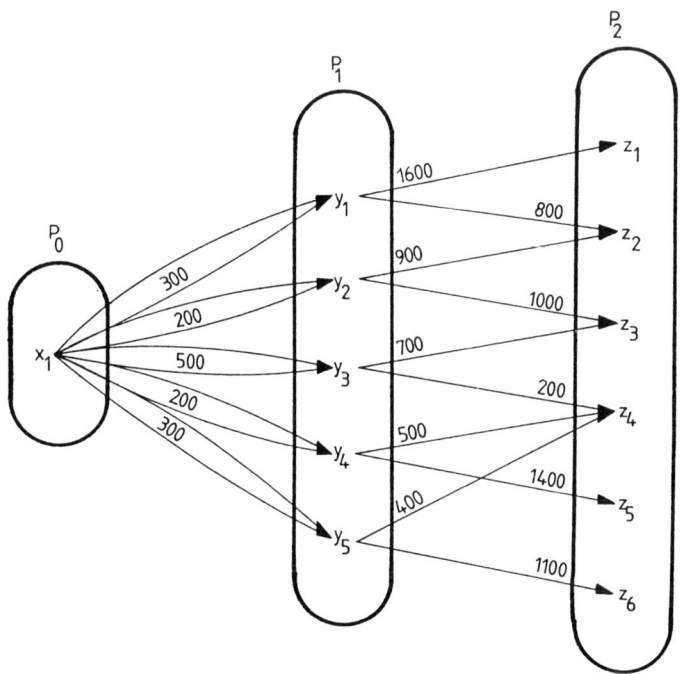

Fig. 2 Graph representing the topological structure of the surface of Fig. 1. The edge-weights which are defined as $h(y_j) - h(x_i)$ and $h(z_k) - h(y_j)$ respectively indicate differences in altitudes, h denoting the elevation of a specific data point. Edges with valency two are dotted twice.

Evidently not all graphs meet the requisitions for describing a topographic surface. The class of graphs meeting the requirements must satisfy special properties which are listed below [2, 3, 6, 7, 8].

DEFINITION 1: A weighted, directed, tripartite graph $W=(P_0,P_1,P_2;E)$ is called a (weighted) surface network if

P0. it is planar

P1. the subgraphs $[P_0,P_1]$ and $[P_1,P_2]$ are connected

P2. $|P_0| - |P_1| + |P_2| = 2$

P3. for all $y \in P_1$, $id(y) = od(y) = 2$

P4. $val(x,y_i) = val(y_i,z) = 1$ implies there exists $y_j \neq y_i$ such that (x,y_j), $(y_j,z) \in E$

P5a. (x,y) is an edge of a circuit in the bipartite graph $[P_0,P_1]$ if and only if $val(y,z) \neq 2$ for all $z \in P_2$

P5b. (y,z) is an edge of a circuit in the bipartite graph $[P_1,P_2]$ if and only if $val(x,y) \neq 2$ for all $x \in P_0$

P6. $w(e_i) > 0$ for all $e_i \in E$

P7. for all $x \in P_0$, y_i, $y_j \in P_1$, $z \in P_2$ and (x,y_i), (x,y_j), (y_i,z), $(y_j,z) \in E$ holds $w(x,y_i) + w(y_i,z) = w(x,y_j) + w(y_j,z)$

P8a. if $val(x,y) = 2$ with $e_{i_1} = (x,y)$ and $e_{i_2} = (x,y)$ then $w(e_{i_1}) = w(e_{i_2})$

P8b. if $val(y,z) = 2$ with $e_{i_1} = (y,z)$ and $e_{i_2} = (y,z)$ then $w(e_{i_1}) = w(e_{i_2})$

Planarity which is required by P0 is one of the nine properties that any surface network must exhibit since an intersection of its edges implies the intersection of the ridges and courses of the topographic surface thus inducing the impossibility of its realization. P1 ensures that all pits and saddles are connected by course lines and all passes and peaks are connected by ridge lines. P2 states that the number of pits minus the number of saddle points plus the number of peaks must always be two. P3 excludes the existence of degenerate passes since it imposes on the surface the requirement to contain only saddle points with exactly two courses and two ridges emanating from them. P4 guarantees that if there exists a path from pit x via pass y_i to peak z which consists only of edges with valency one, then there exists another path from pit x to peak z via a distinct saddle y_j. P5a and P5b assert that a configuration as illustrated in Fig. 3 is impossible. P6 says that all edge-weights must be greater than zero and thus have to be defined as $h(y_j) - h(x_i)$ and $h(z_k) - h(y_j)$ respectively, h denoting the altitude of a specific data point. P7 ensures that for all paths from pit x to peak z the difference in elevation is the same, no matter which saddle point is passed. P8a guarantees that all course lines from a pit to a pass have the same difference in altitude. P8b states the analogy for ridges.

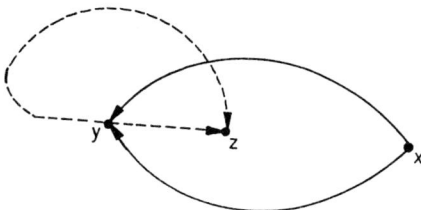

Fig. 3 P5a and P5b assert that this configuration is impossible.

In this place it should be pointed out that the above definition is
just a tentative one since it is unknown whether the properties specified before are sufficient to guarantee the realizability of a surface
network [3].

3.W-CONTRACTIONS OF WEIGHTED SURFACE NETWORKS

The fact that all surface networks can be condensed by two contractions[1] which reduce the number of edges and vertices of a graph but
preserve its topological structure and consequently that of the corresponding topographic surface is of special cartographic interest. It
follows

DEFINITION 2: Let W be a weighted surface network and let y^0 be a
saddle point with $R(y^0) = \{z^0, \bar{z}\}$ and $w(y^0, z^0) <= w(\bar{y}_i, z^0)$ for i = 1,
2, ..., n-1. Let z^0 be a peak of degree n with $L(z^0) = \{y^0, \bar{y}_1, \bar{y}_2, \ldots,
\bar{y}_{n-1}\}$. The (y^0, z^0)-w-contracted graph W' is the graph with vertex set
$V(W') = V' = V - \{y^0, z^0\}$, edge set $E(W') = E' = E + \{(\bar{y}_1', \bar{z}'), (\bar{y}_2', \bar{z}'),
(\bar{y}_3', \bar{z}'), \ldots, (\bar{y}_{n-1}', \bar{z}')\}$ and edge-weights:
(a) $w(\bar{y}_i', \bar{z}') = w(\bar{y}_i, z^0) - w(y^0, z^0) + w(y^0, \bar{z})$ for i = 1, 2, ..., n-1
(b) $w(e') = w(e)$ for all other edges $e' \in E(W')$
The set of operations taking the original surface network onto the
condensed one is called (y^0, z^0)-w-contraction.

---

[1] These contractions represent generalizations of the homomorphisms
used by Pfaltz [3] and Wolf [6, 7].

The so defined (y^o, z^o)-w-contraction removes the peak z^o and its highest adjacent saddle y^o together with all surface specific lines incident with at least one of these critical points. It is easy to verify, however, that this elimination causes the loss of two fundamental features of the surface network since (a) the condensed subgraph $[P_1', P_2']$ is no longer connected (violation of P1) and (b) there exist passes $\bar{y}_i'$ with od$(\bar{y}_i')$ = 1 (violation of P3). (According to the above definition the passes $\bar{y}_i$ are those vertices which are incident with z^o but different from the node y^o which is removed by the contraction.) To ensure that W' is a weighted surface network, too, its edge set E(W') must comprise the 'old' set E(W) as well as 'new' links connecting $\bar{y}_i'$ with $\bar{z}'$. Since the inclusion of these edges into E(W') can be regarded as substitution of the paths $< [\bar{y}_i, z^o], [z^o, y^o], [y^o, \bar{z}] >$ by $(\bar{y}_i', \bar{z}')$ for i = 1, 2, ..., n-1 it is reasonable to assign the values $w(\bar{y}_i, z^o) - w(y^o, z^o) + w(y^o, \bar{z})$ to the new links $(\bar{y}_i', \bar{z}')$. These weights can be justified cartographically, as they represent nothing else but the differences in elevations of paths starting at saddle $\bar{y}_i$, leading up to peak z^o, leading down to pass y^o and finally ending in $\bar{z}$. Moreover, the choice of y^o guarantees that all weights are greater than zero which is prerequisite for the realizability of the corresponding topographic surface.

The importance of (y^o, z^o)-w-contractions for cartographic generalization rests upon

THEOREM 1: Let W be a weighted surface network and let y^o be a saddle point with $R(y^o) = \{z^o, \bar{z}\}$ and $w(y^o, z^o) <= w(\bar{y}_i, z^o)$ for i = 1, 2, ..., n-1. Let z^o be a peak of degree n with $L(z^o) = \{y^o, \bar{y}_1, \bar{y}_2, ..., \bar{y}_{n-1}\}$. The (y^o, z^o)-w-contracted graph W' is also a weighted surface network.

Theorem 1 states that a (y^o, z^o)-w-contraction reduces the number of edges and vertices of a surface network but preserves its topological structure and consequently that of the associated topographic surface; thus the w-contraction is equivalent to an elementary step of a cartographic generalization process.

We will illustrate the preceding explanations by considering the surface network depicted in Fig. 2 and a (y_3, z_4)-w-contraction. The assumptions $y^o = y_3$ and $z^o = z_4$ imply $\bar{z} = z_3$, $\bar{y}_1 = y_4$, $\bar{y}_2 = y_5$, $w(y_4', z_3') = w(\bar{y}_1, z^o) - w(y^o, z^o) + w(y^o, \bar{z}) = 1000$ and $w(y_5', z_3') =$

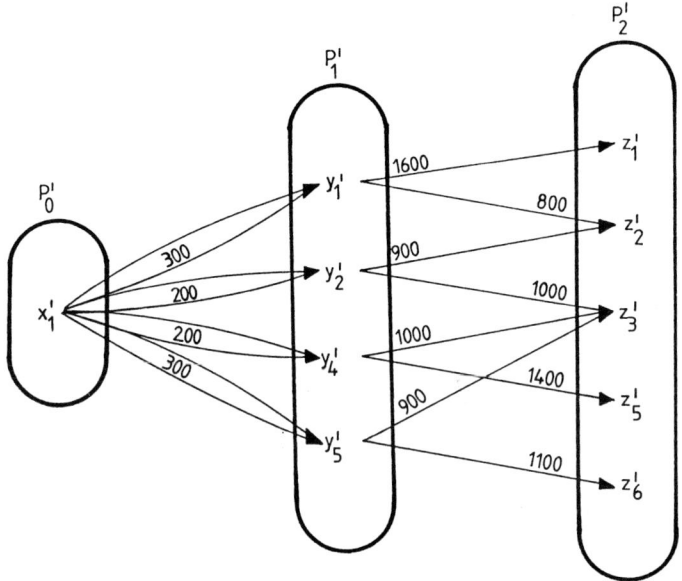

Fig. 4 Weighted surface network of Fig. 2 after a (y^o, z^o)-w-contrac-
tion with $y^o = y_3$ and $z^o = z_4$.

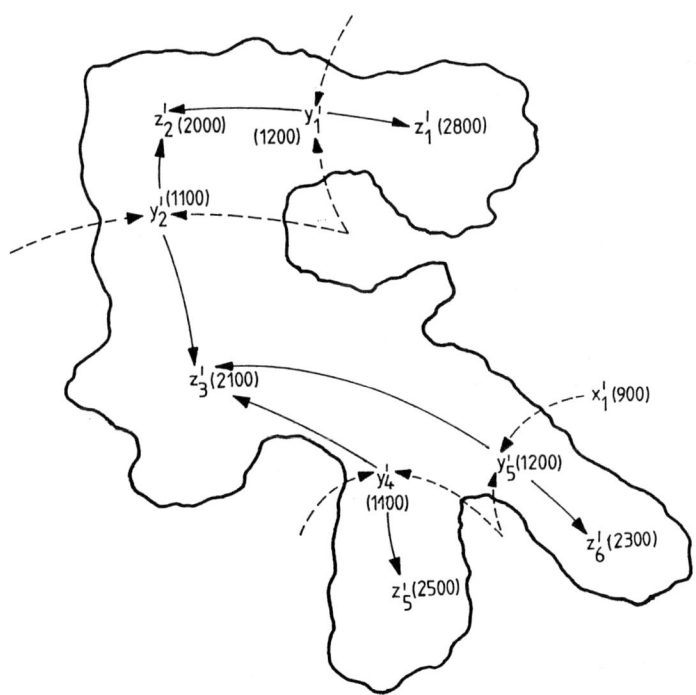

Fig. 5 Topographic surface corresponding to the graph of Fig. 4.

$w(\bar{y}_2, z^o) - w(y^o, z^o) + w(y^o, \bar{z}) = 900;$ thus the (y_3, z_4)-w-contraction
takes the surface network of Fig. 2 onto the one depicted in Fig. 4.
The topographic surface corresponding to the graph of Fig. 4 is portrayed in Fig. 5.

Obviously, similar results can be obtained for pits, too. Without
stating them explicitly, we will proceed with discussing the conver-
gence of a generalization process induced by a series of w-contractions. It can be proved that repeated applications of w-contractions
condense a given weighted surface network always to one of the two
elementary weighted surface networks depicted below.

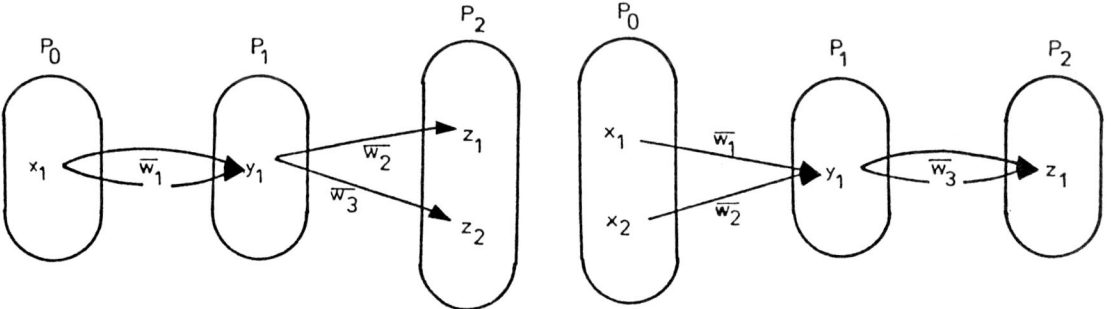

Fig. 6. Catalogue of elementary weighted surface networks.

The vertex set of these elementary surface networks is composed
either of one pass, one pit and two peaks or of one pass, two pits and
one peak, the edge set consists of two ridges and two courses whereat
the weights associated with the edges must satisfy properties P6 - P8b
of Definition 1. Of course, such elementary surface networks are
'over-simplified' for any practical cartographic application, but different criteria can be used to terminate the contraction process
thereby creating a surface network with a specified degree of simplification.[1]

A further improvement of the model developed so far can be achieved
by associating weights with the vertices of the surface network to indicate their importance I for the macro- and microstructure of the
corresponding topographic surface. The 'importance of a critical
point', however, cannot be defined absolutely but must always take re-
gard of the individual character of the problem under discussion as

---

[1] It is beyond the scope of this paper to give a technical description
of 'specified degree of simplification'.

well as of the given topographic facts. From this follows that there exist several ways for calculating I, all of which are based upon differences in altitudes between adjacent surface specific points. The various methods will not be discussed within this paper as they have already been described in detail [7].

At the end of this chapter an algorithm incorporating systematically the variable I into the contraction process is presented. Thus this procedure enables us to put into practice what has been described theoretically in the preceding paragraphs.

ALGORITHM FOR CONDENSING WEIGHTED SURFACE NETWORKS

(1) Determine the importance I of pits x_i and peaks z_k and arrange them in ascending order.

(2) Choose the pit x^0 or peak z^0 which lies within the boundary contour and whose importance is minimal.

(3) Apply an appropriate (x^0, y^0)- or (y^0, z^0)-w-contraction respectively.

(4) If the specified degree of simplification is achieved, then stop. Otherwise go to (1).

4. A PRACTICAL EXAMPLE OF CARTOGRAPHIC GENERALIZATION

The primary object of this chapter is to demonstrate the efficiency of the outlined approach for simplifying topographic surfaces. For this reason the graph theoretic model has been applied to the generalization of a real landscape, namely a portion of the Latschur Mountains in western Carinthia. The study area extends between 2 km and 12.5 km north-south and about 25 km west-east and is bounded - due to the theoretical requirement - by the 1000-m contour line.

In this place it seems appropriate to give a presentation of the different data structures necessary for (a) condensing the given surface and (b) portraying the results of the generalization process by contour maps.

The first data file which is referred to by all plot routines contains labels, types, as well as x-, y- and z-coordinates of a total of 233 surface specific points. It should be noted, however, that the positions and altitudes of only 149 of the above-mentioned 233 data points could be read directly from a medium scale topographic map 1 : 50000, whereas the types, locations and elevations of the remaining 84 critical points had to be derived from the 149 original points and the shape of the contour lines.

The   second file stores topological information in form of the sur-face network. It is important to note, however, that within this data structure the 100 points forming the boundary contour are regarded   as a   single   pit. Thus a distinction is made only between 16   pits,   66 saddles and 52 peaks – that is a total of 134 surface specific points. To characterize the shape of the surface specific lines only the inci-dent surface specific points are used in each case, which results in a linearization of the ridges and courses. As can be seen in   practice, this linearization can cause considerable problems in the graphic   re-presentation of surface networks.

The third data file contains a triangulation of the study area. The critical   points   represent   the corners of the triangles but with   the surrounding pit being depicted by the 100 different points. The criti-cal lines,   however,   form only a small portion of the edge set of the triangle   network. The remaining edges represent either the   boundary contour   or lines leading from a pit to a peak and thus   breaking   the elementary pit-saddle-peak-saddle-pit-quadrangles into two   triangles. The   so defined triangulation seems to be superior to other triangula-tions since it ensures that the resulting triangular facets fit planar or nearly planar regions. For the storage   of the triangle network   a pointer structure providing direct access to the individual data   ele-ments is used.   Triangulations are not necessary for generalizing to-pographic   surfaces,   but they just make possible the construction   of contour   maps   for visualizing the results of a   contraction   process. Fig.   7   shows the contour map derived from the triangulation   network associated with the given data set.   The contour lines are represented by periodic parametric cubic splines.

For the generalization of a given topographic surface the algorithm presented in the previous chapter is applied. This implies that, first of all,   the pit or peak with minimal importance I is determined.   (In this study the maximum   of the differences in elevation between a peak (pit) and all adjacent saddles serves as measure for I.) Provided that the pit or peak with minimal importance is situated in the interior of the study area an appropriate w-contraction is performed.   In conjunc-tion   with the modification of the surface network   the   triangulation network must be updated,   too. This is done by the removal of the same critical points as in the corresponding surface network and by   inclu-sion of 'new' edges in the triangle network which either link peaks of

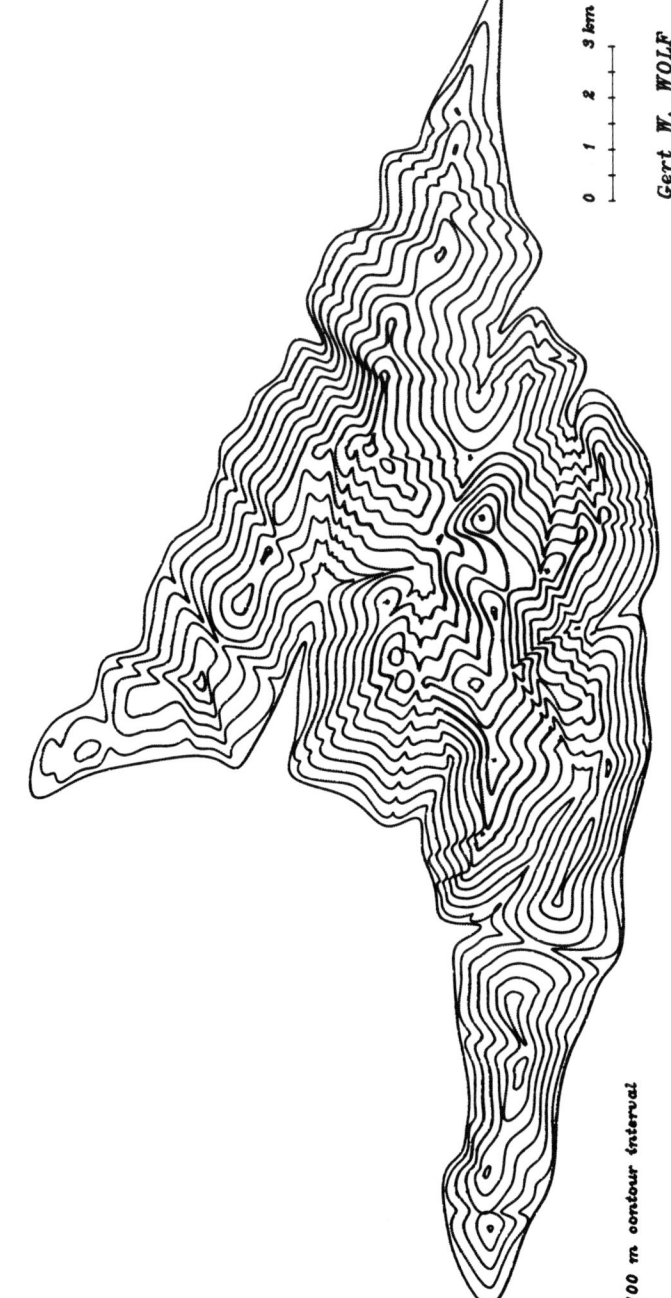

LATSCHUR MOUNTAINS

CONTOUR MAP

0 1 2 3 km

Gert W. WOLF

100 m contour interval

Fig. 7

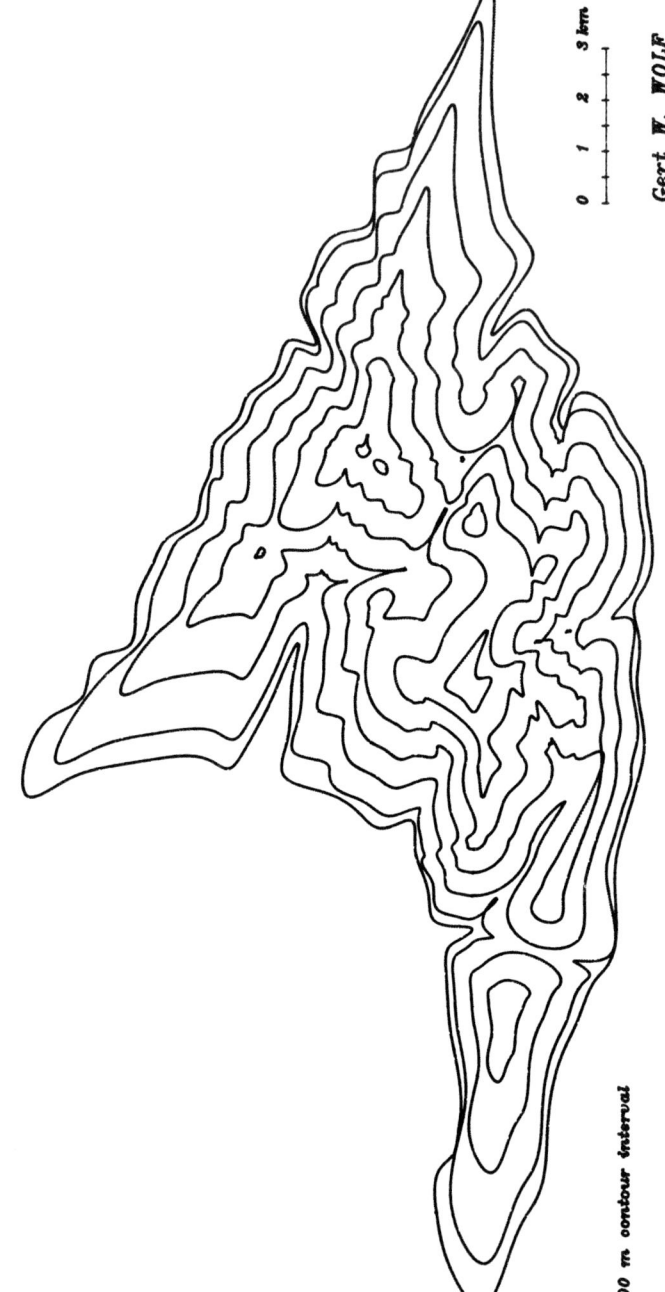

LATSCHUR MOUNTAINS

CONTOUR MAP
32nd step of generalisation

200 m contour interval

0   1   2   3 km

Gert W. WOLF

Fig. 8

degree one and points on the contour line or connect the different components of the - by means of the above mentioned elimination - discontinued network of ridges and courses. Fig. 8 depicts the contour map derived from the surface network and the associated triangulation after the elimination of 64 surface specific points. A comparison of Fig. 7 and 8 reveals the removal of the microstructure of the surface under investigation.

Although we may have presented a fairly convincing case for the use of weighted surface networks, several flaws remain to be noted. First of all, it should be mentioned that the application of parametric periodic cubic splines for constructing contour lines may possibly result in the intersection of contour lines of different altitudes. Consequently, in those cases the contour intervals must be increased and thus the surfaces can no longer be portrayed with such a precision as in the case of the application of small contour intervals. A second drawback is the linearization of the surface network. The previously described algorithm for condensing weighted surface networks would imply in the 33rd step the elimination of a peak and a saddle thus producing the intersection of several surface specific lines. Consequently it would not be possible to go on illustrating the condensed surface networks and thus the generalization process would be terminated.

It is supposed, however, that a solution to the above described problems can be obtained by an improved algorithm which does not only consider topological features but combines them with geometric ones.

5.CONCLUSIONS

It seems reasonable to apply weighted surface networks for generalizing topographic maps. So far this cannot be done satisfactorily, however, because a number of theoretical and practical problems still remain to be solved. The theoretical problems include (a) the exact proof of necessity and sufficiency in Pfaltz's definition of a surface network [3] and (b) the investigation of the connection between surface networks and Werner networks [5]. The practical problems to be solved are above all (a) the replacement of the manual method for updating the triangle network in accordance with the surface network by a (semi-)automated technique and (b) the development of an improved algorithm combining topological and geometric features to improve graphic output.

After solving all these problems it can be expected that models based upon surface networks will be effectively used for cartographic generalization as an instrument to select those data points which should be processed in further steps.

6.REFERENCES

[1] Bondy, J.A.; Murty, U.S.R. Graph Theory with Applications. London-Basingstoke: The MacMillan Press Ltd. X, 264 p. (1978).

[2] Mark, D.M. Topological Randomness of Geomorphic Surfaces. Report # 15, "Geographic Data Structures" Project, ONR Contract N00014-75-C-0886. XV, 138 p. (1977).

[3] Pfaltz, J.L. Surface Networks. Geographical Analysis 8, 77 - 93 (1976).

[4] Warntz, W. Stream Ordering and Contour Mapping. Journal of Hydrology 25, 209 - 227 (1975).

[5] Werner, C. Towards a General Theory of Maturely Eroded Landscapes. Unpublished paper. 32 p. (1977).

[6] Wolf, G.W. A Mathematical Model of Cartographic Generalization. Geo-Processing 2, 271 - 286 (1984).

[7] Wolf, G.W. Graph Theoretic Applications in Cartography. Paper presented at the Fourth European Colloquium on Quantitative and Theoretical Geography, Veldhoven, The Netherlands (1985).

[8] Wolf, G.W. A Practical Example of Cartographic Generalization Using Weighted Surface Networks. Paper presented at the Fifth European Colloquium on Quantitative and Theoretical Geography, Bardonecchia, Italy (1987).

Visualisierung und Animation in der experimentellen Bildauswertung

Volker Haarslev und Ralf Möller

Universität Hamburg, Fachbereich Informatik,
Bodenstedtstraße 16, D-2000 Hamburg 50

E-mail (EAN/DFN): haarslev@rz.informatik.uni-hamburg.dbp.de

Es wird ein neuer Ansatz zur Visualisierung und Animation von Algorithmen in der experimentellen Bildverarbeitung und -auswertung vorgestellt. Dieser Ansatz basiert auf einer Datenflußarchitektur und bietet eine Umgebung an, die sowohl die Visualisierung der Bilddaten als auch die Visualisierung der Struktur und des Datenflusses von Algorithmen unterstützt.

1 Einleitung

Dieser Beitrag beschreibt die visuelle Programmierumgebung VIPEX (*Visual Programming of Experimental Systems*), die insbesondere zur Visualisierung von experimentellen Programmsystemen zur Bildverarbeitung und -auswertung entwickelt wurde. Bei der Visualierung (siehe auch *McCormick et al. 87*) in der experimentellen Bildauswertung sind zwei Ziele zu nennen. Einmal möchte der Benutzer aufgrund der z.Z. noch teilweise langen Bearbeitungszeiten möglichst früh seine Zwischenergebnisse graphisch darstellen, um eine fehlerhafte Verarbeitung abbrechen zu können. Dabei handelt es sich meistens um die Visualisierung der berechneten Daten. Der zweite wichtige Punkt ist die interaktive Beeinflussung (oder auch Parametrisierung) seiner Verarbeitung. Dieser Vorgang kann wesentlich erleichtert werden, wenn dem Benutzer die funktionale Zusammensetzung seines Verarbeitungssystems einschließlich der notwendigen Parameter visualisiert wird [*Haarslev 86*].

VIPEX stellt einen Ansatz dar, der versucht, diese beiden Ziele im Rahmen einer Programmierumgebung dem Benutzer anzubieten. VIPEX entstand aus der Erfahrung mit ODISA (*Object-oriented Dialog System for Image Sequence Analysis*) [*Haarslev 87b*]. ODISA definiert eine Benutzeroberfläche, die Techniken zur Animation und zur benutzergerechten Gestaltung der interaktiven Bildverarbeitung bietet [*Haarslev 87a*]. Die Benutzeroberfläche von ODISA ist weiterhin adaptierbar und basiert auf einem Datenflußmodell. ODISA wurde für Bildfolgenauswertesysteme entwickelt, die mithilfe von GENESYS (*Generic Experimental Systems*) [*Faasch 87*] erzeugt werden.

VIPEX erweitert und verallgemeinert den bei ODISA zugrunde gelegten Ansatz in verschiedenen Bereichen. VIPEX unterstützt die interaktive Bildverarbeitung durch eine stärker visuell orientierte und animierte Darstellung der verwendeten Algorithmen und Daten sowie des Datenflusses. VIPEX arbeitet in einer Lisp-Umgebung (Symbolics) und stellt einen Rahmen zur Dialoggestaltung zur Verfügung, in den benutzerdefinierte Lispfunktionen (z.B. zur Bildverarbeitung) eingebunden werden können. VIPEX ist jedoch von der jeweiligen Anwendungsdomäne unabhängig. Dieser Beitrag beschreibt eine Beispielanwendung mit dem auf der Lispmaschine verfügbaren Bildverarbeitungssystem ImageCalc [*Quam 84a*, *Quam 84b*], welches umfangreiche Operationen zur Bildauswertung und graphischen Darstellung von Daten anbietet. VIPEX benutzt ein Farbrastergraphiksystem in Verbindung mit Maus (3 Knöpfe) und alphanumerischer Tastatur als Ein- und Ausgabegerät.

Weiterhin gestattet VIPEX dem Benutzer die dynamische Konfigurierung und Strukturierung seiner Algorithmen. Er kann die Algorithmen (als Lispfunktionen formuliert) hierarchisch strukturieren und zu virtuellen funktionalen Einheiten zusammenfassen. Der Benutzer erhält sein auf diese Weise konstruiertes

Programm graphisch dargestellt. Dabei wird die Anwendung der benutzerdefinierten Lispfunktionen in Form eines Datenflußnetzes angezeigt.

2 Visualisierung funktionaler Einheiten

Das Verständnis des Verarbeitungsablaufs wird dem Benutzer wesentlich erleichtert, wenn er seine Verarbeitungsvorschrift visualisert erhält. Bei dieser Verarbeitungsvorschrift kann es sich beispielsweise um eine Kommandofolge in einer Bildverarbeitungssprache bzw. für ein Bildverarbeitungssystem (z.B. *Woste & Pöppl 87*), um eine Prozedur aus einer Unterprogrammbibliothek (z.B. SPIDER [*Tamura et al. 83*]) oder um ein vom Benutzer selbst entwickeltes Programm oder Modul handeln.

Diese verschiedenen Verarbeitungsvorschriften lassen sich verallgemeinern und als eine *funktionale Einheit* auffassen. Eine funktionale Einheit (FE) kann als Abbildung beschrieben werden, die bestimmte Eingangsdaten $(E_1, \ldots, E_l)$ unter Berücksichtigung der Parameter $(P_1, \ldots, P_m)$ in die Ausgangsdaten $(A_1, \ldots, A_n)$ abbildet (siehe *Faasch 87*):

$$\mathsf{FE}_{P_1, \ldots, P_m} : (E_1, \ldots, E_l) \longmapsto (A_1, \ldots, A_n)$$

Die grundlegende Idee des hier vorgestellten Ansatzes besteht nun darin, dem Benutzer eine Visualisierung der funktionalen Einheiten zu liefern. Dabei ist es unerheblich, in welcher Form (z.B. Kommandofolge, Modul) diese funktionalen Einheiten vom Benutzer definiert wurden.

Eine funktionale Einheit wird als *Verarbeitungsobjekt* modelliert und dem Benutzer in Form eines Piktogramms visualisiert. Diese Verarbeitungsobjekte werden als *Knoten eines Datenflußnetzes* interpretiert. Der Austausch der Daten wird durch *unidirektionale Leitungen* symbolisiert. Eine funktionale Einheit kann somit *Leitungseingänge* zum Empfang der Eingangsdaten $(E_1, \ldots, E_l)$ und *Leitungsausgänge* zur Weitergabe der erzeugten Ausgangsdaten $(A_1, \ldots, A_n)$ besitzen. Die Parameter $(P_1, \ldots, P_m)$ der funktionalen Einheit werden innerhalb des Piktogramms der Einheit mithilfe eines Fensters dargestellt und können vom Benutzer interaktiv manipuliert werden. Abbildung 1 zeigt die prinzipielle Struktur eines Piktogramms einer funktionalen Einheit.

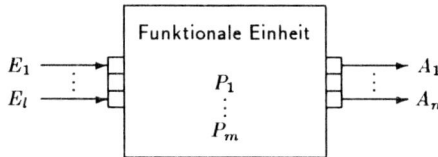

Abbildung 1: Piktogramm einer funktionalen Einheit (schematisch)

Empfängt bzw. versendet ein Verarbeitungsobjekt Daten, so werden diese ebenfalls durch kleine Piktogramme (in Form eines Containers) innerhalb der Leitungsanschlüsse angezeigt. Weiterhin kann der prozentuale Fortschritt der Verarbeitung visualisiert werden. Der Benutzer verfügt über einen einfachen Mechanismus, um eine Ablaufkontrolle durchzuführen. Die funktionalen Einheiten können sich im Zustand "STOP" (blockiert), "CYCLE" (ständig verarbeitungsbereit) oder "STEP" (einmalige Verarbeitung der Daten mit anschließendem Übergang nach "STOP") befinden, der durch die Farbe des Piktogramms (rot, grün oder gelb) visualisiert wird. Durch einen Tastendruck mit der Maus bzw. über ein Menü kann der Benutzer jedes Objekt in den von ihm gewünschten Zustand versetzen.

Ein derartiges Piktogramm beschreibt somit den aktuellen Zustand eines Verarbeitungsobjektes und wird nachfolgend immer als *Statusdarstellung* eines Objektes bezeichnet.

Für jede funktionale Einheit existiert weiterhin eine *Strukturdarstellung*. Die Strukturdarstellung einer funktionalen Einheit kann sich der Benutzer neben der Statusdarstellung ebenfalls jederzeit darstellen lassen. Bei den Verarbeitungsobjekten enthält diese Strukturdarstellung einen Lisp-Editors, der den vom Benutzer zur Realisierung seiner Aufgabe formulierten Lispcode anzeigt. Der Benutzer ist dadurch jederzeit in der Lage, den Code seiner funktionalen Einheit zu ändern und diese geänderte Version sofort in das laufende Programm zu übernehmen.

Für die im System fließenden Daten existiert ebenfalls eine Strukturdarstellung. Die Form der Strukturdarstellung ist jedoch in hohem Maße von dem Datentyp abhängig. Bei Grauwertbildern beispielsweise könnte eine verkleinerte Wiedergabe des Bildes gezeigt werden.

3 Darstellung der Systemstruktur

VIPEX stellt somit (ebenso wie ODISA) die Struktur von Programmen in Form eines Datenflußnetzes dar. Die Erfahrung mit ODISA hat gezeigt, daß eine derartige Visualisierung bei umfangreicheren Netzen eine hierarchische Darstellung erforderlich macht. Ein Grund dafür ist die z.Z. noch recht beschränkte Auflösung üblicher Rastergraphiksysteme. Ein weiterer wichtiger Grund findet sich in dem Wunsch des Benutzers, bestimmte funktional zusammenhängende Einheiten (d.h. ein Teilnetz) zusammenzufassen und als eine neue virtuelle oder abstrakte funktionale Einheit (d.h. als übergeordneten Knoten) anzusehen. Diesen Vorgang fassen wir als *visuelle Programmierung* auf, wobei die neu definierte virtuelle Einheit die Rolle einer "visuellen Prozedur" übernimmt.

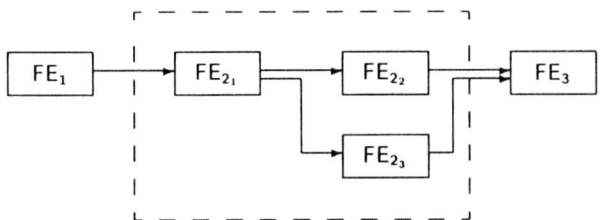

Abbildung 2: Vollständiges Netz

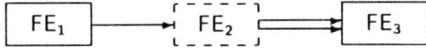

Abbildung 3: Neues Netz mit Kompositionsobjekt FE$_2$

Aus dieser Erkenntnis heraus bietet VIPEX *Kompositionsobjekte* an, die in der Lage sind, ein funktionales Teilnetz zu repräsentieren. Der Benutzer kann ein Kompositionsobjekt interaktiv erzeugen, indem er das zu repräsentierende Teilnetz spezifiziert. In der graphischen Darstellung des Datenflußnetzes ersetzt das Piktogramm eines Kompositionsobjektes (d.h. dessen Statusdarstellung) das ihm hierarchisch untergeordnete Teilnetz. Gleichzeitig erhält die Statusdarstellung des Kompositionsobjektes die entsprechenden Leitungseingänge und -ausgänge, um die in das Teilnetz hineinführenden bzw. hinausführenden Leitungen zu übernehmen (eine schematische Skizze zeigen die Abbildungen 2 und 3).

Die Strukturdarstellung eines Kompositionsobjektes besteht aus dem repräsentierten Teilnetz. Damit kann der Benutzer jederzeit auf eine detaillierte Darstellung eines Kompositionsobjektes zurückgreifen. Ein einmal definiertes Kompositionsobjekt ist jedoch nicht als unveränderbar anzusehen, sondern als visuelle Prozedur (s.o.), die jederzeit verändert und den Bedürfnissen des Benutzers angepaßt werden kann.

4 Parametrisierung funktionaler Einheiten

Ein in der Bildverarbeitung und -auswertung allgemein verwendetes Prinzip besteht darin, die zu entwickelnden Algorithmen mit Parametern zu versehen, um interaktiv eine detaillierte Kontrolle auf die Wirkungsweise der Algorithmen ausüben zu können [*Haarslev 86*]. VIPEX bietet dem Benutzer deshalb die Möglichkeit, für seine funktionalen Objekte *Parameter* zu spezifizieren (siehe Abb. 1). Die Parameter einer funktionalen Einheit erlauben eine Steuerung dieser Einheit. Sie können eine Voreinstellung für ihre Werte besitzen, so daß der Benutzer ihre Werte nur nach Bedarf zu ändern braucht.

Die Parameter von Verarbeitungsobjekten ergeben sich aus den Parametern des vom Benutzer formulierten Algorithmus', d.h. sie sind Parameter der entsprechenden Lispfunktionen. Die Parameter der Kompositionsobjekte werden von den hierarchisch untergeordneten funktionalen Einheiten des repräsentierten Teilnetzes bestimmt. Der Benutzer kann Parameter der untergeordneten Einheiten an ihr übergeordnetes Kompositionsobjekt binden. Dies bedeutet, daß diese Parameter nur noch in der Statusdarstellung des Kompositionsobjektes auftreten und auch nur dort inspiziert oder geändert werden können.

Durch diesen Mechanismus erhält der Benutzer die Möglichkeit, bestimmte Teilaspekte von Teilnetzen hervorzuheben. Er kann ein Kompositionsobjekt einschließlich seiner Parameter als virtuelles Verarbeitungsobjekt ansehen, ohne sich um die Details des untergeordneten Teilnetzes kümmern zu müssen. Er kann auch Parameter von untergeordneten Einheiten an denselben Parameter ihres Kompositionsobjektes binden. Dadurch ist der Benutzer beispielsweise in der Lage, eine konsistente Änderung mehrerer Parameter durch die Änderung ihres übergeordneten Parameters durchzuführen.

Neben der funktionalen Komposition bietet VIPEX dem Benutzer die Möglichkeit, beliebige, nicht notwendigerweise hierarchisch geordnete Objekte mithilfe eines *Gruppenobjektes* zusammenzufassen. Die Statusdarstellung eines Gruppenobjektes kann somit keine Leitungsanschlüsse, sondern nur Parameter enthalten. Diese Parameter werden analog zu den Kompositionsobjekten definiert. Die Gruppenobjekte gestatten dem Benutzer die Ordnung von funktionalen Einheiten nach frei wählbaren Kriterien. Im Gegensatz zu den Kompositionsobjekten ist es deshalb bei den Gruppenobjekten möglich und sinnvoll, daß dieselbe funktionale Einheit Mitglied in mehreren Gruppenobjekten ist.

5 Beispielsitzung mit VIPEX

Der nachfolgende Abschnitt stellt anhand eines einfachen Beispiels die von VIPEX realisierte Benutzeroberfläche vor. Bei dieser Anwendung handelt es sich um die Verarbeitung einer digitalen TV-Bildfolge, wobei zwischen je zwei aufeinanderfolgenden Bildern der Bildfolge Änderungsbereiche ermittelt werden sollen. Unter Änderungsbereichen werden dabei Bildbereiche verstanden, die Abbildungen von bewegten Objekten einer Straßenverkehrsszene sind. Aus diesen Änderungsbereichen werden boole'sche Objektmasken erzeugt, die für eine weitere Auswertung der Bildfolge nötig sind.

Nach dem Start von VIPEX kann der Benutzer mithilfe der von VIPEX definierten visuellen Sprache (siehe auch *Chang 87*) sein Programm für das obige Problem erzeugen. Die Grundkonzepte dieser Sprache bestehen aus den oben eingeführten Begriffen wie Verarbeitungs-, Daten-, Kompositions- und Gruppen-objekten, Parametrisierung und Parameterbindung, sowie Operationen zur Erzeugung und Veränderung derartiger Objekte und ihrer Parameter [*Möller 88*]. Diesen interaktiven Konstruktionsvorgang setzen wir nachfolgend schon als beendet voraus und beschreiben die Benutzung des resultierenden Programms.

Auf der obersten Ebene von VIPEX stellt sich das Programm als ein Kompositionsobjekt mit dem Namen *Object Detection* dar (siehe Abb. 4). Das Objektsymbol in der linken oberen Ecke von *Object Detection* kennzeichnet in VIPEX die Statusdarstellung eines Kompositionsobjektes.[1] Der Benutzer kann sich eigene Objektsymbole definieren, wobei aber deren prinzipielle Struktur erhalten bleiben muß.

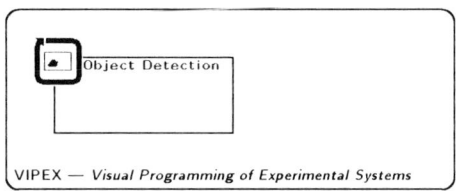

Abbildung 4: Status von *Object Detection*

Abbildung 5 zeigt die Strukturdarstellung von *Object Detection* sowie von zwei anderen Objekten, die der Benutzer nach dem "Öffnen" der entsprechenden Statusdarstellungen erhält. Das Objektsymbol einer Strukturdarstellung unterscheidet sich von dem einer Statusdarstellung dadurch, daß die Umrandung nicht vollständig ausgefüllt ist.[2]

Object Detection besteht aus drei Kompositionsobjekten und drei Gruppenobjekten. *Image Pair* stellt je zwei (bereits vorverarbeitete) Bilder der Bildfolge bereit. Es besitzt fünf Parameter, die den Zugriffspfad auf die Bildfolge ("Pathname", "File Name", "Extension"), die Anzahl der zu bearbeitenden Bilder ("Number of Images") und einen Faktor zur Vorverarbeitung der Bilder ("Enhance Factor") beschreiben. Die beiden Leitungsausgänge von *Image Pair* sind mit den beiden Eingängen von *Difference* verbunden. *Difference* erstellt aus einem Bildpaar ein Differenzbild, das nach *Object Mask* weitergeleitet wird. *Object Mask* erstellt die Objektmaske unter Berücksichtigung des Parameters "Threshold". *Median Diameter*, *Loader Group* und *Histogram Style* sind Gruppenobjekte für in der Hierarchie tiefer angeordnete Objekte (siehe unten).

Abbildung 5 zeigt weiterhin die Struktur von *Image Pair* sowie die von *Enhance Image 1*, das in *Image Pair* enthalten ist. *Image Pair* besteht aus zwei Verarbeitungsobjekten[3] und zwei Kompositionsobjekten. Alle fünf Parameter der Verarbeitungsobjekte *Load Odd/Even Images* sind an die Statusdarstellung von *Image Pair* gebunden. Die einzige Parameter der beiden Kompositionsobjekte *Enhance Image 1/2* ist ebenfalls an *Image Pair* gebunden.

Die Struktur von *Enhance Image 1* (analog für *Enhance Image 2*) besteht aus den Verarbeitungsobjekten *Median 1*, dessen Parameter "Diameter" an das Gruppenobjekt *Median Diameter* in *Object Detection* gebunden ist, und *Contrast Enhancement 1*, dessen Parameter "Enhance Factor" über *Enhance Image 1* an *Image Pair* gebunden ist. Das Gruppenobjekt *Median Diameter* dient somit dazu, dem Benutzer glo-bal in *Object Detection* eine Parametrisierung der beiden Median-Filter zu erlauben. Das Gruppenobjekt

---

[1] Es symbolisiert das Umschließen eines Teilnetzes (siehe auch Abb. 2 und 3)

[2] Es soll die Sichtbarkeit der Struktur andeuten

[3] Das von VIPEX verwendete Objektsymbol soll einen Verarbeitungszyklus symbolisieren

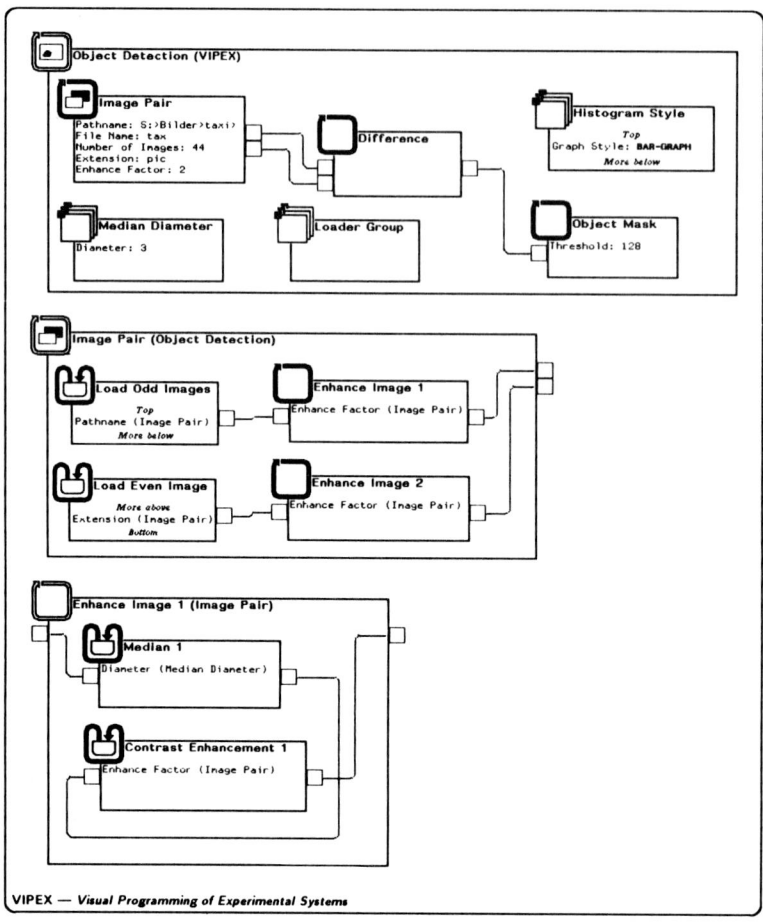

Abbildung 5: Struktur von *Object Detection*, *Image Pair* und *Enhance Image 1*

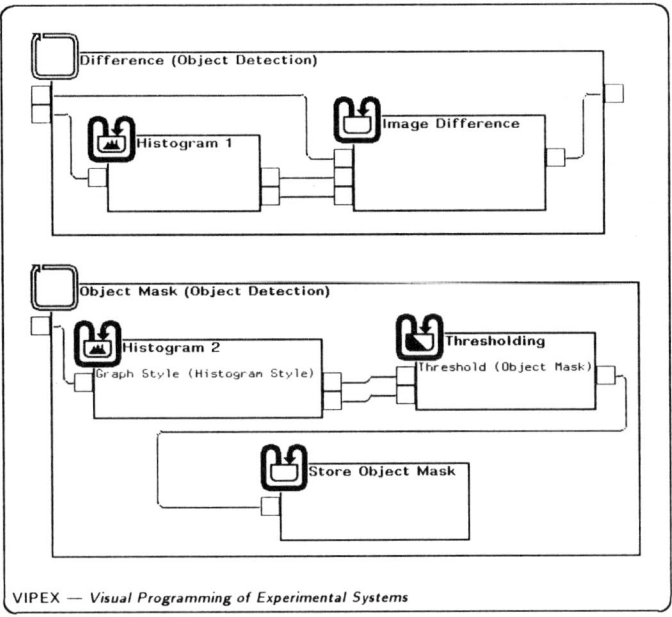

Abbildung 6: Struktur von *Difference* und *Object Mask*

Loader Group wurde eingeführt, um die beiden Verarbeitungsobjekte *Load Odd/Even Images* einfach (und gleichzeitig) von *Object Detection* aus starten zu können. Dies ist möglich, weil an jedes Gruppenobjekt automatisch der Verarbeitungszustand seiner Gruppenmitglieder ("STOP", usw.) gebunden wird.

Abbildung 6 zeigt die Struktur von *Difference* und *Object Mask*. *Difference* besteht aus dem Verarbeitungsobjekt *Histogram 1*, das von einem Eingangsbild ein Histogramm erzeugt und sein Eingangsbild sowie dessen Histogramm an *Image Difference* weiterleitet. *Image Difference* bildet elementweise die betragsmäßige Differenz seiner beiden Eingangsbilder und leitet dieses Differenzbild weiter. In *Object Mask* gibt es ein Verarbeitungsobjekt *Histogram 2*, das seine Ergebnisse an *Thresholding* weitergibt. Der Parameter "Graph Style" von *Histogram 2* ist an das Gruppenobjekt *Histogram Style* in *Object Detection* gebunden, um eine einfache Änderung der Histogrammdarstellung auf oberster Ebene zu ermöglichen. *Thresholding* nimmt eine Binarisierung des Differenzbildes vor und leitet das Ergebnis an *Store Object Mask* weiter, das die Objektmaske in einer Datenbasis speichert.

Abbildung 7 zeigt wieder die Struktur analog zu Abbildung 5. Das Programm wurde gestartet, wobei *Image Difference* und *Enhance Image 1/2* blockiert sind. An den Eingängen von *Difference*[4] bzw. den Ausgängen von *Load Odd/Even Images* sind die Bilddaten als Piktogramme visualisiert.

VIPEX unterstützt die Visualisierung der Bilddaten, indem der Benutzer sich für Leitungseingänge bzw. -ausgänge Datenfenster erzeugen kann. Diese Fenster stellen die anliegenden Daten graphisch dar.[5] Die Datenfenster enthalten am oberen Rand den Namen ihres Objektes, dahinter (in eckigen Klammern)

---

[4] Der "geöffnete" Container bedeutet, daß die Bilddaten gerade bearbeitet werden

[5] Die Bilddaten sind hier in einer stark beschränkten Auflösung wiedergegeben

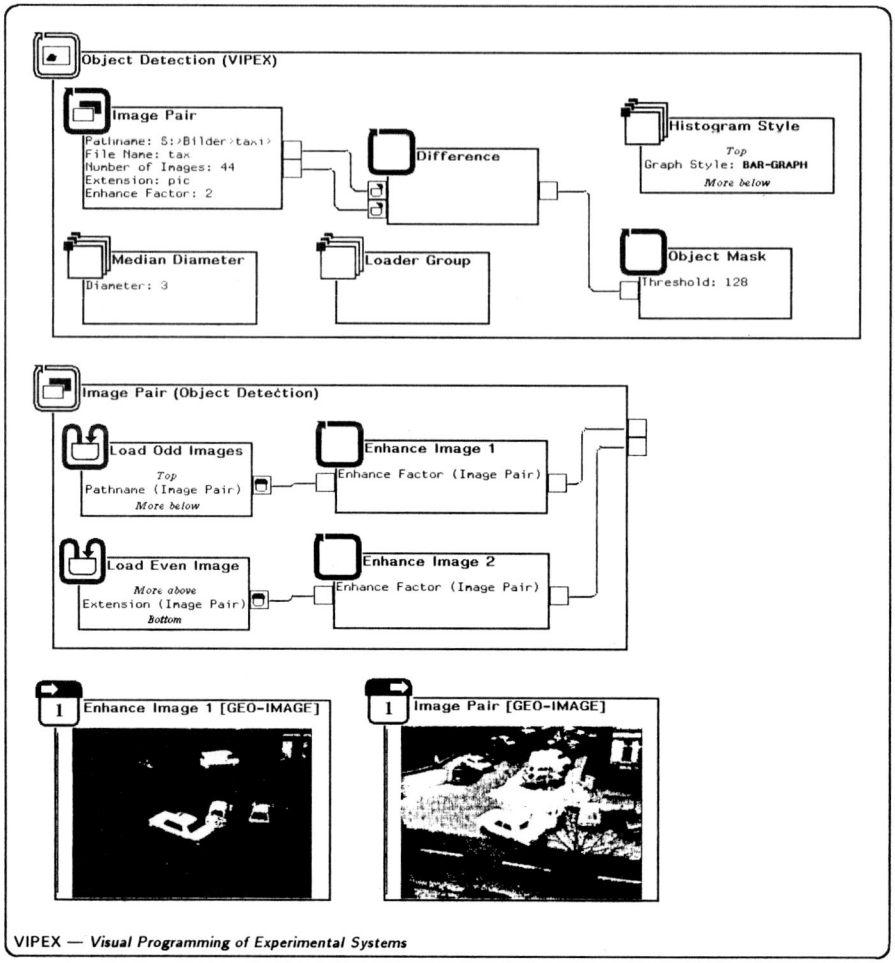

Abbildung 7: Visualisierung der Bilddaten

den Namen des Datentyps sowie in ihrem Objektsymbol eine Kennzeichnung[6] ihres zugehörigen Ein- bzw. Ausgangs. Datenfenster von Eingängen bzw. Ausgängen unterscheiden sich dadurch, daß sie im Objektsymbol einen weißen Pfeil auf der linken bzw. rechten Seite enthalten. "Enhance Image 1" zeigt das Ausgangsbild und "Image Pair" das bearbeitete Bild vor der Weitergabe an *Difference*.

Abbildung 8 zeigt den Zustand nach der vollständigen Verarbeitung eines Bildpaars, wobei der Schwellwert in *Object Mask* ("Threshold") angepaßt wurde. Weiterhin gibt es zwei weitere Datenfenster. Das Datenfenster "Thresholding" zeigt ein Histogramm des Differenzbildes und "Store Object Mask" die Objektmaske. Für das Verarbeitungsobjekt *Thresholding* wurde eine Strukturdarstellung erzeugt (siehe Abschnitt 2), die den Lispcode der zugehörigen Verarbeitungsfunktion enthält.

---

[6]Von oben nach unten aufsteigend ab 1 numeriert

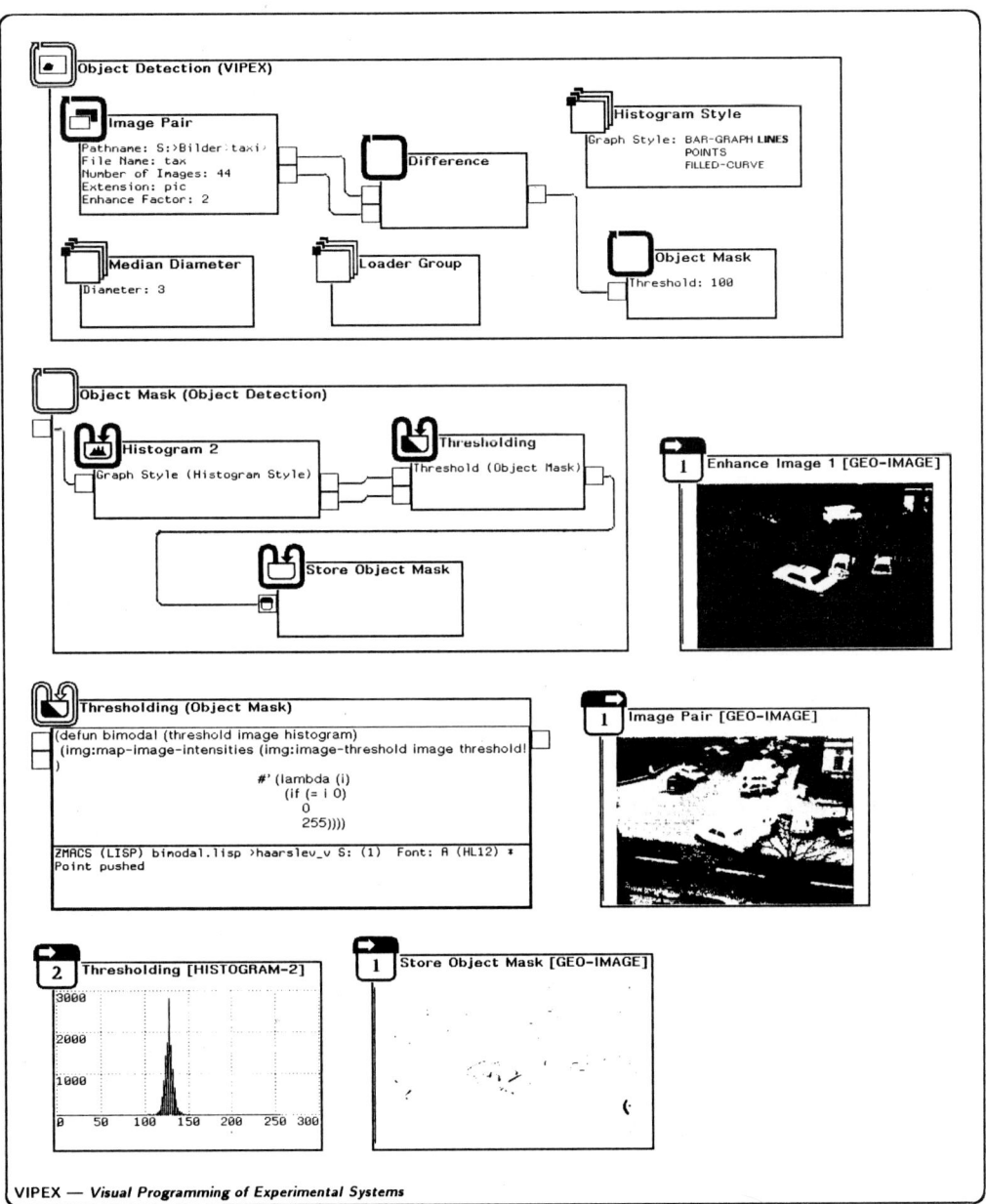

Abbildung 8: Zustand nach Bearbeitung eines Bildpaars

6 Implementation und Ausblick

VIPEX ist in Common Lisp unter Verwendung des 'Flavor-Systems' von Symbolics implementiert [*Möller 88*]. Es ist auf einer Symbolics (3640) mit einem Farbrastergraphiksystem (8 Bit tief, 1200×1000 Auflösung) ablauffähig. Die Abbildungen im obigen VIPEX-Beispiel sind aus "direkten Bildspeicher-abzügen" entstanden.[7]

VIPEX eignet sich ebenfalls gut als eine mögliche Benutzerschnittstelle für das Ikonische Kernsystem. Die von *Dreschler-Fischer & Faasch 87* vorgeschlagene Spezifikation des Ikonischen Kernsystems sowie dessen erweiterte Fassung [*Dreschler-Fischer & Faasch 88*] lassen in natürlicher Weise eine mögliche Realisierung der ikonischen Bildverarbeitung im Rahmen von VIPEX erkennen.

Wir sind zur Zeit dabei, den funktionalen Umfang von VIPEX zu vervollständigen und zu erweitern. Dabei richtet sich unser Hauptaugenmerk darauf, eine allgemeinere Methodik zur Visualisierung von den bei der Bildauswertung anfallenden Daten zu erhalten und diese dem Benutzer im Rahmen von VIPEX anzubieten.

Literatur

Chang 87: Visual Languages: A Tutorial and Survey, S.K. Chang, In: *Gorny & Tauber 87*, pp. 1–23.

Dreschler-Fischer & Faasch 87: Konzeption einer virtuellen Maschine als Standardschnittstelle für die Bildverarbeitung, L.S. Dreschler-Fischer, H. Faasch, In: GI – 17. Jahrestagung, München, Okt. 1987, Proceedings, M. Paul (Hrsg.), Informatik Fachberichte 156, Springer-Verlag, Berlin, 1987, pp. 542–551.

Dreschler-Fischer & Faasch 88: A Kernel System for Iconic Image Processing, L.S. Dreschler-Fischer, H. Faasch, erscheint in: *Computing*, Supplementband "Methods of Pattern Recognition", R. Albrecht (Hrsg.), Springer-Verlag, Berlin, 1988.

Faasch 87: Konzeption und Implementation einer objektorientierten Experimentierumgebung für die Bildfolgenauswertung in Ada, H. Faasch, *Dissertation*, Universität Hamburg, Fachbereich Informatik, Nov. 1987.

Gorny & Tauber 87: Visualization in Programming, P. Gorny, M.J. Tauber (eds.), 5th Interdisciplinary Workshop in Informatics and Psychology, Schärding, Austria, May 1986, Lecture Notes in Computer Science, Vol. 282, Springer-Verlag, Berlin, 1987.

Haarslev 86: Interaktion in Systemen zur Bildfolgenauswertung basierend auf einem objektorientier-ten Ansatz, V. Haarslev, *Dissertation*, Universität Hamburg, Fachbereich Informatik, Juli 1986. Auch erschienen als Bericht Nr. FBI-HH-B-125/86.

Haarslev 87a: Eine ergonomische Benutzerschnittstelle für den Anwendungsbereich der Bildfolgenaus-wertung, V. Haarslev, Software-Ergonomie '87, Berlin, 27.-29. Apr. 1987, Berichte des German Chapter of the ACM, W. Schönpflug, M. Wittstock (Hrsg.), Teubner-Verlag, Stuttgart, 1987, pp. 176–186.

Haarslev 87b: Human Factors in Computer Vision Systems: Design of an Interactive User Interface, V. Haarslev, In: *Second IFIP Conference on Human-Computer Interaction* – INTERACT '87, Stuttgart, F.R. Germany, 1-4 September, 1987, Proceedings, H.-J. Bullinger, B. Shackel (eds.), North-Holland, Amsterdam, 1987, pp. 1021–1026.

Möller 88: Gestaltung und Implementierung einer graphischen Dialogschnittstelle auf einer Lisp-Maschine nach dem Vorbild eines datenfluß- und objektorientierten Bildfolgenanalysesystems, R. Möller, *Studienarbeit*, Universität Hamburg, Fachbereich Informatik, Apr. 1988.

McCormick et al. 87: Visualization in Scientific Computing, B.H. McCormick, T.A. DeFanti, M.D. Brown, *ACM Computer Graphics* 21, 6 (Nov. 1987).

---

[7]Im Gegensatz zu der im Beitrag verwendeten Darstellung werden auf dem Bildschirm 64 Graustufen für Bilddaten benutzt

Quam 84a: The Image Calc Vision System, Part I — The User Interface, L. Quam, Instruction Manual, SRI International, 1984.

Quam 84b: The Image Calc Vision System, Part II — Programming Guide, L. Quam, Instruction Manual, SRI International, 1984.

Tamura et al. 83: Design and Implementation of SPIDER — A Transportable Image Processing Software Package, H. Tamura, S. Sakane, F. Tomita, N. Yokoya, M. Kaneko, K. Sakaue, *Computer Vision, Graphics, and Image Processing* **23** (1983), 273–294.

Woste & Pöppl 87: Eine Sprache zur Spezifikation und Implementation von Bildverarbeitungsmethoden, M. Woste, S.J. Pöppl, In: GI – 17. Jahrestagung, München, Okt. 1987, Proceedings, M. Paul (Hrsg.), Informatik Fachberichte 156, Springer-Verlag, Berlin, 1987, pp. 552–555.

Ein Bildinterpolationsverfahren zur Beschleunigung des Strahlverfolgungsverfahrens in der Computeranimation[1]
- Skizze -

Heinrich Müller, Jörg Winckler
Institut für Betriebs- und Dialogsysteme
Universität Karlsruhe

Zusammenfassung

Aufeinanderfolgende Bilder einer Computeranimation unterscheiden sich üblicherweise nur geringfügig. Bei rechenaufwendigen Bilderzeugungsverfahren, beispielsweise dem Strahlverfolgungsverfahren, sollte diese Kohärenz ausgenutzt werden. Es wird ein Verfahren vorgestellt, das Zwischenbilder zwischen weiter entfernten Stützstellenbildern interpoliert, wobei die Kenntnis der gegebenen dreidimensionalen Szene ausgenutzt wird. Die zentrale algorithmische Aufgabe ist der Vergleich zweier transformierter Pixelgitter. Zu ihrer Lösung wird eine modifizierte Version des Planesweep-Algorithmus zur Schnittberechnung von Strecken in der Ebene verwendet.

1. Das Problem

Um Rasterbilder aus einer räumlichen Szene aus Flächen zu berechnen, werden von einem gegebenen Augenpunkt ausgehend Sehstrahlen durch die Ecken eines Pixel einer Bildebene gezogen, um die sichtbaren Teile der Flächen zu bestimmen (Abb. 1). Treten Spiegel oder Durchsichtigkeiten auf, werden entsprechend Spiegel- und Brechungsstrahlen weiterverfolgt. Aufgrund der großen Anzahl Strahlen ist das Auffinden des ersten Schnittpunkts mit der Oberfläche zeitaufwendig, selbst wenn die Suche durch geeignete Datenstrukturen unterstützt wird. Es stellt sich die Frage, ob wirklich alle Strahlen notwendig sind, oder ob vielleicht eine kleinere Stichprobe ausreicht, um die nötige Information über die anderen herzuleiten. Im folgenden wird diese Frage für Bewegtbilder, d.h. Animationen, untersucht. Das bedeutet, daß eine Folge von Bildern aus einer Szene von Flächen generiert wird, die ihre Form oder ihren Ort über die Zeit verändern, und die von einer sich möglicherweise bewegenden Kamera aufgenommen werden. Schaut man sich aufeinanderfolgende Bilder in einer solchen Sequenz an, stellt man fest, daß sich die (direkten und indirekten) Sichtbarkeitsverhältnisse zwischen aufeinanderfolgenden Bildern nur wenig ändern. So ist der gemeinsame Durchschnitt der Flächenteile, die in mehreren aufeinanderfolgenden Bildern zu sehen sind, häufig recht groß. Allerdings werden sie möglicherwiese verschoben, in anderer Größe oder deformiert dargestellt. Im folgenden werden Zwischenbilder aus Stützstellenbildern durch Interpolation berechnet. Dazu werden Gebiete in den Stützstellenbildern identifiziert, die die gleichen Oberflächenteile darstellen. Indem die Form als auch die Farbe dieser Gebiete interpoliert werden, können Form und Farbe der Gebiete in den Zwischenbildern abgeleitet werden.

Der Vorteil dieses bildbasierten Ansatzes ist, daß beliebige Kamera- und Objektbewegungen möglich sind. Frühere Arbeiten (Leister 1986, vgl. auch Müller, 1988) waren auf Szenen mit

---

[1] gefördert durch die Deutsche Forschungsgemeinschaft (DFG, Mu744/1-1)

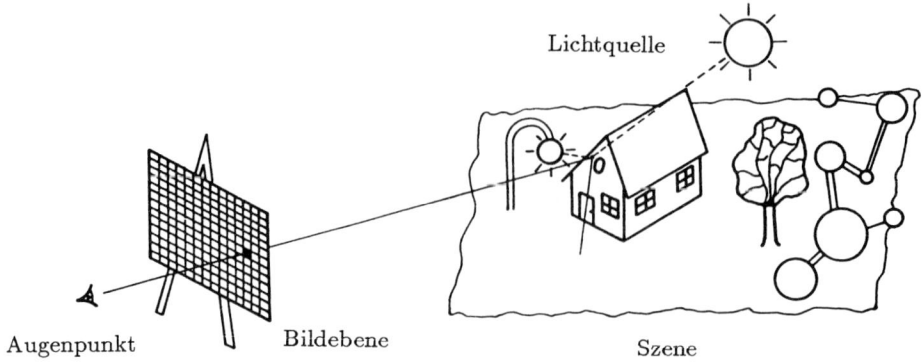

Lichtquelle

Augenpunkt   Bildebene   Szene

Abbildung 1: Das Berechnen von Rasterbildern durch Strahlverfolgung

fester Kamera beschränkt, die eine signifikante Effizienzsteigerung nur bei Änderung kleiner Bildbereiche erzielten. Bei diesen wurde die Szene über einen längeren Zeitabschnitt beobachtet und die bewegten Objekte durch die von ihnen überstrichenen Punkte ersetzt. Wenn nun in der resultierenden statischen Szene ein in der ursprünglichen Szene statisches Objekt getroffen wird, gilt dieser Treffer in der bewegten Szene für den gesamten Zeitabschnitt. Für die restlichen Strahlen wird die Periode in zwei gleichgroße Zeitabschnitte zerlegt, die rekursiv auf die gleiche Weise behandelt werden.

Das Problem, das hier gelöst wird, kann als inverse Aufgabe zur Bildfolgenanalyse aufgefaßt werden. Bei der Bildfolgenanalyse ist eine Folge von Bildern einer dreidimensionalen Szene gegeben, in der sich bewegende Objekte zu identifizieren und möglicherweise ihre dreidimensionale Form zu rekonstruieren sind. Eine Methode hierbei ist, Verschiebungsvektorfelder aus der Verteilung der Pixelintensitäten zu berechnen, um die gleichen Erscheinungen in aufeinanderfolgenden Bildern zu identifizieren (Nagel, 1985). Im Unterschied dazu ist bei der Bildsynthese das Verschiebungsvektorfeld bekannt (es kann aus der Szene berechnet werden), dafür sind die Pixelintensitäten zu berechnen.

2. Die Strategie

Im folgenden wird angenommen, daß die Szene aus Flächen mit einem inneren Koordinatensystem bestehen. Beispielsweise sind die Parameterwerte einer Oberfläche in Parameterdarstellung, $F : R^2 \rightarrow R^3$, $F : (u,v) \rightarrow F(u,v)$, $(u,v) \in I$, I ein Intervall in der Ebene, als innnere Koordinaten zu verwenden. Für polyedrische Oberflächen, die aus Dreiecken bestehen, können den Eckpunkten innere Koordinaten (u,v) zugewiesen werden. Die Koordinaten der Punkte im Inneren der Dreiecke können dann durch Interpolation der Eckenkoordinaten abgeleitet werden (Abb. 2). Wichtig für die Effizienz der Methode ist, daß große Teile der Szene uniform parametrisiert werden können. Oberflächen werden über die Zeit bewegt oder deformiert, so daß das innere Koordinatensystem unverändert bleibt, d.h. ein Punkt mit denselben inneren Koordinaten zu verschiedenen Zeitpunkten wird bis auf Deformation als identisch angenommen.

Sei nun F eine Fläche der gegebenen Szene. Dann wird mit F_t die Fläche zur Zeit t bezeichnet. In diesem Kapitel wird die Diskussion auf die Sichtbarkeitsberechnung beschränkt, d.h. nur

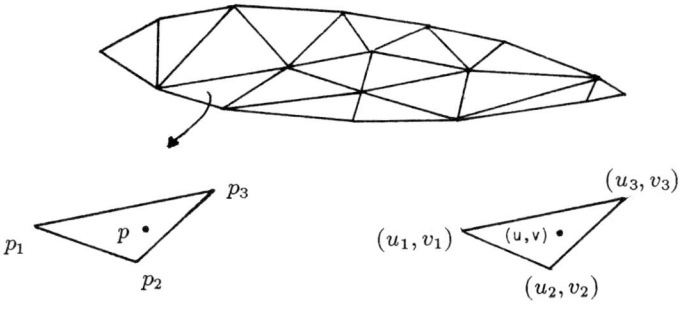

$$p = \lambda p_1 + \mu p_2 + \nu p_3, \ \lambda + \mu + \nu = 1 \ \rightsquigarrow \ (u,v) = \lambda \cdot (u_1, v_1) + \mu \cdot (u_2, v_2) + \nu \cdot (u_3, v_3)$$

Abbildung 2: Die Definition eines inneren Koordinatensystems für eine Fläche aus Dreiecken

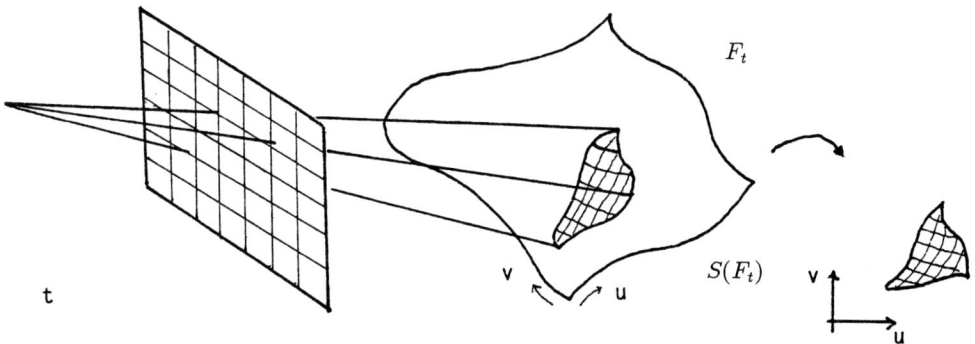

Abbildung 3: Die Menge $S(F_t)$ von Pixeln, die auf der Fläche F zur Zeit t sichtbar sind

Strahlen, die direkt vom Augenpunkt kommen, werden betrachtet. Die Menge $S(F_t)$ beschreibt die Abbildung der gerasterten Bildebene auf die Oberfläche zum Zeitpunkt t (Abb. 3):

$$S(F_t) \ := \ \{(i,j,u,v) \mid F_t \text{ ist an der Pixelecke } (i,j) \text{ sichtbar}$$
$$\text{und die inneren Koordinaten des Schnittpunkts}$$
$$\text{des Strahls durch diese Ecke mit } F_t \text{ sind } (u,v)\}.$$

Nun werden Stützstellenbilder zu Zeitpunkten t_s und t_e betrachtet. Die Teile von F die in beiden Bildern sichtbar sind, werden durch die Menge $I(F_{t_s}, F_{t_e})$ aller Tupel in $S(F_{t_s})$ approximiert, die vollständig durch Pixel in $S(F_{t_e})$ überdeckt werden:

$$I(F_{t_s}, F_{t_e}) \ := \ \{(i,j,u,v) \mid (i,j,u,v) \in S(F_{t_s}) \text{ und das Pixel von } (i,j)$$
$$\text{wird durch Pixel in } S(F_{t_e}) \text{ überdeckt}\}.$$

Das einer Ecke (i,j) zugeordnete Pixel ist durch die Ecken $(i,j), (i+1,j), (i,j+1), (i+1,j+1)$ definiert. Die Pixel in einer Menge $S(F_t)$ sind diejenigen, die alle vier Ecken in $S(F_t)$ haben.

Im ersten Schritt der Interpolation wird $I(F_{t_s}, F_{t_e})$ berechnet. Zusätzlich werden die Bilder der Pixel in $S(F_{t_s})$ relativ zum Raster berechnet, das durch die Pixel in $S(F_{t_e})$ induziert wird

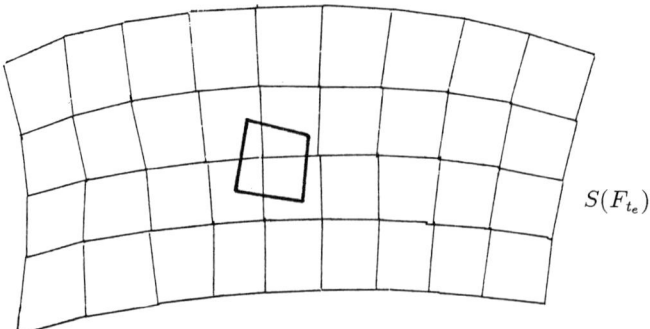

Abbildung 4: Das Bild eines Pixels des einen Rasters im anderen Raster

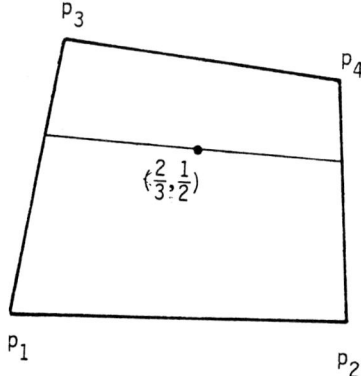

Abbildung 5: Die Mischkoordinaten eines Punktes relativ zu einem Pixel

(Abb. 4). Zu diesem Zweck werden lokale Koordinaten in den durch Pixel induzierten Vierecken eingeführt. Die Mischkoordinaten (Abb. 5) eines Punktes q in einem Pixel mit den Eckpunkten p_1, p_2, p_3, p_4 ergeben sich als eine Lösung der Gleichung

$$q = (1 - \mu) \cdot ((1 - \lambda) \cdot p_1 + \lambda \cdot p_3) + \mu \cdot ((1 - \lambda) \cdot p_2 + \lambda \cdot p_4).$$

Das Ergebnis dieses ersten Schrittes ist eine Tupelmenge

$$P(F_{t_s}, F_{t_e}) := \{(i, j, i', j', \lambda, \mu) \mid (i, j, ., .) \in I(F_{t_s}, F_{t_e}),\ (i, j) \text{ fällt in das Pixel } (i', j'),$$
$$\lambda, \mu \text{ die Pixelkoordinaten von } (i, j) \text{ bezüglich Pixel } (i', j')\}.$$

Der zweite Schritt ist die eigentliche Interpolation (Abb. 6). Bei linearer Interpolation ergeben sich die Koordinaten der Zwischenpixel ergeben sich aus

$$(i, j) + \frac{t - t_s}{t_e - t_s} \cdot (i' - i + \lambda, j' - j + \mu),\ (i, j, i', j', \lambda, \mu) \in P(S_{t_s}, S_{t_e}).$$

Durch Runden erhält man die entsprechenden Pixel in der Bildebene, der gebrochene Rest ist der Ort im Innern dieses Pixels.

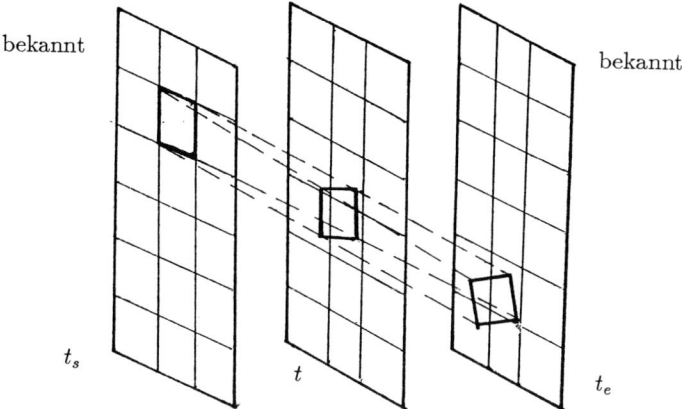

Abbildung 6: Interpolation zwischen zwei Stützstellenbildern

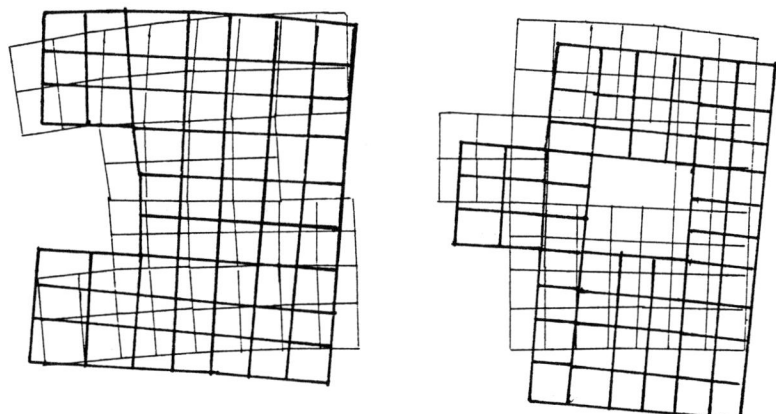

Abbildung 7: Überlagerung von Gittern

3. Die algorithmischen Einzelheiten

Die Hauptaufgabe ist das Berechnen der gegenseitigen Lage zweier viereckiger ebener Zerlegungen, die aus $S(F_{t_s})$ and $S(F_{t_e})$ erhalten werden (Abb. 7). Die Pixel des einen Gitters, die wie im vorigen Abschnitt angegeben durch Pixel des anderen Gitters überdeckt werden, können durch eine Modifikation des Algorithmus von Mairson and Stolfi (1988) für die Schnittberechnung zweier disjunkter Mengen von Strecken in $O(m \log m + k)$ Zeit berechnet werden, wobei m die Streckenanzahl, k die Schnittpunktanzahl ist. Guibas and Seidel (1986) haben einen Algorithmus angegebenen, der zwei disjunkte konvexe Zerlegungen der Ebene in $O(m + k)$ Zeit berechnet. Das zweite Resultat ist hier nicht unmittelbar anwendbar, während das erste zu allgemein ist.

Es kann angenommen werden, daß die Pixelgitter sich nur wenig in Ort und Größe der Pixel unterscheiden. Das erlaubt einen einfacheren Algorithmus. Dieser ist vom Streckenschnittalgorithmus von Bentley, Ottmann (1979) abgeleitet. Zunächst werden die Strecken zu x-monotonen Polygonzügen zusammengefaßt. Für $S(F_{t_e})$ erhält man diese Polygonzüge, indem der i- bzw.

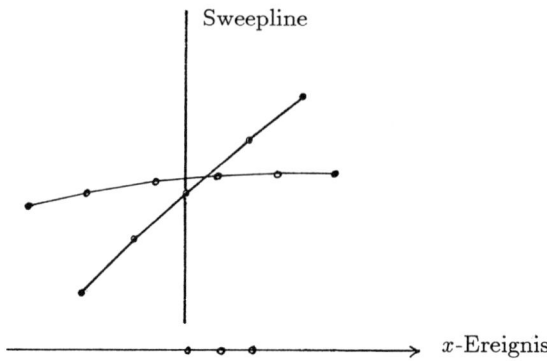

Abbildung 8: Polygonale Ketten als Segmente

j-Index festgehalten wird und zusammenhängenden Intervallen bezüglich des anderen Index zusammengefaßt werden (Abb. 8). Falls ein so definierter Polygonzug nicht monoton in x-Richtung ist, wird er in monotone Teilketten zerlegt. Analog erhält man aus S_{t_s} eine Menge x-monotoner Polygonzüge, wobei allerdings nur eine Schar betrachtet wird, etwa die, die sich durch Festhalten des i'-Index ergibt.

Auf diesen Polygonzügen wird der Planesweep-Algorithmus zur Schnittbestimmung von Strecken ausgeführt. Die Sweepline bewegt sich dabei in x-Richtung. Die x-Prioritätswarteschlange ist zu Beginn des Sweeps nur mit den Anfangs- und Endpunkten der Polygonzüge zu initialisieren, was ihre Größe erheblich reduziert. Während des Sweeps werden die Endpunkte der aktuell geschnittenen Strecken in die x-Warteschlange sortiert eingefügt und sukzessive abgearbeitet. Die Sweepline-Datenstruktur (y-Datenstruktur) setzt sich aus zwei ausgeglichenen dynamischen Blattsuchbäumen zusammen. Der erste enthält die von der Sweepline aktuell geschnittenen Strecken zu S_{t_e}, der zweite diejenigen zu S_{t_s}. Die Blätter des ersten Baums sind entsprechend der Reihenfolge der Schnitte auf der Sweepline doppelt verkettet. Die Blätter des zweiten Baums verweisen auf die Blätter, die den beiden Nachbarkanten in der ersten Zerlegung entsprechen.

Während des Sweeps treten nun folgende Ereignisse auf:

1. ein Punkt in S_{t_e}, der im inneren zweier Polygonzüge liegt. Hier werden die entsprechenden Kanten im ersten Baum vertauscht.

2. ein Punkt in S_{t_e}, der auch Anfangspunkt eines Polygonzugs ist. Der neue Polygonzug wird in den ersten Baum eingefügt. Ferner werden die Kanten im zweiten Baum gesucht, die zu ihm benachbart sind, um deren Nachbarverweise zu aktualisieren.

3. ein Punkt in S_{t_e}, der auch Endpunkt eines Polygons ist. Das Blatt des endenden Polygonzugs wird aus dem ersten Baum entfernt, bleibt aber wegen möglicherweise darauf zeigenden Verweisen vom zweiten Baum in der Gesamtstruktur erhalten. Diese Verweise werden bei Ereignissen vom Typ 4 aufgehoben, so daß das Element zu entfernen ist, wenn alle Verweise abgearbeitet sind.

4. ein Punkt in S_{t_s}, der im inneren eines Polygonzugs liegt. Es könnte passiert sein, daß inzwischen Schnitte mit Kanten des anderen Gitters aufgetreten sind, so daß die Nachbar-

schaftsverweise nicht mehr stimmen. Seine Einordnung bezüglich des ersten Baums wird überprüft und bei Inkonsistenz in Ordnung gebracht. Das geschieht durch Inspektion der Umgebung im ersten Baum über das Ablaufen von Verweisketten, die teilweise über schon entfernte Elemente führen können, vgl. 3. Die alten Verweise werden durch Verweise auf die neuen Nachbarn ersetzt.

5. ein Punkt in S_{t_s}, der Anfangspunkt eines Polygonzugs ist. Dieser wird in den zweiten Baum eingefügt, seine Nachbarn im ersten Baum gesucht und die entsprechenden Verweise gesetzt.

6. ein Punkt in S_{t_s}, der Endpunkt eines Polygonzugs ist. Dieser wird vollständig aus der Datenstruktur entfernt.

Für Ereignisse, die von Punkten in S_{t_e} induziert werden, wird mittels der Nachbarschaftsinformation zusätzlich noch überprüft, ob sie durch ein Pixel von S_{t_e} überdeckt werden. Dadurch erhält man die zu berechnende Menge $P(F_{t_s}, F_{t_e})$.

Entscheidend bei der Implementierung des Bentley-Ottmann-Algorithmus ist die korrekte Anordnung der Schnittpunktereignisse. Numerische Ungenauigkeiten können zu inkonsistenten Datenstrukturen führen. Dieses Problem wird umgangen, indem Schnittpunkte als interessante Ereignisse vermieden werden. Ein weiterer Vorteil dieser Vorgehensweise ist das Einsparen arithmetischer Operationen. Der vorgeschlagene Algorithmus vergleicht die y-Koordinate von Schnittpunkten von Strecken mit der Sweepline gegen einen Punkt r. Das kann durch

$$(r_y - p_y) \cdot (q_x - p_x) > (r_x - p_x) \cdot (q_y - p_y)$$

mit 2 $\cdot$ and 4 $+ -$ durchgeführt werden. Im Vergleich dazu kostet die Berechnung der x-Koordinate i_x eines Schnittpunktes zweier Strecken pq and rs durch

$$i_x = p_x + \frac{|r - p \; q - p|}{|q - p \; r - s|} \cdot (q_x - p_x)$$

5 $\cdot$, 1 $/$, and 11 $+ -$.

Geht man davon aus, daß beim Auftreten von Inkonsistenzen nur Zeigerketten kleiner, durch eine Konstante beschränkte Länge abzulaufen sind, so wie es hier zu erwarten ist, benötigt der Algorithmus $O(m' \log m' + m)$ Zeit, wobei m' die Anzahl der Polygonzüge, m die Anzahl der Strecken ist.

4. Die volle Strahlverfolgung

Im vorigen Kapitel wurde die gegenseitige Lage von Pixeln berechnet, um deren Intensitäten exakt als gewichtete Summen der Intensitäten der überdeckenden Pixel zu interpolieren. Die Diskussion war auf die Sehstrahlen beschränkt. Die Erweiterung auf reflektierende und brechende Strahlen erfolgt durch Behandeln jeder Generation von Strahlen in analoger Weise. Eine Strahlengeneration besteht aus allen Strahlen, die demselben Knoten im Strahlverfolgungsbaum entsprechen, z.B. die erste Generation der reflektierenden Strahlen, die erste Generation der gebrochenen Strahlen, etc..

Die hier beschriebene Interpolationstechnik erzeugt die Zwischenbilder nicht vollständig, d.h. es gibt nicht interpolierbare Bildbereiche. Diese treten beispielsweise an Objektsilhouetten oder für kleine Objekte auf, deren Interpolation sich nicht lohnen würde. Ein typisches Beispiel ist eine rotierende Kugel, wo zunächst verdeckte Teile an der Silhouette neu erscheinen. Die Größe dieser Teile hängt von der Rotationsgeschwindigkeit der Kugel ab. Die unbekannten Bildteile werden durch einen üblichen Strahlverfolgungsalgorithmus berechnet.

5. Bemerkungen

Es wurden die Grundlagen eines neuen Verfahrens zur Zeiteinsparung bei der Erzeugung von Animationen durch Raytracing vorgestellt. Für die Implementierung sind weitere Details zu untersuchen. So kann der Speicherplatzbedarf für $S(F_{t_s})$, $S(F_{t_e})$ und die daraus abgeleiteten Mengen beträchtlich sein. Das erfordert möglicherweise den Einsatz von Sekundärspeicher, was bedeutet, daß Sortieren oder wahlfreier Zugriff vermieden werden sollte. Ferner ist experimentell herauszufinden, welchen Abstand die Stützstellenbilder bei linearer Interpolation haben können, ohne daß visuell störende Effekte entstehen. Möglicherweise ist ein Interpolationsverfahren höherer Ordnung einzusetzen. Schließlich könnte die Bildinterpolation durch Mitteln von Pixelfarben zu verringerter Bildqualität führen, was dadurch vermieden werden kann, daß das Beleuchtungsformel direkt ausgewertet wird. Es bleibt der Vorteil, daß für die durch die Interpolation erfaßten Pixel die dort sichtbare Fläche bekannt ist, wodurch die aufwendige Suche nach dem ersten Treffer entfällt.

Zitate

Bentley, J.L., Ottmann, T. (1979) Algorithms for reporting and counting geometric intersections, IEEE Transactions on Computers C28, 643-647

Guibas, L.J., Seidel, R. (1986) Computing convolutions by reciprocal search, Proc. 2nd ACM Symp. on Computational Geometry, 90-99

Leister, W. (1986) PALANTIR - Filmerzeugung durch Raytracing, Bericht 16/86, Fakultät für Informatik, Universität Karlsruhe

Mairson, H.G., Stolfi, J. (1988) Reporting and Counting Intersections between two sets of line segments, in: NATO ASI Series, Vol. F40, Theoretical Foundations of Computer Graphics and CAD, R.A. Earnshaw, ed., Springer-Verlag, Berlin, 307-325

Müller, H. (1988) Realistische Computergraphik: Algorithmen, Datenstrukturen und Maschinen, Informatik-Fachberichte 163, Springer-Verlag, Berlin,

Nagel, H.-H. (1985) Analyse und Interpretation von Bildfolgen, Informatik-Spektrum 6, 178-200

Ray-Tracing von Bäumen mit GRIS-RAY

H. Joseph, O. Marhenkel

Technische Hochschule Darmstadt
Fachgebiet Graphisch-Interaktive Systeme
Wilhelminenstr. 7, D-6100 Darmstadt

Zusammenfassung

Es wird das Programmsystem NORMAN vorgestellt, das Graphtals auf der Basis von deterministischen und nicht deterministischen Lindenmeyer-Systemen generieren kann. Hohe Flexibilität erzielt NORMAN dadurch, daß die Ableitung eines Wortes aus der Grammatik und dessen geometrische und graphische Interpretation unabhängig voneinander durchgeführt werden.
Die Visualisierung der Graphtals erfolgt durch das Ray-Tracing-System GRIS-RAY, dessen Rendering-Geschwindigkeit auf einer Zerlegung der Szene in sog. Voxel beruht.

1. Graphtals

1.0 Einleitung

Bei der Modellierung natürlicher Objekte wie Bäumen und anderen Pflanzen spielt die Theorie über Fraktale eine große Rolle. Sie findet in [MAND82] ihre bisher ausführlichste Darlegung.

Ein bekanntes Fraktal ist die Koch-Kurve. Sie kann durch die Generatormethode beschrieben werden. Dabei wird ein Initiator und eine Ableitungsregel vorgegeben (Abb 1.). Basiselement ist eine Strecke. Die Konstruktion erfolgt geometrisch.

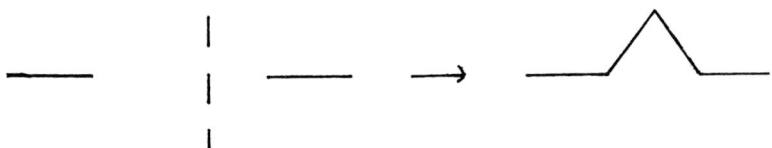

Abb. 1: Die Generatormethode für die Koch - Kurve

Die Ersetzung wird unendlich oft vorgenommen.
Die Objekte, denen unser Interesse gilt, sind jedoch keine Fraktale, da sich z.B. ein Baum nicht unendlich oft verzweigt. Wohl aber können die Methoden zur die Definition von Fraktalen für die Konstruktion verwendet werden. Der Unterschied besteht nur im Abbruch nach endlich vielen Ersetzungsschritten. Man spricht deshalb von Graphtals.

1.1 Vorgehensweise bei der Visualisierung von Graphtals

Entsprechend der möglichen rekursiven Definition eines Baumes als Vereinigung von Stamm und Teilbäumen bietet sich ein rekursives Programm als Lösung an.

Diese Methode wurde bei [BLOO85] angewandt. Auch [OPPE86] arbeitete mit einer rekursiven Datenstruktur. Es ist zu bemerken, daß hier von vornherein nur Bäume erzeugt werden sollten. Möchte man jedoch das Wachstumsgesetz ändern, so ist dies bei der Rekursionsmethode meist nicht ohne Programmänderungen möglich.

Eine erste Flexibilisierung erreicht man durch Lindenmeyer-Systeme (L-Systeme). Durch diese kann man das Wachstumsgesetz definieren.

Ein L-System ist ein Tripel <G, W, P>, wobei G eine Menge von Zeichen, W das Ausgangswort und R die Regelmenge ist. L-Systeme unterscheiden sich von Chomsky-Grammatiken in zwei Punkten:

1. Es gibt keine Terminalzeichen.

2. In einem Wort werden alle Zeichen in einem Iterationsschritt gleichzeitig ersetzt.

Da L-Systeme keine Terminalzeichen enthalten, ist die Wortbildung sinnvollerweise nach endlich vielen Ersetzungsschritten abzubrechen. Die Anzahl der Iterationen entspricht im rekursiven Ansatz der Rekursionstiefe. Das Wort steuert durch eine entsprechende Zuordnung von Zeichen zu Funktionen die Abfolge unterschiedlicher Programmsegmente. Die Rekursion liegt jetzt nicht mehr in der internen Aufrufstruktur, sondern in den Regeln des L-Systems und damit der Struktur des Wortes. Die Programmsegmente können gegenüber dem rekursiven Ansatz unverändert bleiben.

Die Koch - Kurve wird durch folgendes L-System dargestellt:

Koch = < {L, W1, W2, W3}, L, R >

R = {

$$
\begin{array}{lll}
L & -> & LW_1LW_2LW_3L \\
W_1 & -> & W_1 \\
W_2 & -> & W_2 \\
W_3 & -> & W_3 \\
\end{array}
$$

}

Die Bedeutung der Zeichen ist:

L	:	Linie	
W_1	:	Drehung um	60 Grad
W_2	:	Drehung um	-120 Grad
W_3	:	Drehung um	60 Grad

Andere L-Systeme für die Koch-Kurve sind denkbar.

Wird die Ersetzung unendlich oft vorgenommen, entspricht das Wort der Koch-Kurve.

Während geometrische und iterative Methoden zur Konstruktion von Fraktalen in der Literatur breit diskutiert wurden, beschränkt sich die Diskussion von L-Systemen auf Bäume und baumartige Objekte. Vgl. [LAUW87, MAND82] u.a.

Es kann jedoch gezeigt werden, daß alle bekannten Fraktale, die mit der Generatormethode definiert wurden, auch auf der Grundlage von L-Systemen beschrieben werden können.

Tatsächlich sind L-Systeme für die Modellierung organischer Wachstumsprozesse ein mächtiges Instrument. Bleiben wir bei Bäumen. Im folgenden sei nur die Verzweigung mit zwei Ästen angegeben, da die Verzweigung mit einem Ast oder mehreren Ästen nur ein Sonderfall von dieser ist.

Baum = < { S, T, (,), [,] }, T, R >

R = {

$$
\begin{array}{lll}
T & -> & S(T)[T] \\
S & -> & S \\
(& -> & (\\
) & -> &) \\
[& -> & [\\
[& -> &] \\
\end{array}
$$

}

Bedeutung:

T : Teilbaum
S : Stamm
Die beiden Klammerpaare unterscheiden zwischen linken und rechtem Teilbaum.

Nach zwei Iterationsschritten ergibt sich folgendes schematisches Bild:

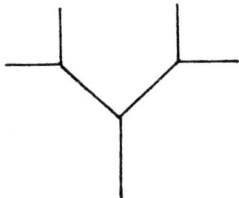

Abb. 2: zwei-dimensionaler Baum

1.2 Generierung von Graphtals mit NORMAN

1.2.1 Allgemeine Spezifikation von NORMAN

Auch wenn die Untersuchung von L-Sytemen in der Theorie bereits weit fortgeschritten ist, werden sie in der Praxis für die Modellierung von Graphtals nur beschränkt eingesetzt. In der Regel werden spezielle Programme verwendet, was wiederum Beschränkungen bei der Auswahl von Wachstumsgesetzen und Modellierung der geometrischen Eigenschaften bedeutet [OPPE86]. Weiterhin wird auf stochastische Verfahren zurückgegriffen, wie etwa Partikelsysteme [REEV83], obwohl Einigkeit darüber besteht, das mit deterministischen Verfahren eine ausreichende Komplexität erreicht werden kann [AONO84 , SMIT84]. NORMAN erreicht durch die ausschließliche Nutzung von L-Systemen, daß beliebige Wachstumsgesetze mit einer beliebigen Anzahl von Parametern verknüpft werden können, ohne daß hierzu Programmänderungen in Abhängigkeit von dem darzustellenden Objekt notwendig wären. Erst durch die vollständige Trennung von Syntax und Semantik eines L-Systems und eine entsprechende Verarbeitung in einem Programmsystem eröffnet die volle Anwendungsbreite von L-Systemen für Graphtals. Implizite Voraussetzungen wie die ausschließliche Anwendung auf Bäume fallen weg und erschließen insofern eine neue Dimension der Anwendbarkeit, die auch bei der Beurteilung der Mächtigkeit von L-Systemen gegenüber iterierten Funktionensystemen (IFS) und der Generatormethode Berücksichtigung finden muß. NORMAN unterstützt einen dreiteiligen Generierungsprozess.

1. Definition des L-Systems.
    Erzeugung eines Wortes.
2. Definition von Funktionen für jedes Zeichen des L-Systems.
3. Interpretation des Wortes, indem die dem Zeichen zugeordneten Funktionen ausgeführt werden.

Die drei Schritte werden unabhängig voneinander durchgeführt. Das Objekt wird nur durch die Schritte 1 und 2 beeinflußt. Ausgabe des 3. Schrittes ist ein Datensatz, der von GRIS-RAY visualisiert wird (vgl Kap.3).
Als Datenstruktur für den Raytracer wurden CSG-Bäume gewählt. Diese Datenstruktur bestimmt die Art der Funktionen, die für ein Zeichen definiert werden können.

Basiselement sind CSG-Bäume, welche beliebig komplex sein können. Durch ein Zeichen können also z.B die Primitive eines ganzen CSG-Baumes an einer bestimmten Stelle positioniert werden. Aus solchen Basiselementen setzt sich das ganze Bild zusammen. Ihnen können ebenfalls wortgesteuert Attribute wie Transformationen, Farbe und Materialeigenschaften (spiegelnd, transparent...) zugeordnet werden.

Das Interpretationsprogramm arbeitet wie folgt:

Für jedes Attribut gibt es einen aktuellen Wert. Dieser Wert kann bei Abarbeitung des Wortes während der Interpretation verändert, neu gesetzt, abgespeichert und zurückgeholt werden. Für die letzten beiden Funktionen wird ein Stack verwaltet. Durch ihn lassen sich rekursive Funktionen darstellen.

Es gibt 6 Funktionsklassen

1. Initialisieren des aktuellen Wertes mit einem Default-Wert.
2. Auf Stack retten.
3. Von Stack holen.
4. Verändern (akkumulieren) eines aktuellen Wertes.
5. Neues Basiselement mit den aktuellen Attributwerten versehen und abspeichern.
6. Festlegung einer stochastischen Varianz der generierten Attribute.

Die ersten vier Klassen beziehen sich auf Attributwerte. Wird ein neues Basiselement geschaffen, so werden die zu diesem Zeitpunkt aktuellen Attributwerte daran gebunden. Zusätzlich kann eine Position bestimmt werden, an der weitere Basiselemente angehängt werden können.

Um den Zeichen ihre Funktionen zuzuordnen, wurde eine Metasprache entwickelt, über welche die Funktionen mit den zugehörigen Parametern aufgerufen werden können. Der 2. Schritt ist also eine Programmierung in dieser Metasprache.

Die Funktionen zur Erzeugung des Baumes aus obigem Beispiel können z.B. so aussehen:

S : Neues_Primitiv (Zylinder)
    Neuer Ursprung : Mitte obere Fläche des Zylinders.

T : Neues_Primitiv (Zylinder)
    Neuer Ursprung: Mitte obere Fläche des Zylinders.

(: Rette_Auf_Stack
    Drehe_Um_Z-achse (Zylinder, 30 Grad)
    Drehe_Um_Y-Achse (Zylinder, 60 Grad)

) : Hole_Von_Stack

< : Rette_Auf_Stack
    Drehe_Um_Z-achse (Zylinder,-30 Grad)
    Drehe_Um_Y-Achse (Zylinder, 60 Grad)

> : Hole_Von_Stack

Wählt man im obigen Beispiel als Initiator ein T, so hat das Wort nach einem Ersetzungsschritt folgendes Aussehen:

S(T)<T>

Das Programm hat folgenden Ablauf:

S   kreiert eine Zylinder in der Defaultposition (0,0,0) und verschiebt die aktuelle Position in die Mitte der oberen Fläche des Zylinders.

(rettet diese Position auf den Stack und ändert danach die Transformation in dem oben angegebenen Sinne.

T   schafft einen neuen Zylinder. Er wird jedoch mit der aktuellen Transformation verbunden, also rotiert und an die aktuelle Position verschoben. Danach wird die aktuelle Position wieder verändert.

)   liest den obersten Eintrag vom Stack. Die aktuelle Transformation wird also wieder zurückgesetzt. Ist wieder beim ersten Zylinder. Der nächste Kegel wird also wieder dort angehängt.

<   Rettet die aktuellen Werte wieder auf den Stack und stellt eine neue Rotation ein.

T   schafft einen neuen Zylinder, diesmal mit einer anderen Transformation.

>   liest den Stack wieder ein.

Es ist eine einfache Astgabelung entstanden, die um 60 Grad gegen den Betrachter gedreht ist.

1.2.2 Löschende Regeln in L-Systemen

Eine gewisse Schwierigkeit stellen die Blätter bei L-Systemen dar. Sie wurden bisher entweder garnicht oder in einem zweiten, von der Generierung des Baumes unabhängigen Schritt erzeugt. Durch die allgemeine Steuerung der Bildausgabe mit Hilfe der Metasprache entfällt dieser Schritt. Es werden hierzu allerdings löschende Regeln notwendig. Blätter sollen nicht an jeder Astgabelung sondern nur an den Blattspitzen hängen.

Eine Grammatik für dieses Problem kann etwa so aussehen:

Blattbaum = < {S, T, R, L, r, l, B, (,), <, >}, T, R >

```
R = {
        T    ->    S(LT<lB><rB>)(RT<lB><rB>)
        S    ->    S
        R    ->    R
        L    ->    L
        (    ->    (
        )    ->    )
        <    ->
        >    ->
        r    ->
        l    ->
        B    ->
    }
```

Die Bedeutung der Zeichen, wie sie in der Metasprache definiert ist, soll hier nur informell beschrieben werden:
S und T kreieren einen Zylinder in der oben beschriebenen Weise. R, r, L und l bewirken wiederum Änderungen der aktuellen Transformation. Den Klammerpaaren sind die Stackfunktionen zugeordnet. Durch <lB><rB> werden also zwei Blätter geschaffen, ohne daß sich die aktuelle Transformation ändert.
Zum Verständnis der Wirkung der löschenden Regeln seien die Worte nach den ersten drei Iterationsschritten angegeben:

1. Iteration S(LT<lB><rB>)
2. Iteration S(LS(LT<lB><rB>)(RS(LT<lB><rB>)
3. Iteration S(LS(LS(LT<lB><rB>)(RT<lB><rB>))(RS(LT<lB><rB>)(RT<lB><rB>)))

Das Bildungsgesetz in der Regel für T könnte weniger kompliziert sein, dies wäre jedoch mit niedrigerer Anschaulichkeit bei der Beurteilung des L-Systems erkauft, da die Zuordnung von Zeichen und Funktion nicht mehr so deutlich wäre.

1.2.3 Nichtdeterministische L-Systeme

Obwohl bereits mit deterministischen L-Systemen optisch befriedigende Ergebnisse erzielt werden können, auch wenn es um die Darstellung natürlicher Objekte geht, unterstützt NORMAN auch nichtdeterministische L-Systeme. Bei nichtdeterministischen L-Systemen wird jedem Zeichen Z der Zeichenmenge G eine Teilmenge $T_Z = \{R_{Z1},...,R_{Zn}\}$ mit n > 0 Elementen aus der Regelmenge R zugeordnet, wobei die Zuordnung über die linken Seiten der Regeln erfolgt.

Jeder Menge T_Z ist eine Menge $P_Z = \{P_{Z1},...,P_{Zn}\}$ zugeordnet, die für jede Regel aus T_Z eine bestimmte Wahrscheinlichkeit enthält. Dabei muß gelten : $\sum_{i=1}^{n} P_{Zi} = 1$

P_{Zi} gibt an, mit welcher Wahrscheinlichkeit die i-te Ersetzungsregel für das Zeichen Z in einem Ersetzungschritt ausgewählt wird. Die Auswahl der Ersetzungsregel erfolgt für jeden Ersetzungsschritt neu.

Mit Hilfe nichtdeterministischer L-Systeme lassen sich ungleichmäßige Wachstumsprozesse simulieren (vgl. Abb. 6).

2 GRIS-RAY

2.1 Modellierung

Die Visualisierung der zuvor beschriebenen Graphtals erfolgt durch GRIS-RAY, einem Ray-Tracing-System [GOLD71, WHITT80]. Die Modellierung einer Szene geschieht mit Hilfe der *Constructive Solid Geometry representation (CSG)* [REQ82].

Dabei werden die zu modellierenden Objekte aus einfachen Volumina wie Würfel, Kugel, Zylinder oder Kegel zusammengesetzt. Die Kombination dieser Grundkörper geschieht durch Anwendung der Boole'schen Operationen Vereinigung, Schnitt und Differenz (Abb. 3).

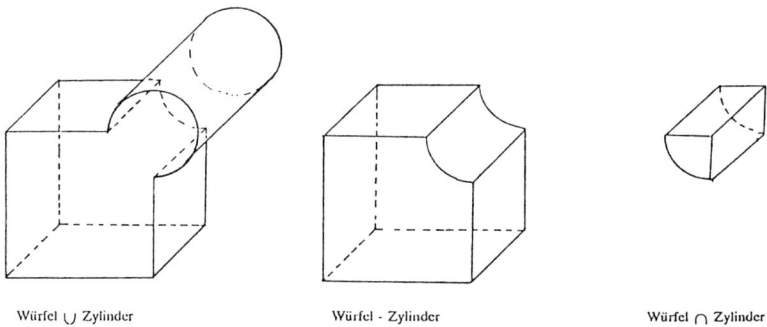

Würfel ∪ Zylinder   Würfel - Zylinder   Würfel ∩ Zylinder

Abb. 3: CSG-Operationen

Komplexe Objekte werden durch einen binären Baum beschrieben, dessen innere Knoten die CSG-Operationen enthalten, die auf die Grundkörper in den Blättern angewendet werden sollen. Bei Darstellung von CSG-modellierten Objekten mittels Ray-Tracing, muß für jeden Grundkörper-Typ eine spezielle Routine zur Berechnung des Schnitt-Punktes mit dem Seh-Strahl implementiert werden.

GRIS-RAY stellt derzeit Würfel, Kugel, Zylinder, Kegel und Torus als Grundkörper zur Verfügung. An der Integration von Rotations- und Sweep-Körpern mit B-Spline-definierten Oberflächen [WIJK86] wird gearbeitet.

Alle Grundkörper werden in normalisierter Form in einem lokalen Koordinaten-System definiert [ROTH80]. Die Kugel z.B. liegt als Einheitskugel vor, deren Mittelpunkt im Ursprung liegt. Die Grundkörper bilden

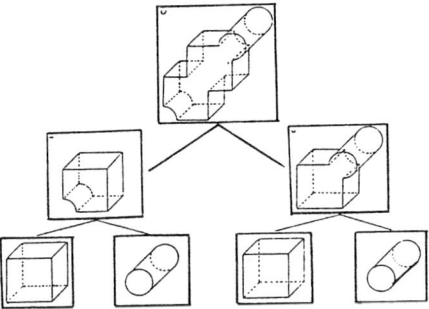

Abb. 4: CSG-Beschreibung eines komplexen Objektes

quasi die Prototypen, aus denen durch Anwendung von Rotation, Skalierung und Translation die Bestandteile komplexer Objekte im sog. Welt-Koordinaten-System gewonnen werden. Es ist z.B. möglich durch diese Transformationen eine Kugel in ein Ellipsoid oder einen Würfel in einen Spat zu verformen.

M sei die 4×4-Matrix, die die Transformation eines Grundkörpers aus dem lokalen in das Welt-Koordinaten-System beschreibt. Soll dieses Primitive mit einem Strahl geschnitten werden, so ist dieser Strahl zuerst durch Multiplikation mit der Matrix M^{-1} in das lokale Koordinaten-System zu transformieren. Im lokalen Koordinaten-System wird der Strahls mit dem Grundkörper geschnitten und die Normale im Schnittpunkt berechnet. Zur Auswertung eines Beleuchtungsmodells ist die Normale mit der Matrix $(M^{-1})^T$ wieder in das Welt-Koordinaten-System zu transformieren.

Um den Benutzer bei der Modellierung einer Szene zu unterstützen, wurde ein Editor entwickelt, der folgende Operationen ausführt [STEIN88]:

- Berechnung der Transformationsmatrizen
- Erstellung des CSG-Baums
- Berechnung eines Hüll-Körpers ('bounding box') zu jedem Knoten eines CSG-Baums.
- Sichern und Laden bereits erstellter CSG-Bäume
- Editieren von Beleuchtungsparametern
- Binden von Geometrie- und Beleuchtungs-Attributen an entsprechende Knoten.

2.2 Beschleunigtes Ray-Tracing

In den letzten Jahren wurden verschiedene Verfahren entwickelt, um das ursprünglich sehr zeitaufwendige Ray-Tracing zu beschleunigen. Die effizientesten Verfahren beruhen auf einer Unterteilung des Welt-Koordinaten-Systems in eine Menge von achsenparallelen Quadern, den sog. Voxeln [FUJI86, GLASS84, KAP85, WYVI86]. Diesen Verfahren ist gemeinsam, daß die Dauer der Rendering-Phase weitgehend unabhängig ist von der Komplexität der Szene (*constant time ray tracing*).

Alle diese Algorithmen benötigen eine Pre-Processing-Phase vor dem eigentlichen Ray-Tracing. In dieser Phase wird die Szene in eine Datenstruktur umgesetzt, die die räumliche Verteilung der Objekte widerspiegelt. Glassner [84], Kaplan [85] und Wyvil [86] verwenden eine *octree*-Codierung, während Fujimoto [86] eine homogene Aufteilung des Raumes in gleichgroße Voxel vornimmt. Er nennt diese Datenstruktur *spatial enumeration auxiliary data structure (SEADS)*.

Im Ray-Tracing-Prozeß werden nun, ausgehend vom Augpunkt, nacheinander die Voxel inspiziert, die vom

Strahl durchlaufen werden. Sobald das erste nichtleere Voxel gefunden ist, wird der Schnittpunkt des Strahls mit den enthaltenen Objekten berechnet und die Verfolgung eingestellt. Durchläuft der Strahl nur leere Voxel, wird er nicht weiterverfolgt, sobald er das begrenzte Voxel-System verläßt.

Der Effizienz-Gewinn dieser Verfahren resultiert aus der Berechnung einer minimierten Anzahl von Schnittpunkten. Der Gewinn bleibt auch dann noch erhalten, wenn die Pre-Processing-Phase und das Fortschalten des Strahls von Voxel zu Voxel in Betracht gezogen werden.

2.2.1 Pre-Processing

Die Implementierung von GRIS-RAY folgt dem Ansatz der Aufteilung in gleichgroße Voxel. Wie oben erwähnt, berechnet der Editor zu jedem Knoten des CSG-Baums eine Bounding-Box, die das Objekt, das durch den Knoten repräsentiert wird, vollständig umschließt. Aus der Bounding Box der Wurzel eines CSG-Baums wird der achsenparallele Quader bestimmt, der die Szene vollständig umhüllt. Dieser Quader wird in der gewünschten Voxel-Auflösung unterteilt. Üblicherweise wird mit einer Auflösung von 10x10x10 bis 30x30x30 Voxeln gearbeitet.

Es ist nun der minimale CSG-Baum zu bestimmen, der die Oberfläche beschreibt, die in dem jeweiligen Voxel auftritt. Dazu werden zuerst die Voxel bzgl. der auftretenden Grundkörper klassifiziert. Die Schnittmenge eines Grundkörpers mit einem Voxel kann leer sein, dann wird das Voxel als 'OUT' bezeichnet, oder sie kann das vollständige Voxel umfassen ('IN'). Tritt keiner der beiden Fälle auf, wird das Voxel 'HETERO' genannt. Während der Ray-Tracing-Phase müssen Schnittpunktsberechnungen nur in HETERO-Voxeln ausgeführt werden, da nur hier Oberflächen von Objekten vorliegen.

Die Klassifizierung der Grundkörper geschieht nach folgendem mehrstufigen Algorithmus [KRAU87]:

1.)   Schneide Voxel mit der Bounding-Box des Grundkörpers!
    Falls Schnitt leer -> Voxel ist OUT,
    falls Schnitt identisch Voxel -> Voxel ist IN,
    sonst gehe zu 2.)

2.)   Transformiere Voxel ins lokale Koordinaten-System des Grundkörpers!
    (i. A. ist das Voxel jetzt zu einem Spat verformt.)
    Schneide Voxel mit der Bounding-Box des Grundkörpers.
    Falls Schnitt leer -> Voxel ist OUT,
    sonst gehe zu 3.)

3.)   Untersuche die Eckpunkte des Voxels!
    Falls mindestens ein Eckpunkt außerhalb und mindestens ein Eckpunkt innerhalb des Grundkörpers liegt -> Voxel ist HETERO,
    falls alle Eckpunkte innerhalb des Grundkörpers liegen und der Grundkörper ist konvex -> Voxel ist IN,
    sonst gehe zu 4.)

4.)   Untersuche Lage des Grundkörpers bzgl. aller Seitenflächen des Voxels!

Aufgrund der Klassifikation gegenüber Grundkörpern kann die Klassifikation gegenüber Teilbäumen erfolgen. Liegt für zwei Teilbäume die Klassifikation vor, dann läßt sich, abhängig vom Operator im gemeinsamen Vater-Knoten, die Klassifikation bei Verknüpfung beider Teilbäume angeben. Tabelle 1 gibt die Klassifikation für die Vereinigung an. Aufgrund der Klassifikation von Teilbäumen kann sukzessiv der minimale CSG-Baum für jedes Voxel erstellt werden. Tabelle 2 zeigt die Vorgehensweise wiederum für die Vereinigung.

∪	IN	OUT	HETERO
IN	IN	IN	IN
OUT	IN	OUT	HETERO
HETERO	IN	HETERO	HETERO

Tabelle 1

∪	IN	OUT	HETERO
IN	links	links	links
OUT	rechts	links	rechts
HETERO	rechts	links	kombi

Tabelle 2

Hierbei bedeuten:

links   der minimale CSG-Baum ist identisch mit dem CSG-Baum im linken Sohn, der rechte CSG-Baum wird eliminiert.

rechts   der minimale CSG-Baum ist identisch mit dem CSG-Baum im rechtem Sohn, der linke CSG-Baum wird eliminiert.

kombi   es ist ein CSG-Baum mit dem Vater als Wurzel und den beiden Teilbäumen als Söhnen zu generieren.

Angenommen, es müssen p Grundkörper gegen $n \times n \times n$ Voxel getestet, werden, so steigt der Aufwand für die Voxel-Zerlegung bei geschickter Implementierung theoretisch linear in p und n (Komplexität $\approx O(np)$) [KRAU87].

2.2.2 Voxel-Traversierung

Während der Rendering-Phase müssen der Reihe nach alle Voxel inspiziert werden, die vom aktuellen Strahl durchlaufen werden, bis das erste nichtleere Voxel gefunden worden ist.

Seien t_{x_i} und $t_{x_{i+1}}$ die Parameterwerte der Schnittpunkte des Strahls (definiert als $\vec{x} = \vec{a} + t\vec{u}$) mit der Begrenzungsfläche des Voxels i, auf der die x-Achse senkrecht steht (entsprechend t_{y_i}, $t_{y_{i+1}}$, t_{z_i} und $t_{z_{i+1}}$), dann gilt:

$$t_{j_{i+1}} - t_{j_i} = \Delta t_j = const. \qquad j \in \{ x,y,z \},$$

Ferner gilt für das Intervall zwischen Eintritts- und Austrittspunkt in das Voxel i:

$$[t_{i_e}, t_{i_a}] = [t_{x_i}, t_{x_i} + \Delta t_x] \cap [t_{y_i}, t_{y_i} + \Delta t_y] \cap [t_{z_i}, t_{z_i} + \Delta t_z]$$

Daraus folgt:

$$t_{e_i} = MAX(t_{x_i}, t_{y_i}, t_{z_i}) < MIN(t_{x_i} + \Delta t_x, t_{y_i} + \Delta t_y, t_{z_i} + \Delta t_z) = t_{a_i} = t_{e_{i+1}}$$

Der Austrittspunkt in einem Voxel ist identisch mit dem Eintrittspunkt in das Nachbar-Voxel. Dieser Eintrittspunkt kann also einfach durch Berechnung des Minimums dreier Summen berechnet werden. Deshalb werden im nachfolgenden Algorithmus zur Traversierung des Voxel-Systems auch nur Additionen und Vergleiche benötigt [Krau87].

procedure Voxel-Traversierung

geg.: t_{x_v}, t_{y_v}, t_{z_v}, Δt_x, Δt_y, Δt_z, t_{e_v} und die Voxel-Indizes des aktuellen Voxels v_x, v_y, v_z

ges.: $t_{e_{v+1}}$ und die Voxelindices des Folgevoxels v'_x, v'_y, v'_z

begin
$$n_x \leftarrow t_{x_v} + \Delta t_x, \qquad n_y \leftarrow t_{y_v} + \Delta t_y, \qquad n_z \leftarrow t_{z_v} + \Delta t_z$$
$$t_{e_{v+1}} \leftarrow MIN(n_x, n_y, n_z)$$

$\quad$ if $\quad n_x = t_{e_{v+1}}$

$\quad$ then

$\qquad t_{x_v} \leftarrow n_x, \qquad v'_x \leftarrow v_x + 1$

$\quad$ fi

$\quad$ if $\quad n_y = t_{e_{v+1}}$

$\quad$ then

$\qquad t_{y_v} \leftarrow n_y, \qquad v'_y \leftarrow v_y + 1$

$\quad$ fi

$\quad$ if $\quad n_z = t_{e_{v+1}}$

$\quad$ then

$\qquad t_{z_v} \leftarrow n_z, \qquad v'_z \leftarrow v_z + 1$

$\quad$ fi

end

2.3 Laufzeiten

Die Tabellen 3 und 4 zeigen die Laufzeiten von Pre-Processing und Rendering für verschiedene Szenen unterschiedlicher Komplexität. Die Berechnung erfolgte auf einer SIEMENS 7.570 für eine Auflösung von 512×512 Pixel, wobei das Beleuchtungsmodell nur diffuse Reflektion beinhaltete.

Zahl der Primitive	Anzahl der Voxel je Achse					
	1	5	10	15	20	25
12	-	1,71	8,48	23,09	50,05	95,63
26	-	1,13	3,26	7,52	12,97	24,28
78	-	3,01	8,58	20,38	38,17	65,61
768	-	26,18	34,33	51,15	65,56	97,65
1023	-	-	26,60	34,00	42,00	53,00

Tabelle 3: Laufzeit des Pre-Processing
(Zeiten in Sekunden)

Die Zahlen zeigen, daß die jeweilige Visualisierungsdauer weniger von der Anzahl der Objekte als von ihrer räumlichen Verteilung abhängt. Weiterhin ist abzulesen, daß für jede Szene eine optimale Auflösung des Voxel-Systems existiert. Abweichungen von der optimalen Auflösung haben ein Ansteigen der Rendering-Dauer zur Folge.

Zahl der Primitive	Anzahl der Voxel je Achse				
	5	10	15	20	25
12	696,21	588,24	578,42	601,63	626,69
26	431,35	379,81	381,34	391,20	409,43
78	715,01	596,47	569,14	533,42	553,10
768	934,38	634,86	566,72	528,04	533,13
1023	-	671,10	492,00	418,80	391,90

Tabelle 4: Laufzeit von Pre-Processing und Rendering
(Zeiten in Sekunden)

2.4 Beleuchtungsmodell

Das Beleuchtungsmodell von GRIS-RAY umfaßt spiegelnde und diffuse Reflektion sowie Transparenz mit einstellbarem Refraktionsindex und einstellbaren Absorbtionsverhalten [STEIN88]. Die Berechnung der Highlights erfolgt nach dem Modell von Cook und Torrance [COOK81].

Eine Szene kann von mehreren Lichtquellen in endlichem Abstand beleuchtet werden. Die Farbe des ausgestrahlten Lichts ebenso wie das Reflektionsverhalten der Oberflächen wird über eine spektrale Verteilung definiert. Das jeweilige Spektrum wird durch 81 diskrete Werte approximiert, die jeweils einen 5 nm breiten Ausschnitt repräsentieren. In der Praxis haben aber schon Approximationen mit nur zehn Werten befriedigende Ergebnisse geliefert.

Nachdem der Farbwert eines Pixels nach Auswertung der diffusen Reflektion, des Schattenfühlers, der Highlights und der Sekundär-Strahlen für spiegelnde Reflektion und Transparenz in spektraler Verteilung vorliegt, wird diese durch Multiplikation mit den Funktionen des Normal-Beobachters und anschließender Integration in das drei-dimensionale CIE-Farbsystem transformiert [DIN5033]. Aus den CIE-Werten wird durch lineare Transformation und Einbeziehung der γ-Korrektur die Ansteuerung der drei Farbkanäle des jeweiligen Monitors berechnet[CONR80].

Literatur

[AONO84]   Aono, M.; Kunii, T.L.: Botanical Tree Image Generation,
            IEEE Computer Graphics & Applications, May 1984, pp. 10-34

[BLOO85]   Bloomenthal, J.: Modeling the Mighty Maple,
            Computer Graphics, Volume 19, Number 3, 1985, pp. 305-311

[CONR80]   Raster Graphics Handbook, Conrac Corporation, 1980

[DIN5033]   DIN-Norm 5033-Farbmessung, Normenausschuß Farbe (FNF) im DIN Deutsches Institut
            für Normung e.V., 1979

[FUJI85]   Fujimoto, A. et al.: Accelerated Ray Tracing, Computer Graphics'85 Tokyo

[FUJI86]   Fujimoto, A.; Tanaka, T.; Iwata, K.: ARTS: Accelerated Ray-Tracing-System,
            IEEE Computer Graphics & Applications, April 1986, pp. 16-26

[GLASS84]   Glassner, A.S.: Space Subdivision for Fast Ray-Tracing,
            IEEE Computer Graphics & Applications, October 1984, pp. 15-22

[GOLD71]   Goldstein, R.A.; Nagel, R.: 3-D Visual Simulation,
            Simulation, Vol. 16, No. 1, 1971, pp. 25-31

[KAP85]   Kaplan, M.R.: Space Tracing, a Constant Time Ray - Tracer,
            SIGGRAPH 85 tutorial, San Francisco, July 1985

[KRAU87]   Krause, R.: Entwurf und Implementierung von Ray-Tracing-Algorithmen zur Visua-
            lisierung von CSG-Objekten,
            Diplomarbeit, TH Darmstadt, FG Graphisch-Interaktive Systeme, 1987

[LAUW87]   Lauwerier, H. A.; Kaandorp, J. A.: Fractals (Mathematics, Programming and Applica-
            tions),
            Tutorial Notes, Eurographics'87, Amsterdam, 1987

[MAND82]   Mandelbrot, B. B.: The Fractal Geometry of Nature,
            W. H. Freeman and Company, San Francisco, 1982

[OPPE86]   Oppenheimer, Peter E.: Real Time Design and Animation of Fractal Plants and Trees,
            Computer Graphics, Volume 20, Number 4, 1986, pp. 55-64

[REEV83]   Reeves, W. T.: Particle Systems-A Technique for Modelling a Class of Fuzzy Objects, Com-
            puter Graphics, Vol. 17, No. 3, 1983, pp. 359-376

[REQ82]   Requicha, A.A.G.; Voelcker, H.B.: Solid Modeling: A Historical Summary and Contem-
            porary Assessment,
            IEEE Computer Graphics & Applications, March 1982, pp. 9-24

[ROTH80]   Roth, S.D.: Ray Casting for Modelling Solids,
            Computer Graphics and Image Processing, Vol. 18, 1980, pp. 343-349

[SMIT84]   Smith, A. R.: Plants, Fractals and Formal Languages,
            Computer Graphics, Vol. 18, No. 3, 1984, pp. 1-10

[STEIN88]   Steinhoff, H.: Entwurf und Implementierung der Komponenten 'Eingabe' und 'Be-
            leuchtungsmodell' für ein Ray-Tracing-System,
            Diplomarbeit, TH Darmstadt, FG Graphisch-Interaktive Systeme, 1988

[WHITT80]   Whitted, T.: An Improved Illumination Model for Shaded Display,
            Communication of the ACM, Vol. 23, No. 6, 1980, pp. 343-349

[WIJK86]   Wijk, J.J. van: On new types of solid models and their visualisation with ray tracing,
            PhD Thesis, 1986, Technische Hogeschool Delft, The Netherlands

[WYVI86]   Wyvill, G.; Kunii, T.L.; Shirai, Y.: Space Division for Ray Tracing in CSG,
            IEEE Computer Graphics & Applications, April 1986, pp. 28-34

Abb. 5:   Einfacher binärer Baum, Grammatik wie in Kap. 2 angegeben.
           Auflösung: 1000x1000 Pixel, 1023 Primitives
           L-System: deterministisch

Abb. 6:   Einfacher binärer Baum im Wind
           Auflösung: 1000x1000 Pixel, ca. 1000 Primitives
           L-System: nichtdeterministisch, Varianz: 10 %

Abb. 7:   Baum mit Blättern, die Grammatik enthält löschende Regeln
            Auflösung: 1000x1000 Pixel, 1022 Primitives
            L-System: deterministisch

Abb. 8:   Baum wie Abb. 7 mit veränderten Parametern
            Auflösung: 1000x1000 Pixel, 1022 Primitives
            L-System: deterministisch

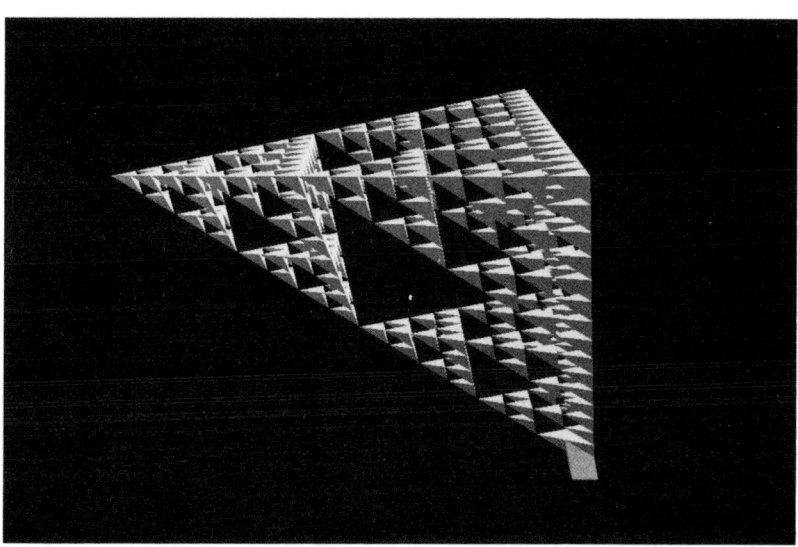

Abb. 9:   Dreidimensionale Sierpinsky-Pyramide
           Auflösung: 1000x1000 Pixel, 586 Primitives
           L-System: deterministisch